国防科技图书出版基金

一体化电机系统中的电磁兼容
Electromagnetic Compatibility in Integrative Motor System

肖芳　赵克　孙力　编著

国防工业出版社
·北京·

图书在版编目(CIP)数据

一体化电机系统中的电磁兼容 / 肖芳,赵克,孙力
编著. —北京:国防工业出版社,2017.9
ISBN 978 – 7 – 118 – 11223 – 8

Ⅰ. ①一... Ⅱ. ①肖... ②赵... ③孙... Ⅲ. ①机电
一体化 – 电磁兼容性 Ⅳ. ①TH – 39

中国版本图书馆 CIP 数据核字(2017)第 189951 号

※

*国防工業出版社*出版发行
(北京市海淀区紫竹院南路 23 号 邮政编码 100048)
腾飞印务有限公司印刷
新华书店经售

*

开本 710×1000 1/16 **印张** 15 **字数** 267 千字
2017 年 9 月第 1 版第 1 次印刷 **印数** 1—2500 册 **定价** 88.00 元

(本书如有印装错误,我社负责调换)

国防书店:(010)88540777 发行邮购:(010)88540776
发行传真:(010)88540755 发行业务:(010)88540717

致 读 者

本书由中央军委装备发展部**国防科技图书出版基金**资助出版。

为了促进国防科技和武器装备发展,加强社会主义物质文明和精神文明建设,培养优秀科技人才,确保国防科技优秀图书的出版,原国防科工委于1988年初决定每年拨出专款,设立国防科技图书出版基金,成立评审委员会,扶持、审定出版国防科技优秀图书。这是一项具有深远意义的创举。

国防科技图书出版基金资助的对象是:

1. 在国防科学技术领域中,学术水平高,内容有创见,在学科上居领先地位的基础科学理论图书;在工程技术理论方面有突破的应用科学专著。

2. 学术思想新颖,内容具体、实用,对国防科技和武器装备发展具有较大推动作用的专著;密切结合国防现代化和武器装备现代化需要的高新技术内容的专著。

3. 有重要发展前景和有重大开拓使用价值,密切结合国防现代化和武器装备现代化需要的新工艺、新材料内容的专著。

4. 填补目前我国科技领域空白并具有军事应用前景的薄弱学科和边缘学科的科技图书。

国防科技图书出版基金评审委员会在中央军委装备发展部的领导下开展工作,负责掌握出版基金的使用方向,评审受理的图书选题,决定资助的图书选题和资助金额,以及决定中断或取消资助等。经评审给予资助的图书,由中央军委装备发展部国防工业出版社出版发行。

国防科技和武器装备发展已经取得了举世瞩目的成就,国防科技图书承担着记载和弘扬这些成就,积累和传播科技知识的使命。开展好评审工作,使有限的基金发挥出巨大的效能,需要不断地摸索、认真地总结和及时地改进,更需要国防科技和武器装备建设战线广大科技工作者、专家、教授,以及社会各界朋友的热情支持。

让我们携起手来,为祖国昌盛、科技腾飞、出版繁荣而共同奋斗!

国防科技图书出版基金

评审委员会

前　　言

　　随着电力电子技术的飞速发展,采用了脉宽调制(Pulse Width Modulation, PWM)策略的功率变换器广泛应用于电机驱动系统,较大地提高了电机系统的性能指标。但是功率变换器在对电能进行控制和变换的同时,其中高速开通和关断状态的开关器件,不可避免地造成电压和电流在短时间内发生瞬变,产生丰富的高次谐波,其电磁能量以电路连接或电磁波空间耦合的方式形成电磁干扰(Electromagnetic Interference, EMI),干扰噪声的频率从几千赫兹到数十兆赫兹,影响电机系统自身的正常运行和周围电气系统的正常工作,使设备或装置达不到电磁兼容标准规定的要求。随着近几年电磁兼容标准的强制实施,特别是系统可靠性要求的增强,国内外许多学者从不同角度开展了一体化电机系统电磁干扰问题的研究。

　　与其他电气系统的电磁兼容问题相比,一体化电机系统电磁干扰产生的机理、干扰源的分布、抑制的方法都有其特殊性。本书系统地总结了作者及其研究团队十余年来在一体化电机系统电磁兼容问题上的研究成果,包括一体化电机系统电磁干扰产生的机理和干扰耦合途径的分析及建模,以及针对系统电磁干扰的抑制措施等内容。

　　本书从整体上可以分为两大部分。第一部分包括第1~4章:介绍电磁兼容理论的基础,分别阐述了电磁兼容的定义、电磁干扰的形成、国内外电磁兼容标准、电磁干扰传播理论、电磁兼容性测量的研究(包括测量的主要内容、标准及仪器、场地等),以及屏蔽、接地等电磁干扰抑制的基本原理和措施。第二部分包括第5~12章:首先介绍无源器件的高频特性,为阐述一体化电机系统的电磁兼容问题打了基础;其次详细介绍了一体化电机系统及其负面效应,分析了电机系统EMI问题的特征及性质,并以PWM驱动电机系统传导电磁干扰为主,介绍了电磁干扰产生的机理和建立系统电磁干扰模型的主要问题,介绍了系统中的共模和差模,以及传导电磁干扰的测试与诊断技术,建立了一体化电机系统传导干扰源数学模型及等效电路,并预测系统干扰源;最后介绍了一体化电机系统电磁干扰防护的主要措施,从两个方面进行介绍,一是干扰源的抑制技术,二是切断干扰传播途径,即采用EMI滤波器。

　　本书是作者在总结本单位相关研究成果并吸收国内外该领域最新研究成果

的基础上完成的,其中包括作者与其团队多名博士研究生和硕士研究生的研究工作,尤其是聂剑红博士、姜保军博士、严冬博士、孙亚秀博士等。孙力教授负责本书的统筹规划及框架构思,并编写了第 1 章和第 6 章,肖芳编写了第 2、3、5、7、8、9 章,赵克编写了第 4、10、11、12 章。

在本书的编著过程中,作者得到了许多同志直接或间接的帮助和支持。中国工程院院士梁维燕、哈尔滨工程大学教授罗耀华审阅了本书,博士研究生郭嘉、田兵等协助绘制了本书的部分插图,在此一并表示诚挚的谢意。

最后感谢国家自然科学基金"一体化电机系统的电磁干扰研究"、黑龙江省自然科学基金"交流驱动系统 PWM 逆变器负面效应的机理与抑制"、哈尔滨市科技创新人才研究专项资金"电机系统功率变换器的 EMI 机理研究与抑制"对本书所述研究内容的资助;感谢国防科技图书出版基金对本书出版的资助。

由于电磁兼容学科内容丰富、发展迅速、涉及面广,加之作者水平有限,书中错误和不当之处在所难免,敬请各位同行以及广大读者批评指正。

作 者

目　　录

第一部分　电磁兼容理论基础

第二部分　一体化电机系统的电磁兼容问题

Contents

Part Ⅰ Theoretical Basis of Electromagnetic Compatibility

Part Ⅱ Electromagnetic Compatibility of Integrative Motor System

第一部分

电磁兼容理论基础

第1章 概 述

随着现代科学技术的发展,依靠电磁能工作的电子、电气设备虽然因其在节能、改善人类生活环境及提高工业自动化程度等方面具有较大的优势,获得了广泛应用;但是它们运行时均存在着电磁发射,一方面,这些电磁场会构成极其复杂的电磁环境,另一方面,处于这种复杂电磁环境中的电子、电气系统也会与其中的电磁场发生能量耦合,形成干扰,而且随着电气设备现代化程度的提高,这种依靠电磁能量耦合形成的干扰也在逐步加强。于是现代电子、电气系统设计者面临一个"如何确保电子、电气系统在所处的电磁环境中既能达到设计目的,同时又不干扰周边其他电气系统正常工作"的新问题,即电子、电气系统的电磁兼容(Electromagnetic Compatibility,EMC)问题。本章将介绍电磁兼容的定义、电磁兼容性标准、电磁兼容设计要点等相关内容。

1.1 电磁兼容的定义

电磁兼容对于设备或系统的性能指标来说,直接解释为"电磁兼容性";但作为一门学科来说,应解释为"电磁兼容"。电磁兼容是研究在有限的空间、时间、频谱资源条件下,各种用电设备(广义的还包括生物体)可以共存,并不致引起降级的一门学科。根据国际电工委员会(International Electrotechnical Commission,IEC)的定义,电磁兼容是指设备或系统在其电磁环境中能正常工作且不对该环境中的任何事物构成不能承受的电磁干扰的能力。此定义表明,电磁兼容包括两个含义:一是设备或系统在运行时对周围环境的电磁干扰(Electromagnetic Interference,EMI)不能超过一定的限制;二是设备或系统对其电磁环境中所存在的电磁干扰应具有一定的抗扰度,即系统的电磁敏感度(Electromagnetic Susceptibility,EMS)。这就是说,设计一个电子设备或系统时:一方面必须保证该设备或系统在所处的工作环境中能按设计要求正常工作;另一方面也必须限制其自身发射的电磁噪声强度,不影响周围其他设备或系统的正常工作。

电磁干扰源于电磁骚扰,其严格定义是电磁骚扰引起的设备、传输通道或系统性能的下降。这里,电磁骚扰是指任何可能引起装置、设备或系统性能降低,或者对有生命物质或无生命物质产生损害作用的电磁现象,而电磁干扰是电磁骚扰所引起的后果。电磁骚扰可能是电磁噪声(Electromagnetic Noise,EMN)、无用信号或传播媒介自身的变化。人们在生产及生活中使用的电气、电子设备在工作时,往往会产生一些有用或无用的电磁能量,这些电磁能量影响处于同一电磁环境中的其他设备或系统的工作,这就是电磁骚扰。可见,电磁骚扰强调任何可能的电磁危害现象,而电磁干扰强调这种电磁危害产生的结果。

电磁干扰具有很大的危害性,主要表现为:①降低电气、电子设备元器件的使用寿命;②破坏信号的完整性,降低信号的信噪比,使系统出现信息传递失真、泄漏、出错,影响系统的正常工作,造成系统动作失误甚至拒绝动作等异常现象;③对信息安全与信息保密构成严重威胁;④电磁干扰还会引起人体细胞的生物效应,影响人的正常生活。

1.2 电磁兼容性标准、规范与工程管理

随着微电子技术和电力电子技术日益广泛地应用于家庭生活及工业、交通、国防等领域,电磁干扰和电磁敏感度已经成为现代电气工程设计、生产和系统应用必须考虑的问题。一方面,因为微电子技术正朝着高频、高速、高灵敏度、高可靠性、多功能、小型化的方向发展,导致了现代电子设备产生和接受电磁干扰的概率大增,另一方面,随着电力电子装置本身功率容量和功率密度的不断增加,其自身或其他设备所产生的 EMI 使得周围的电磁环境遭受到的污染也日益严重,所以 EMI 已成为许多电子设备与系统在应用现场可靠运行的主要障碍之一。为此,世界各国对电气系统的电磁兼容性均制定了相应的标准。特别是欧洲,从 1996 年 1 月起,已强制严格执行其相应的标准。因此,今天对 EMI 和 EMC 的研究已不再像以前那样,主要局限于通信领域和军用设备与系统,而是已经或正在迅速地扩展到与电子技术应用相关的工业、民用的各个领域。

实际上,电磁干扰的发现由来已久,它几乎是与电磁感应现象同时被发现的。应该说,麦克斯韦总结出的"电磁场能够相互激发并在空间传播"的结论是电磁干扰存在的理论基础。1881 年,英国科学家希维赛德所发表的《论干扰》一文可以算是研究干扰问题的早期文献,它标志着研究干扰问题的开端,而最早引起人们注意的电磁干扰现象是单线电报之间的串扰。

后来随着电子技术的发展,干扰问题愈加严重。电磁干扰问题开始引起研究人员的注意,并且在德国和英国出现了专门研究通信干扰问题的机构。而随着电气与电子技术的迅速发展,电磁兼容问题研究的深度和广度也日益拓展。针对电磁兼容的这些问题,许多国际组织和政府都在做工作,如国际电工委员会、国际无线电干扰特别委员会(International Special Committee on Radio Interference,CISPR)、美国电气电子工程师学会(Institute of Electrical and Electronics

Engineers,IEEE)的电磁兼容专业学会等。从 1978 年起,IEEE 开始举办 EMC 专业年会,更是极大地促进了电磁兼容问题研究的交流和发展。为了规范电气、电子产品的电磁兼容性,有关国际组织和各国政府制定了各自的 EMC 标准,如国际无线电干扰特别委员会的 CISPR 标准,IEC 系列标准,欧盟的 EN 系列标准,美国联邦通信委员会 FCC(Federal Communications Commission)系列标准,美国军用标准 MIL - STD - 460 系列以及我国的国标、军标等。1991 年,欧盟规定从 1996 年开始,所有投放欧盟市场的电气、电子产品必须符合 EMC 标准的要求,否则不能进入欧盟市场。这一措施极大地促进了 EMC 研究的发展。

目前国际上有权威性的电磁兼容性标准有原联邦德国的 VDE 标准、美国的 FCC 系列标准、美国的军用标准 MIL - STD、CISPR 的推荐标准以及其他一些标准。近年来我国已陆续制定了 30 多种有关电磁兼容性的标准。国际民用标准基本上以 CISPR 标准为蓝图,军用标准主要参照美国军标 MIL - STD。这些标准规定了各个频段各种类型的电气、电子设备的发射干扰限值以及敏感度的要求。产品必须符合标准要求是达到电磁兼容性的先决条件,因此制定和执行标准本身也是解决电磁兼容性问题的一种重要措施。

进入 20 世纪后,现代工业中所应用的电机驱动系统已由原来简单的工频电源直接驱动控制发展为采用脉宽调制(Pulse Width Modulation,PWM)技术的功率变换器驱动,即 PWM 电机驱动系统。其性能虽然得到了大幅度的提高,但是由于采用 PWM 脉宽调制控制的方式,功率变换器中的功率开关器件工作在开关状态,所输出的电量波形不连续,且具有较大的 du/dt 和 di/dt,这使得电压、电流均含有丰富的高次谐波。于是,这些谐波所具有的电磁噪声能量就会通过近场耦合和远场耦合形成电磁干扰,影响系统自身和周边电气系统的正常工作。以现在普遍采用的绝缘栅双极晶体管(Insulated - Gate Bipolar Transistor,IGBT)器件为例,当开关频率为 2~20kHz 时,di/dt 可以高达 $2kA/\mu s$,而此时 30nH 的杂散电感可以激励出 60V 的干扰电压,由此可见它所造成的电磁干扰强度极大。同时功率变换器所产生的高频共模电压,也会使电机出现轴电压、轴电流及共模电流(漏电流)过大等负面问题。为此,许多国际组织和政府都做了大量的工作,并相继颁布了许多与之相关的电磁兼容性标准与指令,如 1985 年 3 月 5 日欧共体所颁布的欧洲 EMC 测试标准等。

1.3 电磁兼容设计所涉及的技术

很长时间以来,人们错误地认为干扰抑制技术是纯经验的实验技巧,它的确涉及许多实践经验,但是时至今日,EMC 设计已发展成为一门涉及许多学科的、综合性的学科分支。人们只有从基本理论的高度来认识它,全面掌握它的科学原理和规律,才可能真正地做好 EMC 设计。解决 EMC 问题涉及许多领域的知识和技能,EMC 设计工程师必须根据设计要求,将这些知识加以融合,并以合理的成本提出经济、有效的 EMC 解决方案。它与以下这些领域的相关技术及理论知识有关。

1. 电气工程学

(1)模拟和数字电路设计、接口电路设计、基本天线理论。

(2)半导体器件工艺技术、数据总线和接口电路设计。

(3)无线电波传输理论(特别是近场效应)、频域和时域傅里叶变换。

(4)射频接收机和发射机原理。

(5)光隔离技术。

(6)瞬态抑制器件与电路。

(7)线路板设计。

(8)元部件选择:工作极限、可靠性和成本。

(9)结构设计中的电磁设计部分(通过缝、孔、绞缝等泄漏)、接地和连接阻抗。

(10)屏蔽理论和屏蔽设计,屏蔽罩中隙缝和电缆的辐射。

(11)功率产生、分配和开关系统。

(12)电气安全、雷电防护滤波器和浪涌吸收器。

(13)接地技术。

(14)差模和共模的电缆耦合。

(15)传输线理论。

2. 物理学

为了理解实际 EMI 情况下发生的各种复杂过程,分析射频电流与电磁波之间电磁能量交换的物理学是十分重要的。描述和分析电磁波与它们和物体的相互作用的麦克斯韦物理方程式构成了真正理解 EMI 问题和寻求解决方案的基础。这些方程通常用大型的三维有限元(FEM)、有限差分(FDM)或边界元计算机求解。除此以外,EMC 工程师们还必须同时考虑电磁波在近场和远场的传播以及驻波现象和无线电波的吸收和反射现象等。

3. 建模

大型项目通常要求在开发与设计的所有阶段考虑设计 EMC,因此需要大量的计算机模型。EMC 问题通常很难用传统的电磁数值计算技术(如格林函数动量法等)求解,因为无论是从结构、激励源或是从材料成分的观点来看,边界条件都非常复杂。相反地,有限法,例如有限差分法和有限元法,要比积分方程技术优越。首先,有限法可以十分容易和灵活地处理非常复杂的几何边界条件;其次,有限法的原始输出数据可以不经任何处理,而直接用来形象地显示场强的时域变化。这使人们可以通过"看到"辐射场的变化,而加深对欲建模型的理解,从而对主要的辐射源进行预测。因此,EMC 设计者(或管理者)需要熟悉各种不同的模型。这些模型具体如下:

(1)各种物理过程的模型,例如:由电磁场感生的射频电流在各种结构中的分布;由场到传输线的耦合;在任意源和负载阻抗下,电路中集中和分布滤波器的特性等。

(2)为了阐明由于不希望的频率匹配、噪声源设备、过于灵敏的接收电路或者与系统过于靠近而引起的高电平的寄生耦合以及由此造成的潜在的 EMI 问题,必须建立内部和系统与系统之间兼容体的模型。

同时还需要学习用来监视和控制大量 EMC 行为的程序管理软件。

4. 一定的化学知识

有时某些化学方面的原因也会影响到 EMI 解决方案,例如,处于潮湿、充满盐分或腐蚀气体的环境下,不同金属接触会造成射频密封垫圈的腐蚀,这时就必须利用相关的化学知识,采取相应的解决方案。

5. 系统工程

设计师在考虑 EMC 问题时,根据客户提出的 EMC 特性总的要求,将这个总体要求分配到每个子系统乃至每个元件对 EMC 的要求上。因此,EMC 设计人员必须具有一定的系统工程设计知识。

6. EMC 标准与测量

EMC 设计人员必须对 EMC 测量的各个方面有较好的认识,这样才可能与测量工程师具有共同讨论和分析问题的语言,才可能理解得到的测量结果,以及寻求良好的设计方案和最终结果。

7. 实际技能

成功的 EMC 设计人员常常还需要具有最新的开发设备和解决 EMI 问题的实际工程经验,这些经验往往有助于提出简单、有效而又低成本的 EMC 解决方案。

1.4 电磁兼容设计的内容与设计要点

1.4.1 电磁兼容设计的内容

构成电磁干扰的三个要素是干扰源(电磁噪声)、电磁噪声的耦合途径及敏感设备(被干扰设备)。因此,电磁兼容设计的任务概括起来就是削弱干扰源的能量、隔离或减弱电磁噪声耦合途径及提高设备对电磁干扰的抵抗能力。为了针对具体工作现场情况和用户要求采用最有效、简单和低成本的 EMC 方案设计一个好的产品,电磁兼容设计工作者的首要任务之一,就是要熟悉在系统工作现场各种可能的电磁干扰源和电磁噪声耦合途径,然后才有可能提出有针对性的EMC设计方案。电磁兼容设计的具体内容包括以下四部分。

1. 系统所处电磁环境的分析

为获得对于系统预定工作电磁环境的剖析,必须分析电磁环境,找出周围可能存在的人为干扰源和天然干扰源,为系统制定频谱与电磁场功率密度或场强的关系曲线图,以说明在指定频率范围内可能产生的干扰。

2. 频谱及频率的选择

无线电频谱是有限的资源,由于频谱的用户日益增多,可供选择的频谱将受到限制,尤其是在某些频段这种问题十分突出,信号频率十分拥挤。因此在进行系统设计时,需要对各分系统的频谱、频率及带宽进行精心选择,既要注意避免系统内相互间的干扰以及与周围电磁环境间的干扰,同时也要符合频谱管理的规定。

3. 电磁兼容要求与控制计划的制定

为了保证系统内及系统间的电磁兼容,必须制定电磁兼容性大纲。在此大纲中应规定系统的电磁兼容性要求,选取电磁兼容标准与规范以及电磁兼容的保证措施,制定电磁兼容控制计划及试验计划。控制计划的内容包括对系统参数提出要求,对系统提出电磁干扰及电磁兼容性要求,例如,减小发射频谱及接收机带宽,控制谐波量、边带及脉冲上升时间,以及对结构、电缆网、电气与电子电路设计等提出要求。试验计划的内容包括测量仪表、实验设施、被测对象的状态、测试项目、试验步骤、试验报告等。

4. 设备及电路的电磁兼容设计

设备及电路的电磁兼容设计是系统电磁兼容设计的基础,是最基本的电磁兼容性设计,其内容包括控制发射、控制灵敏度、控制耦合以及对接线、布线与电缆网、滤波、屏蔽、接地与搭接进行设计等。在设计中,可针对设备、分系统及系统中可能出现的电磁兼容问题,灵活地运用这些技术,必要时可采取多种技术措施。

1.4.2 电磁兼容设计的要点

在设备或系统设计的初始阶段,就应该进行电磁兼容设计,把电磁兼容的大部分问题解决在设计定型之前,以得到最好的费效比。如果等到生产阶段再去解决兼容问题,非但会在技术上带来很大的难度,而且会造成人力、财力和时间的极大浪费。

电磁兼容设计的基本方法是指标分配和功能分块设计,也就是首先要根据有关的标准(国际、国家、行业、特殊标准等)把整体电磁兼容指标逐级分配到各功能模块上,细化成系统级、设备级、电路级和元件级的指标。然后,按照要实现的功能和电磁兼容指标进行电磁兼容设计。电磁兼容设计可以分别从干扰源、耦合途径、敏感设备三部分入手,设计要点如下。

1. 抑制电磁干扰源的设计要点

(1) 尽量去掉对设备工作用处不大的潜在干扰源,减少干扰源的个数;

(2) 恰当选择元器件和线路的工作模式,尽量使设备工作在特性曲线的线性区域,以使谐波成分降低;

(3) 对有用的电磁发射或信号输出进行功率限制和频带控制;

(4) 合理选择发射天线的类型和高度,不盲目追求覆盖面积和信号强度;

(5) 合理选择数字信号的脉冲形状,不盲目追求脉冲的上升速度和幅度;

(6) 控制电弧放电,尽量选用工作电平低的、有触点保护的开关或继电器;

(7) 应用良好的接地抑制接地干扰、地环路干扰和高频噪声。

2. 抑制干扰耦合的设计要点

(1) 把携带电磁噪声的元件和导线与连接敏感元件的连接线隔离;

(2) 缩短干扰耦合路径,使携带高频信号或噪声的导线尽量短,必要时可以使用屏蔽线或加屏蔽套;

(3) 注意布线和结构件的天线效应,对于通过电场耦合的辐射干扰,尽量减小电路的阻抗,而对于通过磁场耦合的辐射,则尽量增加电路的阻抗;

(4) 应用屏蔽等技术隔离或减少辐射路径的电磁干扰,应用滤波器、脉冲吸收器、隔离变压器和光电耦合器等滤除或减少传导途径的电磁干扰。

3. 对敏感设备的设计要点

(1) 对电磁干扰源的各种防护措施,一般也同样适用于敏感设备;

(2) 在设计中尽量少用低电平器件,也不盲目选择高速器件。

第2章 电磁兼容基础理论

2.1 电磁干扰信号的时域与频域分析

通常,引起电磁干扰的重复性信号可以用其时域波形来表示,而且单脉冲干扰,如闪电、静电放电(ESD)、电力线浪涌等,也总是用波形表示。另外,对 EMC 的描述和分析被定义在频域,如滤波器的性能、屏蔽材料和许多 EMC 元件。所以需要将时域波形转换到频域,或相反由频域转换到时域,如图 2 - 1 所示。

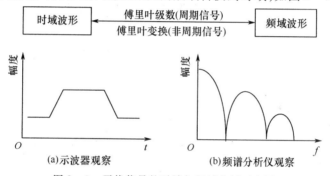

图 2 - 1 干扰信号的时域与频域分析示意图

将时域波形转换到频域波形,或相反由频域波形转换到时域波形的有力工具是傅里叶变换,任何信号都可以通过傅里叶变换建立其时域与频域的关系,即

$$H(f) = \int_0^T x(t) e^{-j2\pi ft} dt \qquad (2-1)$$

式中:$x(t)$ 为电信号的时域波形函数;$H(f)$ 为该信号的频率函数;$2\pi f = \omega$,ω 为角频率;f 为频率。

梯形脉冲函数的频谱如图 2 - 2 所示,由主瓣与无数副瓣组成,每个副瓣虽然也有最大值,但总的趋势是随着频率的增高而下降的。梯形脉冲频谱的上升时间 t_r 和下降时间 t_f 引起的三个斜率为 0dB/10 倍频程,- 20dB/10 倍频程,- 40dB/10 倍频程。频谱包络有两个转折点:当频率低于 $1/(\pi D)$(D 为占空比)时,包络幅度基本不变;当频率在 $1/(\pi D)$ ~ $1/(\pi t_r)$ 范围内时,包络幅度按 - 20dB/10 倍频程下降;当频率高于 $1/(\pi t_r)$ 时,包络幅度按 - 40dB/10 倍频程下降。所以电路设计时在保证逻辑功能正常的情况下,应尽可能增加上升时间和下降时间,这有助于减小高频噪声,但是由于第一个转折点的存在,那些即使上升沿很陡而频率较低的周期信号也不会具有较高电平的高次谐波噪声。

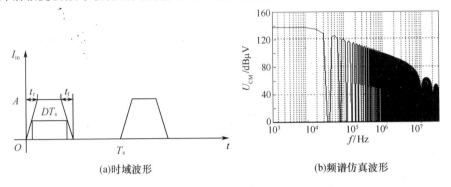

(a)时域波形　　　　　　　　　(b)频谱仿真波形

图 2-2　梯形脉冲函数的时域波形和频谱

由傅里叶定理可知,任何周期信号都能表示为正弦和余弦信号的级数形式,其频率是基频整数倍。然而,因为电磁干扰 EMI 的频域范围是从几赫兹到十亿赫兹,所以需要花费很长时间对每一个谐波的幅度进行严格的分析,频域范围是从基波到几千至几万次的谐波。

对于非周期性信号,用傅里叶变换将信号从时域变换到频域,得到的频域波形称为频谱。对于非周期信号,频谱是连续的。对于周期性信号,用傅里叶级数进行变换,其频谱是离散的,即只在有限的频率点才有能量。由于周期信号有限的能量分布在有限的频率上,因此周期信号的能量更集中,所以干扰作用更强。

频谱分析仪可以对干扰信号的频谱直接进行测量,示波器可以对干扰信号的时域波形进行测量。

2.2　电磁干扰形成的条件

在进行电磁兼容分析前,首先介绍形成电磁干扰必须具备的三要素。干扰源发出电磁干扰能量,经过耦合途径将干扰能量传输到敏感设备(敏感设备即接收器),使敏感设备的工作受到干扰,这一作用过程称为电磁干扰效应,图 2-3采用传输函数的表示方法详细描述了从干扰源到敏感设备的各种耦合途径,包括远场与近场。

从图 2-3 可清晰地看出,电磁干扰的形成,必须具备下列三个基本要素:电磁干扰源、耦合途径(传播途径)和接收器(敏感设备、受扰体)。

2.2.1　电磁干扰源

广义地说,电磁场存在于宇宙中(包括太空、大气层、地球表面及地下)。人

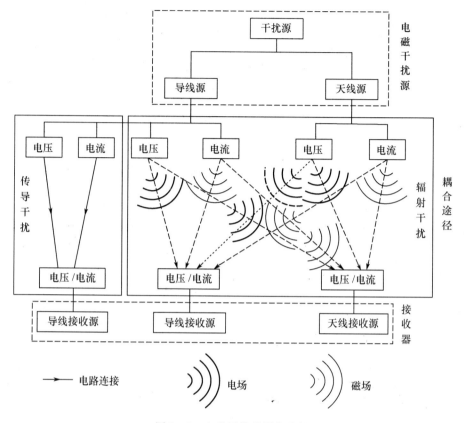

图 2-3　电磁干扰的耦合途径

类生活在某种特定的电磁环境中,必然受到电磁干扰。问题是人们必须清醒地找出那些影响最大、威胁最严重的电磁干扰源,并对它们进行特定的防范,使之不致影响设备、系统的正常运行。为此,人们从不同的侧重点出发将电磁干扰源进行了如下的分类:按其干扰功能可分为有意干扰和无意干扰;按其来源可分为自然干扰源和人为干扰源;按其干扰频域、时域特征可分为连续干扰和瞬态干扰;按其耦合方式分为传导干扰和辐射干扰。

有意干扰是当前电子战的重要手段。为使敌方的通信、广播、指挥及控制系统造成错误判断、失效乃至损坏,故意在对方所使用的通信频带内发射相应的电磁干扰信号。这种有明确目的和对象的有意干扰和反干扰(通常称为电子对抗)问题不属于本书讨论的范围。

自然干扰源是指可以产生电磁噪声的各种自然现象。自然干扰源主要来源于以下几种自然现象:

(1)银河系的电磁噪声。在银河系中,一些天体或天体附近会产生大量的电磁辐射,这些天体称为射电星,它们是很强的电磁噪声源,但来自银河系的电磁噪声一般不会干扰地球表面的装置、设备或系统。银河系及超远星系的高能粒子运动和银河系恒星体上的爆炸现象引起的电磁噪声,其干扰信号的频谱通常在数十兆赫兹到数万兆赫兹的范围。

(2) 太阳系的电磁干扰。太阳异常电磁辐射噪声是太阳黑子发射出的噪声和太阳黑子增加或活动激烈时产生的磁暴。它与太阳黑子的数量和活动激烈程度密切相关,其干扰信号的频谱通常在数十兆赫兹左右。

(3) 大气层。当大气层中发生电荷分离或积累时,都会随之产生充电、放电现象,而导致低压、台风、飞雪、火山喷发、雷电等。雷电是最常见的,也是最严重的大气层电磁干扰源。它的闪击电流很大,最大可达兆安量级,电流的上升时间为微秒量级,持续时间可达几毫秒乃至几秒,它所辐射的电磁场频率范围大致为 $10Hz \sim 300kHz$,主频在数千赫兹。虽然雷击的直接破坏范围只有几平方米到几十平方米,但是它产生的电磁干扰,却能传播到很远的距离。

大气层中的其他自然现象也会形成电磁干扰,如沙暴会由于干扰的沙粒互相摩擦而携带电荷,并不断地放电而形成电磁噪声。

(4) 热噪声。热噪声是指处于一定热力学状态下的导体中出现的无规则电起伏,它是由导体中自由电子的无规则运动引起的。

其他气体放电噪声、有源器件(如真空管、晶体管)散粒噪声也有类似性质。

人为干扰源来自于各种产生电磁干扰的电气设备或系统,涉及的范围十分广泛,常见的人为干扰源有以下几种:

(1) 高压电力系统。包括架空高压输电线路和高压设备,其电磁噪声主要来自于导体表面对空气的电晕放电、绝缘子的非正常放电、接触不良处的火花。

(2) 电力牵引系统。包括电气化轨道、轻轨铁道、城市无轨电车及其他各种类型的电动车等,这类系统中不仅机车内部的电力电子设备会产生干扰,同时机车运动时,其受电弓在电网导线上滑动,也会产生很强的电磁噪声。

(3) 内燃机点火系统。各种内燃机的点火系统都是很强的电磁干扰源。点火时产生前沿很陡的电脉冲,宽度为 1ns 至数百纳秒,该脉冲具有很宽的频谱,在 $30 \sim 300MHz$ 的频带内干扰最强。这些电脉冲会沿着车内的高压导线或"分电盘"等部件传导并向外辐射。

(4) 通信、广播、定位等大功率无线电发射设备。这些大功率设备本身就是通过发射电磁能量来传送信息的,但该系统的有用信号对于其他系统可能是干扰信号。由于这些设备的发射功率很强,因此很容易对周围装置、设备或系统造成干扰,同时也有可能对周围的生物体产生危害。

(5) 工科医(射频)设备。工科医设备是指有意产生无线电频率能量,对其加以利用并不希望发射的设备。工业设备主要有感应加热设备中的高频电炉、高频热合机等,还包括高频焊接等;科研用射频设备在我国还不是主要的电磁干扰源;医疗设备则包括从短波到微波的各种电疗设备以及高频手术刀等,主要影响医院内电子医疗设备的正常工作。

（6）家用电器、电动工具及电气照明。由于 CISPR 一直将这一类设备划归其 F 分会管理,出于历史原因,这一类设备在电磁兼容标准中常归为一类,但实际上这些产品种类繁多,电磁干扰产生的原因也很复杂。如这些设备内部的电动机、开关、继电器在工作时形成火花放电,气体放电灯利用辉光放电发光,这些现象都会产生大量的电磁噪声。

（7）电力电子系统。电力电子技术的高电压、大电流及高频化的实现,使功率变换器的应用越来越广泛。功率变换器在工作中,通过开关器件的通断来实现电压和电流的频率或幅值的转换,使电能的应用范围扩大,利用率提高。开关器件的高速开通和关断是形成功率变换器中电磁干扰的主要原因,开关器件开通和关断必然会导致电压和电流在短时间内发生瞬变(IGBT 最快能到上百纳秒),形成高的 du/dt 和 di/dt。所以,电力电子系统同时也带来了负面影响,除导致交流电源系统功率因数下降、谐波增加等,其还是一个电磁噪声发射源,且电磁噪声的频谱远高于各次谐波的频率。

2.2.2 传播途径

传播途径,是电磁能量传播的通路或媒介,电磁干扰将通过传播途径传递给受扰体。电磁干扰以传导和辐射的方式进行传播,相应的传播途径也不同。

传导电磁干扰传播,是指通过导线或其他元器件(如电容、电感等),以电压或者电流的形式,将电磁噪声的能量在电路中传送。这是最简单,也是最常见的传输耦合方式。干扰通过连接两个元件或设备的导线(阻抗),直接传输到受扰体的输入端。在讨论电磁兼容问题时,由于干扰多属于高频情况,因而此时的导线不能看作单纯的电阻,还应考虑导线的电感、漏电阻以及杂散电容。

辐射电磁干扰传播,是指辐射干扰源通过空间以电磁波的形式传播电磁干扰。辐射干扰分为近场辐射和远场辐射。一般把干扰源周围 1/6 干扰波长距离以内看作近场,以外则作为远场来考虑。近场辐射又分为电感耦合和电容耦合:

（1）电感耦合。最典型的电感耦合的例子是变压器,电感耦合由导体间互感而产生。干扰源产生的干扰信号沿导线送至自身远处的负载时,在与其邻近,但连接在另一装置的导线上产生互感耦合,从而将干扰信号耦合至此装置,成为受扰体。由于这种方式事实上是通过磁场起作用的,所以又叫磁场耦合。当干扰源回路中的电流较大时,电感耦合较为明显。

（2）电容耦合。当频率较高时,两根平行导体之间不是靠互感耦合,而是靠电容耦合。电容耦合与电感耦合不同,它不是两个回路之间的磁耦合,而是两根导线之间的电场耦合。在电力电子装置中,电源相线与相线之间存在耦合电容,相线与地线之间存在杂散电容,构成干扰电流通路。由于干扰的高频特性,电容耦合方式造成的电磁干扰十分严重。

功率变换器产生的电磁干扰按照电磁场规律进行传播,由于实际电路的结构复杂及干扰的频率成分多,传播途径也非常复杂。一般电磁兼容标准,如EN、FCC认为,30MHz以下的干扰主要通过传导方式传播,30MHz以上的干扰主要通过辐射方式传播,图2-4所示为按频率对电磁干扰的分类图。在功率变换器系统中,传导干扰占主要地位,其频率范围为150kHz~30MHz,在最高频率时产生波长为10m的电磁波,所以对于功率变换器,大多数都可以用集总参数电路进行分析。

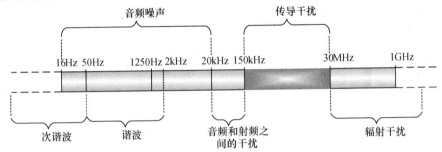

图2-4 按频率对电磁干扰的分类图

根据传导干扰方式的不同,可以把电磁干扰源分为共模(Common Mode, CM)干扰(也称非对称模干扰)和差模(Differential Mode,DM)干扰(也称对称模干扰)两种形式,它们产生的内部机理有所不同:共模干扰源产生的主要原因是变换器电路中的高du/dt对寄生电容进行充放电,产生的高频共模电流通过相线、寄生电容和地构成流通回路;差模干扰是指相线之间的干扰,主要由变换器工作时产生的脉动电流di/dt引起,直接通过相线与电源形成干扰回路。从共模干扰和差模干扰产生的机理来看,差模干扰是存在于相线和中线之间的干扰,而共模干扰的流通回路还包括地线。差模和共模干扰各自的回路如图2-5所示。

一般认为,低于2MHz的干扰主要是差模干扰,高于2MHz的干扰主要是共模干扰。这是因为,低频共模干扰大部分都被电路中的共模电感滤除了,高频差模干扰被回路中的电容和电感滤除了,而高频共模干扰则通过散热器、电感器和滤波器对地寄生电容形成回路。di/dt主要通过杂散电感产生差模干扰,du/dt主要通过杂散电容产生共模干扰。但这种说法并非绝对的,di/dt也会在杂散电容上引起共模电压,而du/dt产生的干扰也会以差模方式出现。

电路引线的阻抗不平衡会导致差模和共模干扰相互转化。如图2-6所示,U为干扰源,Z_L为负载,Z_1和Z_2分别是导线1和导线2的对地寄生阻抗。如果

14

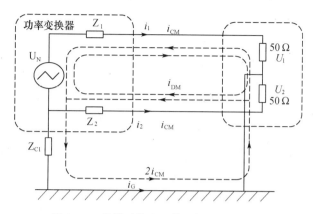

图 2-5 共模干扰和差模干扰回路示意图

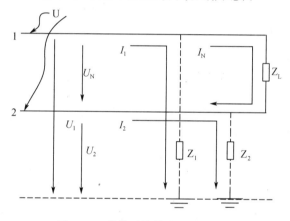

图 2-6 共模干扰转化成差模干扰

$Z_1 = Z_2$,则噪声电压 U_1 和 U_2 相等,从而干扰电流 I_1 和 I_2 相等,即干扰电流不流过负载。然而当 $Z_1 \neq Z_2$ 时,噪声电压 U_1 和 U_2 不相等,于是干扰电流流过负载,此种干扰为差模干扰。

近几年的文献中,对 EMI 建模时将共模干扰和差模干扰分开研究,虽然这种分离是对建模过程的简化,也可以很好地理解噪声产生及传播的机理。但是这种分离是基于两种形式的噪声之间没有相互作用和转化的假设上进行的,这在实际应用中不一定有效,同时有一些研究也表明了在进行离线变换器滤波设计时共模和差模噪声是不能分离的。

Song Qu 等学者分析了开关电源中的传导电磁干扰,提出了不对称共模电流形成的混合模式分量,其存在于整流桥的交流侧,这说明电路中不仅有本质差模分量的存在,而且还有混合模式分量。如果仅考虑理想化的本质差模干扰分量,而忽略混合干扰分量对电路的影响,则对设计的滤波器会产生较大的影响。在整流桥关断时,上、下桥臂开关器件的开关状态使直流电容侧上、下两点电位

15

在瞬间发生变化,从而使整流桥的单个二极管正向偏置而形成混合干扰模式。图 2 - 7 给出了共模干扰和本质差模干扰的耦合通道(D_1 和 D_3 开通),图 2 - 8 给出了混合模式干扰耦合途径。

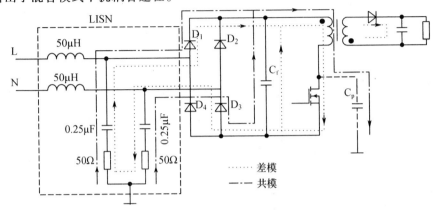

图 2 - 7 共模干扰和本质差模干扰的耦合通道

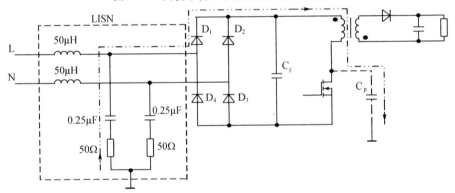

(a) MOSFET(功率场效应管)关断,D_1 开通

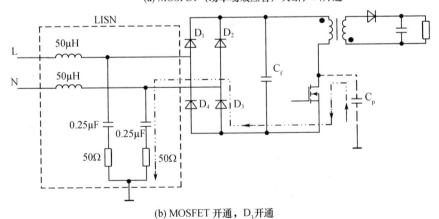

(b) MOSFET 开通,D_3 开通

图 2 - 8 混合模式干扰耦合途径

16

2.2.3 受扰体

受扰体是电磁干扰源对其发生影响的设备,即受到电磁干扰的设备。一个设备必须能够抗干扰,才能保证正常运行,表征抗干扰性能的指标是抗扰性或敏感性。受扰体根据研究层次不同可以是系统、分系统、设备、印制电路板和各种元器件,主要研究受扰体对电磁干扰的响应以及如何提高其抗扰性。为了能对受扰体的抗扰性给出科学的评价,在测量抗扰度时必须对性能降低给以明确的判据,也就是说,给出在何种性能降低条件下的抗扰度电平为多少。

2.3 电磁干扰的分类

干扰可以被分为两类:内部干扰和外部干扰。内部干扰问题一般是伴随传输路径的邻近电路之间的寄生耦合,以及内部组件之间的场耦合,信号沿着传输路径有衰减。

外部干扰问题分为发射和敏感度。发射问题主要来源于时钟或其他周期信号的谐波。而外部影响的敏感度,如 ESD、无线电频率的干扰,则主要与耦合到线路上并传输到单元或系统内部的能量有关。主要的敏感对象是高速输入线路和敏感的相邻线路。

因此,对 EMC 的分析主要应考虑以下五点:

(1)频率。干扰问题在频谱的哪部分出现。

(2)幅度。干扰能量级别有多强,它导致有害影响的潜力有多大。

(3)时间。出现问题的干扰是连续的(周期信号),还是只在确定的操作循环内出现。

(4)阻抗。源和接收机的阻抗是什么,两者间传输媒质的阻抗是什么。

(5)尺寸。导致辐射出现的发射设备的物理尺寸是多大。

2.4 基本电磁兼容术语

要保障电力电子设备、系统的可靠运行,解决其电磁兼容问题,就必须在相应的范围内规定统一的名词术语,以保证叙述、设计及论证的统一性,保证试验、测量和检验结果的可比性。电磁兼容标准的一个重要内容就是统一规定名词术语。我国国家军用标准 GJB72—85 规定了《电磁干扰和电磁兼容名词术语》,EMC 国家标准 GB/T 4365—2003 规定了《电工术语 电磁兼容》,EMC 国家标准 GB/T17624. 1—1998 规定了《电磁兼容 综述 电磁兼容基本术语和定义的应用与解释》;对应的国际标准有 IEC61000－1(61000－1－1,part 1:General. Section

I: Application and interpretation of fundamental definitions and terms)。

下列基本电磁兼容名词术语的定义引自 EMC 国家标准 GB/T 4365—2003 及相关参考文献。

1. 一般术语

（1）设备（Equipment）。设备是指作为一个独立单元进行工作,并完成单一功能的任何电气、电子或机电装置。

（2）分系统（Subsystem）。从电磁兼容性要求的角度考虑,下列任一状况都可认为是分系统:①作为单独整体起作用的许多装置或设备的组合,但并不要求其中的装置或设备独立起作用;②作为在一个系统内起主要作用并完成单项或多项功能的许多设备或分系统的组合。以上两类分系统内的装置或设备,在实际工作时可以分别安装在几个固定或移动的台站、运载工具及系统中。

（3）系统（System）系统是指若干设备、分系统、专职人员及可以执行或保障工作任务的技术组合。一个完整的系统,除包括有关的设施、设备、分系统、器材和辅助设备外,还包括在工作和保障环境中能胜任工作的操作人员。

2. 噪声与干扰术语

（1）电磁噪声（Electromagnetic Noise）。电磁噪声是一种明显不传送信息的时变电磁现象,它可能与有用信号叠加或组合。电磁噪声通常是脉动的和随机的,但也可以是周期的。

（2）自然噪声（Natural Noise）。自然噪声是由自然电磁现象产生的电磁噪声,是来源于自然现象而不是由机械或其他人造装置产生的噪声。

（3）人为噪声（Man – made Noise）。人为噪声是由机电或其他人造装置产生的噪声。

（4）无线电噪声（Radio Frequency Noise）。无线电噪声是具有无线电频率分量的电磁噪声。一般认为无线电频率从 10 kHz 开始向上,而"电磁现象"则包括所有的频率,除无线电频率之外,还包括所有的低频(含直流)电磁现象。

（5）电磁骚扰（Electromagnetic Disturbance）。电磁骚扰是任何可能引起装置、设备或系统性能降级或对有生命或无生命物质产生损害作用的电磁现象。电磁骚扰可能是电磁噪声、无用信号或传播媒介自身的变化。

（6）电磁干扰（Electromagnetic Interference）。电磁干扰是电磁骚扰引起的设备、传输通道或系统性能的下降。

（7）无线电干扰（Radio Interference）。无线电干扰是由电磁骚扰引起的,对接收有用无线电信号的损害。

（8）工业干扰。工业干扰是由输电线、电网以及各种电气和电子设备工作时引起的电磁干扰。

（9）宇宙干扰。宇宙干扰是由银河系(包括太阳)的电磁辐射引起的电磁干扰。

（10）天电干扰。天电干扰是由大气中各种自然现象产生的无线电噪声引起的电磁干扰。

（11）辐射干扰。辐射干扰是由任何部件、天线、电缆或连接线辐射的电磁干扰。

（12）传导干扰。传导干扰是沿着导体传输的电磁干扰。

（13）窄带干扰。窄带干扰是一种主要能量频谱落在测量接收机通带之内的不希望有的发射。

（14）宽带干扰。宽带干扰是一种能量、频谱相当宽的不希望有的发射。当测量接收机在 ±2 个脉冲带宽内调谐时，它对测量接收机输出响应的影响不大于 3dB。

3. 发射术语

（1）电磁发射（Electromagnetic Emission）。电磁发射是从源向外发出电磁能的现象，即以辐射或传导形式从源发出电磁能量。

此处的"发射"与通信工程中常用的"发射"含义并不完全相同。电磁兼容中的"发射"既包含传导发射，也包含辐射发射，而通信工程中的"发射"主要指辐射发射；电磁兼容中的"发射"常常是无意的，因而并不存在有意制作的发射部件，一些本来作其他用途的部件（例如电线、电缆等）充当了发射源（部件）的角色，而通信中则是在无线发射台产生，并精心制作发射部件（例如天线等），通信中的"发射"，也使用 Emission，但更多地使用 Transmission。

（2）电磁辐射（Electromagnetic Radiation）。电磁辐射是由不同于传导机理所产生的有用信号的发射或电磁骚扰的发射。

注意"发射"与"辐射"的区别："发射"，指以辐射形式向空间和以传导形式沿导线发出电磁能量，而"辐射"指脱离场源向空间传播电磁能量，两者不可混淆。

（3）辐射发射（Radiated Emission）。辐射发射是通过空间传播有用的或不希望有的电磁能量。

（4）传导发射（Conducted Emission）。传导发射是沿电源、控制线或信号线传输电磁能量。

（5）宽带发射（Broadband Emission）。宽带发射是能量谱分布足够均匀和连续的一种发射。当电磁干扰测量仪在几倍带宽的频率范围内调谐时，它们的响应无明显变化。

（6）窄带发射（Narrowband Emission）。窄带发射是带宽比电磁干扰测量仪带宽小的一种发射。

（7）乱真发射（Spurious Emission）。乱真发射是在必要发射带宽以外的一个或几个频率上的电磁发射。这种发射电平降低时不会影响相应信息的传输。乱真发射包括谐波发射、寄生发射及互调制的产物,但不包括为传输信息而进行的调制过程在紧靠必要发射带宽附近的发射。

4. 电磁兼容性术语

(1)性能降低(Degradation of Performance)。性能降低是装置、设备或系统的工作性能与正常性能的非期望偏离。

应注意,此种非期望偏离(向坏的方向偏离)并不意味着一定会被使用者觉察,但也应视为性能降低。

(2)电磁环境(Electromagnetic Environment)。电磁环境是存在于给定场所的所有电磁现象的总和。"给定场所"即"空间";"电磁现象"包括了全部时间与全部频谱。

(3)无用信号(Unwanted Signal,Undesired Signal)。无用信号是可能损害有用信号接收的信号。

(4)干扰信号(Interfering Signal)。干扰信号是损害有用信号接收的信号。

比较术语"无用信号"和"干扰信号"可见,差别仅在于无用信号是"可能损害……",而干扰信号是"损害……",表明无用信号在某些条件下是无害的,而干扰信号在任何情况下都是有害的。

(5)对骚扰的抗扰度(Immunity to A Disturbance)。对骚扰的抗扰度是装置、设备或系统面临电磁骚扰不降低运行性能的能力。

(6)抗扰度电平(Immunity Level)。抗扰度电平是将某给定的电磁骚扰施加于某一装置、设备或系统而其仍能正常工作并保持所需性能等级时的最大骚扰电平。也就是说,超过此电平,该装置、设备或系统就会出现性能降低。而"敏感性电平"是指刚刚出现性能降低的骚扰电平。所以对某一装置、设备或系统而言,抗扰度电平与敏感性电平是同一个数值。

(7)抗扰度限值(Immunity Limit)。抗扰度限值是规定的最小抗扰度电平。"限值"是人为规定的参数,而"电平"是装置、设备或系统本身的特性。

(8)抗扰度裕量(Immunity Margin)。抗扰度裕量是装置、设备或系统的抗扰度限值与电磁兼容电平之间的差值。

(9)电磁敏感性(Electromagnetic Susceptibility,EMS)。电磁敏感性是在存在电磁骚扰的情况下,装置、设备或系统不能避免性能降低的能力。

实际上,抗扰度与敏感性都反映的是装置、设备或系统的抗干扰能力,仅仅是从不同的角度而言。敏感性高,则抗扰度低,反之亦然。

(10)辐射敏感度(Radiated Susceptibility)。辐射敏感度是对造成设备降级的辐射干扰场的度量。

(11)传导敏感度(Conducted Susceptibility)。传导敏感度是当引起设备不

20

希望有的响应或造成其性能降级时,对电源、控制或信号引线上的干扰信号电流或电压的度量。

(12)电磁兼容电平(Electromagnetic Compatibility Level)。电磁兼容电平是加在工作于指定条件的装置、设备或系统上的最大电磁骚扰电平。

(13)电磁兼容裕量(Electromagnetic Compatibility Margin)。电磁兼容裕量是装置、设备或系统的抗扰度限值与骚扰源的发射限值之间的差值。

(14)骚扰抑制(Disturbance Suppression)。骚扰抑制是削弱或消除电磁骚扰的措施,是施加于电磁发射源上的措施。

(15)干扰抑制(Interference Suppression)。干扰抑制是削弱或消除电磁干扰的措施。

(16)时变量的电平(Level of Time – Varying Quantity)。时变量的电平是用规定方式在规定时间内求得的诸如功率或场参数等时变量的平均值或加权值。

(17)骚扰限值(允许值)(Limit of Disturbance)。骚扰限值(允许值)是对应于规定测量方法的最大电磁骚扰允许电平。限值是人为制定的一个电平,在规定限值时一定要规定测量方法。"允许值"一词是我国过去对 limit 一词的译法。按国家标准应首选"限值"这一译名。

(18)干扰限值(允许值)(Limit of Interference)。干扰限值(允许值)是电磁骚扰使装置、设备或系统最大允许的性能降低。干扰限值是性能降低的指标,不是电磁现象的指标。

(19)骚扰源的发射电平(Emission Level of A Disturbance Source)。骚扰源的发射电平是用规定方法测得的由特定装置、设备或系统发射的某给定电磁骚扰电平。所谓"特定装置",是根据 particular 一词译出的,实际上是指"某一个"的意思。"某给定电磁骚扰电平"指的是某种电磁现象的量,例如功率、电压、场强等,也包括频率在内。

(20)骚扰源的发射限值(Emission Limit from A Disturbance Source)。骚扰源的发射限值是规定的电磁骚扰源的最大发射电平。此术语是人为规定的,而不是骚扰源本身的特性。

(21)试样或受试设备(EUT)。试样或受试设备是待试验或正在试验中的装置、设备、分系统或系统。

(22)关键点。关键点是分系统中对干扰最敏感的点,它与灵敏度、固有的敏感度、任务目标的重要性以及所处的电磁环境等因素有关。实际上这是一个电气点,通常处于分系统输出级之前。

(23)电磁干扰测量仪。电磁干扰测量仪是测量各种电磁发射电压、电流或场强的仪器。它实质上是一种按规定要求专门设计的接收机。

(24)敏感度门限。敏感度门限是使试样呈现最小可辨别的、不希望有的响应的信号电平。

（25）电磁干扰安全系数。电磁干扰安全系数是敏感度门限与出现在关键试验点或信号线上的干扰之比。

（26）电磁兼容性故障。电磁兼容性故障是由于电磁干扰或敏感性，使系统或有关的分系统及设备失灵，从而导致使用寿命缩短、运载工具受损、飞机失事或系统效能发生不允许的永久性下降。

第3章 电磁兼容性测量

　　电磁兼容性测量的研究至关重要,它贯穿于电磁兼容性分析、建模、产品开发、产品检验、干扰诊断等各个阶段。电磁兼容性测量的对象是干扰和噪声,它不同于一般有用信号,而且噪声信号的提取、噪声的衡量和误差分析等都有自己的特点。因此,对测量方法、测量仪器设备、测量场所的研究是电磁兼容性学科的重要组成部分。

　　测量方法包括干扰源的辐射发射和传导发射特性的测量,干扰接受器的辐射敏感度和传导敏感度的测量。由于干扰源和接受器种类繁多,用途不一,有军用的、民用的,所占频带很宽,从几赫兹到几十吉赫兹,所以测量方法必须分频段并根据用途归类进行。

3.1　电磁兼容性测量的主要内容

　　由于任意一个电子设备既可能是一个干扰源,又可能是一个敏感设备(受感器),因而电磁兼容性试验分为电磁干扰发射测量和电磁敏感度测量两大类,通常再细分为四类:辐射发射测试、传导发射测试、辐射敏感度(辐射抗扰度)测试和传导敏感度(传导抗扰度)测试。

　　辐射发射测试考察被测设备经空间发射的信号,这类测试的典型频率范围是 10kHz ~ 1GHz,但对于磁场测量要求低至 25Hz,而对工作在微波频段的设备,频率要测到 40GHz。

　　传导发射测试是考察在交、直流电源线上存在由被测设备产生的干扰信号,这类测试的频率范围通常为 25Hz ~ 30MHz。

　　辐射敏感度测试是测量一个装置或产品防范辐射电磁场的能力。

　　传导敏感度测试则是测量一个装置或产品防范来自电源线或数据线上的电磁干扰的能力。图 3 - 1 所示为上述四类测量之间的关系。测量的具体内容包括干扰发射测量和敏感度测量。

　　干扰发射测量的主要内容如下:

　　(1)电子元器件和设备在各种电磁环境下传导和辐射发射量的测量,如电子设备的交流电源中的脉冲干扰和连续干扰测量等;

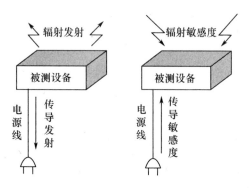

图 3-1　电磁兼容测试分类示意图

（2）对电场、磁场发射干扰的辐射敏感度测量；

（3）对静电放电干扰的敏感度测量。

干扰发射、敏感度测量根据相应的电磁兼容性标准和规范，在不同频率范围内，采用不同的方法进行。图 3-2 汇总了几个典型试验标准和规范中的测量项目。

3.2　电磁兼容基本测量单位

测量单位的特殊性是电磁兼容学科的主要特点之一，在电磁兼容测量中，常用不同的单位表述测量值的大小。

1. 功率

电磁兼容测量中，干扰的幅度可以用功率来表述。功率的基本单位为瓦（W），即焦耳/秒（J/s）。为了表示变化范围很宽的数值关系，常常使用两个相同量比值的常用对数——贝尔（B）为单位，即

$$P_B = \lg \frac{P_2}{P_1} \tag{3-1}$$

但是用贝尔表示是一个较大的值，为使用方便，常采用贝尔的 1/10，即分贝（dB）为单位，这样功率表示为

$$P_{dB} = 10\lg \frac{P_2}{P_1} \tag{3-2}$$

式中：P_1 和 P_2 应采用相同的单位。必须明确分贝仅为两个量的比值，是无量纲的。随着分贝表示式中的基准参考量的单位不同，分贝在形式上也带有某种量纲。例如基准参考量 P_1 为 1W，则 P_2/P_1 是相对于 1W 的比值，即以 1W 为 0dB。此时以带有功率量纲的分贝瓦 dBW 表示 P_2，则

$$P_{dBW} = 10\lg \frac{P_W}{1W} = 10\lg P_W \tag{3-3}$$

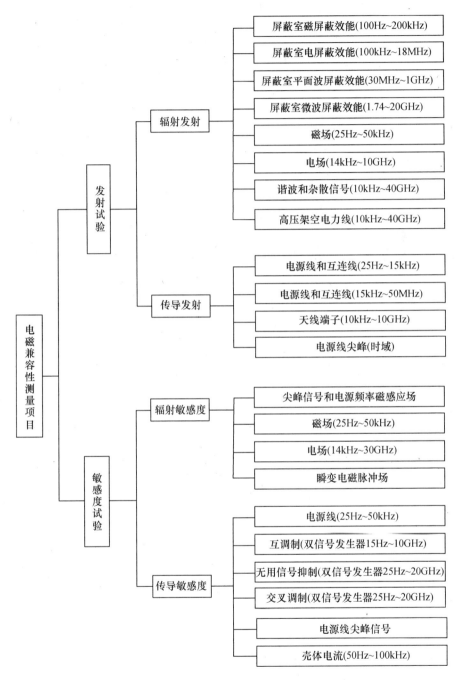

图 3-2 典型试验标准和规范中的测量项目

式中:P_{W} 为实际测量值(W);P_{dBW} 为用 dBW 表示的测量值。

功率测量单位通常采用分贝毫瓦(dBmW)。它是以 1mW 为基准参考量,表

示 0dBmW,即

$$P_{\mathrm{dBmW}} = 10\lg\frac{P_{\mathrm{W}}}{1\,\mathrm{mW}} \tag{3-4}$$

显然

$$0\mathrm{dBmW} = -30\mathrm{dBW} \tag{3-5}$$

类似地,以 $1\mu\mathrm{W}$ 作为基准参考量,表示 $0\mathrm{dB}\mu\mathrm{W}$,称为分贝微瓦。dBW、dB-mW、dB$\mu$W 与 W 的换算关系为

$$P_{\mathrm{dBW}} = 10\lg P_{\mathrm{W}} \tag{3-6}$$

$$P_{\mathrm{dBmW}} = 10\lg P_{\mathrm{W}} + 30 \tag{3-7}$$

$$P_{\mathrm{dB}\mu\mathrm{W}} = 10\lg P_{\mathrm{W}} + 60 \tag{3-8}$$

电磁兼容工程中,除了功率习惯用分贝单位表示外,电压、电流和场强也都常用分贝单位表示。

2. 电压

电压的分贝单位表示为

$$U_{\mathrm{dBV}} = 20\lg\frac{U_{\mathrm{V}}}{1\,\mathrm{V}} = 20\lg U_{\mathrm{V}},\ U_{\mathrm{dBmV}} = 20\lg\frac{U_{\mathrm{V}}}{1\,\mathrm{mV}},\ U_{\mathrm{dB}\mu\mathrm{V}} = 20\lg\frac{U_{\mathrm{V}}}{1\,\mu\mathrm{V}} \tag{3-9}$$

电压以 V 为单位和以 dBV、dBmV、dBμV 为单位的换算关系为

$$U_{\mathrm{dBV}} = 20\lg\frac{U_{\mathrm{V}}}{1\,\mathrm{V}} = 20\lg U_{\mathrm{V}} \tag{3-10}$$

$$U_{\mathrm{dBmV}} = 20\lg\frac{U_{\mathrm{V}}}{10^{-3}\,\mathrm{V}} = 20\lg U_{\mathrm{V}} + 60 \tag{3-11}$$

$$U_{\mathrm{dB}\mu\mathrm{V}} = 20\lg\frac{U_{\mathrm{V}}}{10^{-6}\,\mathrm{V}} = 20\lg U_{\mathrm{V}} + 120 \tag{3-12}$$

功率与电压间的单位换算需要考虑测量设备的输入阻抗,对于纯电阻,有

$$P = \frac{U^2}{R} \tag{3-13}$$

式中:P 为功率(W);U 为电压(V);R 为电阻(Ω)。若以分贝表示,则上式可以写为

$$P_{\mathrm{dBW}} = 10\lg\frac{P_2}{P_1} = 20\lg\frac{U_2}{U_1} - 10\lg\frac{R_2}{R_1} \tag{3-14}$$

式(3-14)中右端的第一项为电压分贝值,通常以 dBμV 为单位。由于,$0\mathrm{dB}\mu\mathrm{V} = -120\mathrm{dBV}$,考虑到式(3-14),则有

$$P_{\mathrm{dBmW}} - 30 = U_{\mathrm{dB}\mu\mathrm{V}} - 120 - 10\lg\frac{R_\Omega}{1\,\Omega} \tag{3-15}$$

式中:R_Ω 表示以 Ω 为单位的电阻值。对于 50Ω 的系统,则满足

$$P_{\mathrm{dBmW}} = U_{\mathrm{dB\mu V}} - 120 + 30 - 10\lg\frac{50\Omega}{1\Omega} = U_{\mathrm{dB\mu V}} - 107 \qquad (3-16)$$

3. 电流

电流通常以 dBμA 为单位,即

$$I_{\mathrm{dB\mu A}} = 20\lg\frac{I_{\mathrm{A}}}{1\mu A} \qquad (3-17)$$

式中:$I\mu A$ 表示以 μA 为单位的电流;$I_{\mathrm{dB\mu A}}$ 表示以 dBμA 为单位的电流。

4. 功率密度

有时用功率密度表示空间的电磁场强度。功率密度定义为垂直通过单位面积的电磁功率,即坡印廷矢量 S 的模。坡印廷矢量表示电磁场强度 E、磁场强度 H 之间的关系,即

$$S = E \times H \qquad (3-18)$$

式中:S 表示坡印廷矢量（W/m^2）;E 表示电场强度（V/m;H 表示磁场强度（A/m）。

空间任一点的电场强度与磁场强度的幅度关系用波阻抗描述,即

$$Z = \frac{E}{H} \qquad (3-19)$$

式中:Z 表示波阻抗（Ω）。但对于满足远场条件的平面波,电场强度矢量与磁场强度矢量在空间上相互垂直,其波阻抗在自由空间为

$$Z_0 = 120\pi\Omega = 377\Omega \qquad (3-20)$$

此时,$S = E^2/Z_0$。

功率密度的基本单位为 W/m^2,常用单位为 mW/cm^2 或者 $\mu W/cm^2$。这些功率单位之间的关系为

$$S_{\mathrm{W/m^2}} = 0.1S_{\mathrm{mW/cm^2}} = 0.01S_{\mathrm{\mu W/cm^2}} \qquad (3-21)$$

采用分贝表示时,对于满足远场条件的平面波有

$$10\lg S_{\mathrm{W/m^2}} = 20\lg E_{\mathrm{V/m}} - 10\lg 120\pi \qquad (3-22)$$

即

$$S_{\mathrm{dB(mW/cm^2)}} = E_{\mathrm{dB(V/m)}} - 25.8 \qquad (3-23)$$

5. 电场强度、磁场强度

电场强度的单位有 V/m、mV/m、μV/m,采用分贝表示时,有

$$E_{\mathrm{dB(\mu V/m)}} = 20\lg\frac{E_{\mathrm{V/m}}}{1\mu V/m} \qquad (3-24)$$

显然

$$1V/m = 0dB(V/m) = 60dB(mV/m) = 120dB(\mu V/m) \qquad (3-25)$$

磁场强度虽然在电磁兼容领域中经常使用,但它并非是国际单位制中的具

有专门名称的导出单位,导出单位是磁感应强度 B(磁通密度)。磁感应强度与磁场强度的关系为

$$B = \mu H \qquad (3-26)$$

式中:B 为磁感应强度,以特斯拉(T)为单位,$1T = 1Wb/m^2$;H 为磁场强度(A/m);μ 为介质的绝对磁导率(H/m)。磁场强度的单位还有 mA/m、μA/m,采用分贝表示时,有

$$H_{dB(\mu A/m)} = 20\lg \frac{H_{A/m}}{1\mu A/m} \qquad (3-27)$$

显然

$$1A/m = 0dB(A/m) = 60dB(mA/m) = 120dB(\mu A/m) \qquad (3-28)$$

3.3 电磁兼容测量的标准

在电磁兼容(EMC)领域的所有标准中,有关 EMC 测量的标准占有相当大的比例。EMC 标准是进行 EMC 测量的技术依据。在诸多国际、各国的 EMC 标准中,CISPR 的有关 EMC 的测量标准最受人们重视。其中,IEC61000 系列标准涉及电磁环境、发射、抗扰度、试验程序和测量技术等规范,尤其是第 4 部分 IEC61000-4 系列主要是关于测量技术的内容,主要内容如下:

IEC61000-4-3《辐射(射频)电磁场抗扰度试验》;

IEC61000-4-4《电快速瞬变/脉冲群抗扰度试验》;

IEC61000-4-5《浪涌(冲击)抗扰度试验》;

IEC61000-4-6《对射频场感应的传导干扰抗扰度试验》;

IEC61000-4-7《供电系统及所连设备谐波和间谐波的测量和仪表通用指南》;

IEC61000-4-8《工频抗扰度试验》;

IEC61000-4-9《脉冲磁场抗扰度试验》;

IEC61000-4-10《阻尼振荡抗扰度试验》;

IEC61000-4-12《振荡波抗扰度试验》;

IEC61000-4-15《闪烁仪的功能和设计规范》;

IEC61000-4-16《传导共模干扰抗扰度试验方法》。

我国标准化组织已依据上述标准等同地制定了如下国家标准:

GB 12668.3—2012《调速电气传动系统 第 3 部分:电磁兼容性要求及其特定的试验方法》;

GB 4343.1—2009《家用电器、电动工具和类似器具的电磁兼容要求 第 1 部分:发射》;

GB 4343.2—2009《家用电器、电动工具和类似器具的电磁兼容要求 第2部分:抗扰度》;

GB 4824—2013《工业、科学和医疗(ISM)射频设备 骚扰特性 限值和测量方法》;

GB/T 17626.1—2006《电磁兼容 试验和测量技术 抗扰度试验总论》;

GB/T 17626.2—2006《电磁兼容 试验和测量技术 静电放电抗扰度试验》;

GB/T 17626.3—2006《电磁兼容 试验和测量技术 射频电磁场辐射抗扰度试验》;

GB/T 17626.4—2008《电磁兼容 试验和测量技术 电快速瞬变脉冲群抗扰度试验》:

GB/T 17626.5—2008《电磁兼容 试验和测量技术 浪涌(冲击)抗扰度试验》;

GB/T 17626.6—2008《电磁兼容 试验和测量技术 射频场感应的传导骚扰抗扰度》;

GB/T 17626.7—2008《电磁兼容 试验和测量技术 供电系统及所连设备谐波、谐间波的测量和测量仪器导则》;

GB/T 17626.8—2006《电磁兼容 试验和测量技术 工频磁场抗扰度试验》;

GB/T 17626.9—2011《电磁兼容 试验和测量技术 脉冲磁场抗扰度试验》:

GB/T 17626.10—1998《电磁兼容 试验和测量技术 阻尼振荡磁场抗扰度试验》;

GB/T 17626.11—2008《电磁兼容 试验和测量技术 电压暂降、短时中断和电压变化的抗扰度试验》;

GB/T 17626.12—2013《电磁兼容 试验和测量技术 振铃波抗扰度试验》;

GB/T 17626.13—2006《电磁兼容 试验和测量技术 交流电源端口谐波、谐间波及电网信号的低频抗扰度试验》;

GB/T 17626.14—2005《电磁兼容 试验和测量技术 电压波动抗扰度试验》;

GB/T 17626.15—2011《电磁兼容 试验和测量技术 闪烁仪 功能和设计规范》。

3.4 电磁兼容测量场地的要求

为了保证测试结果的准确性和可靠性,电磁兼容性测量对测试环境有严格的要求,场地有室外开阔试验场地、屏蔽室、电波暗室、TEM 及 GTEM 横电磁波小室等。

1. 开阔试验场地

开阔试验场地(Open Area Test Site, OATS)通常用于精确测定受试设备辐射发射极限值,要求平坦、空旷、开阔、无反射物体,远离建筑物、电线、树林、地下电线和金属管道,地面为平坦而导电率均匀的金属接地表面,环境电磁干扰电平很小(如军标 GJB 152—86 要求至少低于允许的极限值 6dB),场地尺寸在不同的 EMC 标准,规范中要求不尽相同。

2. 屏蔽室

屏蔽室的作用一方面是对外来电磁干扰加以屏蔽,以保证室内电磁环境电平满足要求;另一方面是对内部发射源(如天线等)进行屏蔽,不对外界形成干扰。电磁兼容性标准规定,许多实验项目必须在屏蔽室内进行。屏蔽室为一个由金属材料制成的六面体,其工作频率范围一般定为 14kHz ~ 18GHz,个别实验室要求频率上限为 40GHz。

预留 EUT(被测设备)空间依具体情况而定,如 2.0m × 1.5m × 1.5m。

屏蔽效能要求:推荐的屏蔽暗室屏蔽效能如表 3 − 1 所列。

表 3 − 1　屏蔽效能要求

屏蔽类型	频段范围	屏蔽效能
磁场	14 ~ 100kHz	优于 80dB
	0.1 ~ 1MHz	优于 100dB
电场	30 ~ 1000MHz	优于 110dB
	1 ~ 10GHz	优于 100dB
	10GHz ~ 18GHz	优于 85dB
	18 ~ 20GHz	优于 65dB

归一化场地衰减指标:在规定频段内,在 2.0m × 1.5m 的垂直范围内(离地 0.8 ~ 4m),场地衰减偏差不超过 ±4dB。

场地均匀性要求:在规定频段内,在 2.0m × 1.5m × 1.5m 空间,场地均匀性偏差在 0 ~ 6dB 之间。

屏蔽室的结构形式:按所用材料可分为铜网式、钢板或镀锌钢板式、电解铜箔式、铜板式、钢丝网架夹心板式。按结构可分为单层、双层铜网式,单、双层钢板式,多层复合金属板式,单双层钢丝网架,夹心板式。按安装形式可分为固定焊接式、拼装式。

影响屏蔽室性能的主要因素有屏蔽门、接接缝、接地等。

从屏蔽效能来看,固定焊接钢板式最好,拼装钢板式次之,焊接铜板式和拼装钢丝网架夹心板式再次之,拼装铜网式最差。其中,固定焊接钢板式和拼装钢板式都可以满足军标的要求,在 10kHz ~ 20GHz 频率范围内前者可达到 110 ~

120dB,后者可达 70～110dB。

在使用屏蔽室进行电磁兼容性测量时,要注意屏蔽室的谐振及反射。

3. 电波暗室

电波暗室是针对一般屏蔽室各内壁面存在反射影响测试结果这一缺点,而在 6 个壁面上加装吸波材料(对于模拟开阔场地测试,地板上不加吸波材料)而形成的。吸波材料一般采用介质损耗型(如聚氨酯类的泡沫塑料),为了确保其阻燃特性,需在碳胶溶液中渗透。吸波材料通常做成棱锥状、圆锥状及楔形状,以保证阻抗的连续渐变。为了保证室内场的均匀,吸收体的长度相对于暗室工作频率下限所对应的波长要足够长(1/4 波长效果较好),因而吸收体的体积制约了吸波材料的有效工作频率(一般在 200MHz 以上),减小了屏蔽室的有效空间,电波暗室的屏蔽效能要求与屏蔽室相同。

4. 横电磁波传输小室

由于开阔场地、屏蔽室和电波暗室本身的诸多缺点,1974 年美国国家标准局(NBS)的专家首先系统地论述了横电磁波传输小室(Transverse Electromagnetic Transmission Cell,TEM 小室),其外形为上下两个对称梯形。横电磁波传输小室的优点是结构简单,主要缺点是可用频率上限与可用空间存在矛盾。标准 TEM 小室的测量尺寸大约限定在设计的最小工作波长的 1/4 范围内。如果要进行 1GHz(波长 30cm)的测试,测试腔尺寸要限定在 7.5cm。如果对计算机进行测试,则测试腔高度最少要有 0.5m,即使加入一些侧壁吸收材料,可用频率上限也不会超过 30MHz。用 TEM 小室的方法测量已列入 CISPR 标准之中。为了克服 TEM 小室的缺点,1987 年瑞士 ABB 公司发明了 TEM 小室家族中的新成员,即 GTEM 小室(Gigahertz Transverse Electromagnetic Cell,吉赫横电磁波传输小室),其外形为四棱锥形。GTEM 小室综合了开阔场地、屏蔽室、TEM 小室的优点,克服了各种方法的局限性,几乎可以进行全部辐射敏感度及发射试验。其频率可覆盖 0～18GHz 范围,模拟入射平面波可以产生强的场强,对周围的人员和设备没有危害和干扰。

但 GTEM 小室的使用目前国际上尚有争论,还没有列入标准的测试方法之中,一般用于预测试。

5. GTEM 小室

GTEM 小室是近年来国际电磁兼容领域发展起来的一项新技术,其工作频率范围可从直流至数吉赫兹以上,内部可用场区大,对 EUT 大小的限制与频率无关,既可以用于电磁辐射敏感度的测量,也可进行电磁辐射干扰的测试,该装置及技术为现代电磁兼容的性能评估与测定提供了强有力的手段。由 GTEM 小室组成的电磁辐射敏感度测试系统、电磁辐射干扰测试系统较之在开阔场地、屏蔽暗室中采用天线辐射、接收等测试方法可节省大量资金,同时对外界环境条件无特别要求。GTEM 小室所需配置的仪器设备简单,效率高,可数倍地提高测量速度,易实现自动化测量。

GTEM 小室采用同轴及非对称矩形传输线设计原理,为避免内部电磁波的反射及产生高阶模式和谐振,总体设计为尖劈形。输入端口采用 N 形同轴接头,而后逐渐变成非对称矩形传输以减少结构突变引起的电波反射。为使 GTEM 小室内部达到良好的阻抗匹配与较大的可用体积,选取并调测了合适的角度、芯板宽度和非对称性。为使球面波从源输入端到负载不产生时间差和相位差,并具有良好的高低频特性,终端采用电阻式匹配网络与高性能吸波材料组合成的复合负载结构。

下面是电磁兼容测量仪器的基本要求及配置。

测量仪器工作时也会产生一定电磁干扰,为了保证测量的准确性,要求测量仪的干扰量至少比被测干扰电压或电流小 20dB,且比允许的干扰量小 40dB。测量精度要求为,电压测量时误差不超过 ±2dB,场强测量时误差不超过 ±3dB。

测量仪器接入测量回路后不应改变被测电子设备的工作状态及电流,测量仪器本身的干扰敏感度应远低于可能受到的干扰量。

电磁兼容测量仪器的基本配置,如表 3 - 2 所列。

表 3 - 2　电磁兼容测量仪器的基本配置表

测量种类	测量仪器
电磁干扰发射测量	电子计算机; 测量接收机(或频谱分析仪); 天线; 电流探头、电压探头、功率吸收钳、隔离变压器等; 穿心式电容、示波器、滤波器、定向耦合器等
电磁敏感度测量	电子计算机; 测量接收机(或频谱分析仪); 天线; 信号发生器、功率放大器、场传感器; 隔离变压器、示波器、定向耦合器等; 射频抑制滤波器、隔离网络
屏蔽效能测量	测量接收机(场强仪)步进衰减器、定向耦合器; 各类发射、接收天线; 各类信号发生器、功率放大器、输出变压器、电压表、变阻器

第4章 屏蔽技术和接地

在电磁兼容领域里,屏蔽主要是为了衰减来自空间或泄漏到空间的辐射电磁干扰;而接地技术的应用,有时是为了解决传导干扰,有时是为了解决辐射干扰。为了从实践上对电磁干扰加以控制,从而实现电磁兼容的目的,必须对接地及屏蔽的原理、技术加以研究和分析。

4.1 屏 蔽 技 术

从前面几章的分析不难看出,电磁兼容设计应达到如下两个目的:①通过优化电路和结构方案的设计,将干扰源本身产生的电磁噪声强度降低到能接受的水平;②通过各种干扰抑制技术,将干扰源与被干扰电路之间的耦合减弱到能接受的程度。屏蔽技术是达到上述两个目的、实现电磁干扰防护的最基本也是最重要的手段之一。

按屏蔽的电磁场性质分类,屏蔽技术通常可分为三大类:电场屏蔽(静电场屏蔽及低频交变电场屏蔽)、磁场屏蔽(直流磁场屏蔽和低频交流磁场屏蔽)及电磁场屏蔽(同时存在电场及磁场的高频辐射电磁场的屏蔽)。

按屏蔽体的结构分类,可以分为完整屏蔽体屏蔽(屏蔽室或屏蔽盒等)、非完整屏蔽体屏蔽(带有孔洞、金属网、波导管及蜂窝结构等)以及编织带屏蔽(屏蔽线、电线等)。

4.1.1 屏蔽的基本原理

电磁波是电磁能量传播的主要方式,高频电路工作时,会向外辐射电磁波,对邻近的其他设备产生干扰。同时,空间的各种电磁波也会感应到电路中,对电路造成干扰。电磁屏蔽的作用是切断电磁波的传播途径,消除干扰。在解决电磁干扰问题的诸多手段中,电磁屏蔽是最基本和有效的。用电磁屏蔽的方法来解决电磁干扰问题的最大好处是不会影响电路的正常工作,不需要对电路做任何修改。

屏蔽就是对两个空间区域之间进行金属的隔离,以控制电场、磁场和电磁波由一个区域向另一个区域的感应和辐射。具体地,就是用屏蔽体将零部件、电路、组合件、电缆或整个系统的干扰源包围起来,防止干扰形成的电磁场向外扩散;用屏蔽体将接收电路、设备或系统包围起来,防止它们受到外界电磁场的影响。因为屏蔽体对来自导线、电缆、零部件、电路或系统等外部的干扰电磁波和内部电磁波均起着吸收能量(涡流损耗)、反射能量(电磁波在屏蔽体上的界面反射)和抵消能量(电磁感应在屏蔽层上产生反向电磁场,可抵消部分干扰电磁波)的作用,所以屏蔽体具有减弱干扰的功能。在不同的场合下,屏蔽体的采用情况也不同:

(1)当干扰电磁场的频率较高时,可利用低电阻率的金属材料,其产生的涡流对外来电磁波有抵消作用,从而达到屏蔽的效果。

(2)当干扰电磁波的频率较低时,应采用高磁导率的材料,将磁力线限制在屏蔽体内部,防止扩散到屏蔽空间里。

(3)在某些场合,如果要求对高频和低频电磁场都具有良好的屏蔽效果,则通常采用不同的金属材料组成多层屏蔽体。

1. 屏蔽的种类

同一个屏蔽体对于不同性质的电磁波,其屏蔽性能不同。因此,在考虑电磁屏蔽性能时,要对电磁波的种类有基本认识。电磁波有很多分类方法,但是在设计屏蔽时,将电磁波按照其波阻抗分为电场波、磁场波和平面波。

电磁波的波阻抗 Z_W 定义为,电磁波中的电场分量 E 与磁场分量 H 的比值,即

$$Z_W = E/H \tag{4-1}$$

电磁波的波阻抗与电磁波的辐射源性质、观测点到辐射源的距离以及电磁波所处的传播介质有关。距离辐射源较近时,波阻抗取决于辐射源特性:若辐射源为大电流、低电压(辐射源的阻抗较低),则产生的电磁波的波阻抗小于 377Ω,称为磁场波;若辐射源为高电压、小电流(辐射源的阻抗较高),则产生的电磁波的波阻抗大于 377Ω,称为电场波。距离辐射源较远时,波阻抗仅与电磁波传播介质有关,其数值等于介质的特性阻抗,空气为 377Ω。

电场波的波阻抗随着传播距离的增加而降低,磁场波的波阻抗随着传播距离的增加而升高。

屏蔽按机理可分为电场屏蔽、磁场屏蔽和电磁场屏蔽。

1)电场屏蔽

电场屏蔽是将电场感应看成分布电容间的耦合。其设计要点如下:

(1)屏蔽板以靠近受保护物为好,而且屏蔽板的接地必须良好。

(2)屏蔽板的形状对屏蔽效能的高低有明显影响。全封闭的金属盒最好,但工程中很难做到。

(3)屏蔽板的材料以良导体为好,但对厚度无要求,只要有足够的强度

即可。

2）磁场屏蔽

磁场屏蔽通常是指对直流或低频磁场的屏蔽,其效果比电场屏蔽和电磁场屏蔽要差得多。磁场屏蔽主要是依靠高导磁材料所具有的低磁阻,低磁阻对磁通起着分路的作用,使得屏蔽体内部的磁场大为减弱。其设计要点如下:

（1）选用高磁导率材料,如坡莫合金,可减小屏蔽体的磁阻。

（2）增加屏蔽体的厚度,以减小屏蔽体的磁阻。

（3）被屏蔽的物体不要安排在紧靠屏蔽体的位置上,以尽量减小通过被屏蔽物体体内的磁通。

（4）注意屏蔽体的结构设计,凡接缝、通风孔等均可能增加屏蔽体的磁阻,从而降低屏蔽效果。

（5）对于强磁场的屏蔽可采用双层磁屏蔽体结构。如果要屏蔽外部强磁场,则屏蔽体的外层应选用不易饱和的材料,如硅钢,而内部可选用容易达到饱和的高磁导率材料,如坡莫合金等;反之,如果要屏蔽内部强磁场,则材料的排列次序要反过来。在安装内、外两层屏蔽体时,要注意彼此间的绝缘。当没有接地要求时,可用绝缘材料做支撑件。若需接地,可选用非铁磁材料(如铜、铝)作支撑件。

3）电磁场屏蔽

电磁场屏蔽是利用屏蔽体阻止电磁场在空间传播的一种措施。电磁场屏蔽的机理如下:

（1）当电磁波到达屏蔽体表面时,由于空气与金属的交界面上阻抗的不连续,入射波会产生反射。这种反射不要求屏蔽材料必须有一定的厚度,只要求交界面上阻抗不连续。

（2）未被表面反射而进入屏蔽体的能量,在屏蔽体内向前传播的过程中,被屏蔽材料所衰减,也就是所谓的吸收。

（3）在屏蔽体内尚未衰减的剩余能量,传到材料的另一表面时,遇到金属 - 空气阻抗不连续的交界面,形成再次反射,并重新返回屏蔽体内。这种反射在两个金属的交界面上可能有多次。

注意:近场区和远场区的分界面随频率不同而不同,不是一个定数,这在分析问题时要注意。例如,在考虑机箱屏蔽时,机箱相对于线路板上的高速时钟信号而言,可能处于远场区;而对于开关电源较低的工作频率而言,可能处于近场区。在近场区设计屏蔽时,要分别电场屏蔽和磁场屏蔽。

总之,电磁屏蔽体对电磁的衰减主要是基于电磁波的反射和电磁波的吸收。不同的材料、不同的材料厚度对于电磁波的吸收效果不同,可根据材料吸收损耗的列线图得出。反射损耗分为三类:低阻抗磁场、高阻抗电场、平面波场。其中低阻抗磁场和高阻抗电场的反射损耗列线图的计算方法相同，与金属材料、频率及辐射源到屏蔽体的距离有关。对于平面波，波阻抗为一常数，而与辐射源到屏蔽体的距离无关，在列线图中只需连接金属材料和感兴趣的频率就可求出此时的反射损耗值。

2. 实际的电磁屏蔽体

适用于底板和机壳的材料大多数是良导体，如铜、铝等，可以屏蔽电场，主要的屏蔽机理是反射信号而不是吸收。对磁场的屏蔽需要铁磁材料，如高磁导率合金和铁，主要的屏蔽机理是吸收而不是反射。在强电磁环境中，要求材料能同时屏蔽电场和磁场，因此需要结构上完好的铁磁材料。屏蔽效率受材料厚度以及搭接和接地方法好坏的影响。对于塑料壳体，提高屏蔽效率的措施是在其内壁上喷涂屏蔽层，或在注塑时掺入金属纤维。

必须尽量减少结构的电气不连续性，以控制经底板和机壳进出的泄漏辐射。提高缝隙屏蔽效能的结构措施包括增加缝隙深度，减少缝隙长度，在结合面上加入导电衬垫，在接缝处涂上导电涂料，缩短螺钉间距等。

在底板和机壳的每一条缝和不连续处要尽可能好地搭接。最坏的电搭接对壳体的屏蔽效能起决定性作用。保证接缝处金属对金属的接触，以防电磁能的泄漏和辐射。在可能的情况下，接缝应焊接。在条件受限制的情况下，可用点焊、小间距的铆接和用螺钉来固定。在不加导电衬垫时，螺钉间距一般应小于最高工作频率的1%，至少不大于1/20波长。用螺钉或铆接进行搭接时，应首先在缝的中部搭接好，然后逐渐向两端延伸，以防金属表面的弯曲。保证紧固方法有足够的压力，以便在有变形应力、冲击、震动时保持表面接触。在接缝不平整的地方，或在可移动的面板等处，必须使用导电衬垫或指形弹簧材料。选择高导电率和弹性好的衬垫。选择衬垫时要考虑结合处所使用的频率。选择硬韧性材料做成的衬垫，以便划破金属上的任何表面。保证同衬垫材料配合的金属表面没有任何非导电保护层。当需要活动接触时，可使用指形压簧，并要注意保持弹性指簧的压力。

导电橡胶衬垫用在铝金属表面时，要注意电化腐蚀作用。纯银填料的橡胶或蒙乃尔镍铜合金(monel)线性衬垫将出现最严重的电化腐蚀。银镀铝填料的导电橡胶是盐雾环境下用于铝金属配合表面的最好衬垫材料。

4.1.2　屏蔽效能

屏蔽效能是度量屏蔽性能的物理量。屏蔽体的有效性用屏蔽效能(SE)来度量。屏蔽效能的定义如下：

$$SE = 20\lg(E_1/E_2) \quad (dB) \qquad (4-2)$$

式中：E_1 为没有屏蔽时的电场强度；E_2 为有屏蔽时的电场强度。

如果屏蔽效能计算中使用的是磁场强度,则称为磁场屏蔽效能;如果屏蔽效能计算中使用的是电场强度,则称为电场屏蔽效能。屏蔽效能的单位是分贝(dB),衰减量与分贝之间的对应关系如表 4 - 1 所列。

表 4 - 1 衰减量与屏蔽效能的关系

屏蔽前	屏蔽后	衰减量/%	屏蔽效能/dB
1	0.1	90	20
1	0.01	99	40
1	0.001	99.9	60
1	0.0001	99.99	80
1	0.00001	99.999	100

一般民用产品机箱的屏蔽效能在 40dB 以下,军用设备机箱的屏蔽效能要达到 60dB,TEMPEST 设备的屏蔽机箱屏蔽效能要达到 80dB 以上。屏蔽室或屏蔽舱等往往要达到 100dB。100dB 以上的屏蔽体是很难制造的,成本也很高。

电磁波在穿过屏蔽体时发生衰减是因为能量有了损耗,这种损耗可以分成两个部分:反射损耗和吸收损耗。

反射损耗:当电磁波入射到不同媒质的分界面时,会发生反射,使穿过界面的电磁能量减弱。由于反射现象而造成的电磁能量损失称为反射损耗,用字母 R 表示。由于电磁波穿过一层屏蔽体时要经过两个界面,因此要发生两次反射。因而,电磁波穿过屏蔽体时的反射损耗等于两个界面上的反射损耗之和。反射损耗的计算公式如下:

$$R = 20\lg(Z_W/Z_S) \quad (\text{dB}) \tag{4-3}$$

式中:Z_W 为入射电磁波的波阻抗;Z_S 为屏蔽材料的特性阻抗,可由下式得出,即

$$|Z_S| = 3.68 \times 10^{-7}(f\mu_r\sigma_r)^{1/2} \tag{4-4}$$

式中:f 为入射电磁波的频率;μ_r 为相对磁导率;σ_r 为相对电导率。

电磁波在屏蔽材料中传播时,会有一部分能量转换成热量,导致电磁能量损失,损失的这部分能量称为屏蔽材料的吸收损耗,用字母 A 表示,计算公式如下:

$$A = 3.34t(f\mu_r\sigma_r)^{1/2} \quad (\text{dB}) \tag{4-5}$$

式中:t 为屏蔽体的厚度。

电磁波在屏蔽体的第二个界面(穿出屏蔽体的界面)发生反射后,会再次传输到第一个界面,在第一个界面发生再次反射,而再次到达第二个界面,在这个界面会有一部分能量穿透,泄漏到空间。这部分额外泄漏的能量应该考虑到屏蔽效能的计算中。这就是多次反射修正因子,用字母 B 表示,在大部分场合 B 都可以忽略。

$$SE = R + A + B \qquad (4-6)$$

从上面给出的屏蔽效能计算公式可以得出一些对工程有实际指导意义的结论,根据这些结论,可以决定使用什么屏蔽材料和需要注意的问题。下面给出的结论,初步来看,可能会感到杂乱无章,无从应用,但是结合上文内容仔细分析后,会发现这些结论都有着内在联系。深入理解下面的结论对于结构设计是十分重要的。

(1)材料的导电性和导磁性越好,屏蔽效能越高,但实际的金属材料不可能兼顾这两个方面。例如:铜的导电性很好,但是导磁性很差;铁的导磁性很好,但是导电性较差。应根据屏蔽主要依赖于反射损耗还是吸收损耗来决定使用的材料是侧重导电性还是导磁性。

(2)频率较低时,吸收损耗很小,反射损耗是影响屏蔽效能的主要因素,因此要尽量提高反射损耗。

(3)反射损耗与辐射源的特性有关:对于电场辐射源,反射损耗很大;对于磁场辐射源,反射损耗很小。因此,对于磁场辐射源的屏蔽主要依靠材料的吸收损耗,应该选用磁导率较高的材料作屏蔽材料。

(4)反射损耗与屏蔽体到辐射源的距离有关:对于电场辐射源,距离越近,则反射损耗越大;对于磁场辐射源,距离越近,则反射损耗越小。正确判断辐射源的性质,决定它应该靠近屏蔽体,还是远离屏蔽体,是结构设计的一个重要内容。

(5)频率较高时,吸收损耗是影响屏蔽效能的主要因素,这时与辐射源是电场辐射源还是磁场辐射源关系不大。

(6)电场波是最容易屏蔽的,平面波其次,磁场波是最难屏蔽的,尤其是低频(1kHz 以下)磁场,很难屏蔽。对于低频磁场,要采用高导磁性材料,甚至采用高导电性材料和高导磁性材料的复合材料。

4.1.3 屏蔽体的设计

1. 实用屏蔽体设计的关键

一般除了低频磁场外,大部分金属材料可以提供 100dB 以上的屏蔽效能。但在实际工作中,要达到 80dB 以上的屏蔽效能都是十分困难的。这是因为,屏蔽体的屏蔽效能不仅取决于屏蔽体的结构,它还需要满足电磁屏蔽的基本原则。电磁屏蔽的基本原则有两个:

(1)屏蔽体具有导电连续性:整个屏蔽体必须是一个完整的、连续的导电体。这一点要实现起来十分困难。因为一个完全封闭的屏蔽体是没有任何使用价值的。一个实用的机箱上会有很多孔缝造成屏蔽效能降级:通风口、显示口、安装各种调节杆的开口、不同部分的结合缝隙等。如果设计人员在设计时没有考虑如何处理这些导致导电不连续的因素,那么屏蔽体的屏蔽效能往往很低,甚至没有屏蔽效能。

（2）不能有直接穿过屏蔽体的导体:一个屏蔽效能很高的屏蔽机箱,一旦有导线直接穿过屏蔽机箱,其屏蔽效能会损失 99.9%（60dB）以上。但是,实际机箱上总会有电缆穿出（入）,如果没有对这些电缆进行妥善的处理（屏蔽或滤波）,这些电缆会极大地损坏屏蔽体。妥善处理这些电缆是屏蔽设计的重要内容之一（穿过屏蔽体的导体有时比孔缝的危害更大）。

电磁屏蔽体与接地无关,对于静电场屏蔽,屏蔽体必须接地;但是对于电磁屏蔽,屏蔽效能与屏蔽体接地与否无关,这是设计人员必须明确的。在很多场合,将屏蔽体接地确实改变了电磁状态,但这是由于其他一些原因,而不是由于接地导致了屏蔽效能的改变。

2. 孔洞电磁泄漏的估算

如前所述,屏蔽体上的孔洞是造成屏蔽体泄漏的主要因素之一。孔洞产生的电磁泄漏并不是一个固定的数值,而是与电磁波的频率、种类、辐射源与孔洞的距离等因素有关。孔洞对电磁波的衰减可以用下面公式进行计算。这里假设孔洞深度为 0mm。

在远场区,有

$$SE = 100 - 20\lg L - 20\lg f + 20\lg(1 + 2.3\lg(L/H)) \qquad (4-7)$$

式中:L 为孔洞的长度（mm）;H 为孔洞的宽度（mm）;f 为入射电磁波的频率（MHz）。

若 $L \geq \lambda/2$,则 SE = 0dB,这时,孔洞是完全泄漏的。

这个公式是在远场区中最坏的情况下（造成最大泄漏的极化方向）的屏蔽效能（实际情况下屏蔽效能可能会更大一些）。

在近场区,若辐射源是电场辐射源,则

$$SE = 48 + 20\lg Z_C - 20\lg Lf + 20\lg(1 + 2.3\lg(L/H)) \qquad (4-8)$$

若辐射源是磁场辐射源,则

$$SE = 20\lg(\pi D/L) + 20\lg(1 + 2.3\lg(L/H)) \qquad (4-9)$$

式中:Z_C 为辐射源电路的阻抗（Ω）;D 为孔洞到辐射源的距离（m）;L、H 分别为孔洞的长、宽（mm）;f 为电磁波的频率（MHz）。

注意:

（1）近场区,孔洞的泄漏与辐射源的特性有关。当辐射源是电场源时,孔洞的泄漏远比远场小（屏蔽效能高）;当辐射源是磁场源时,孔洞的泄漏远比远场大（屏蔽效能低）。

（2）对于近场,在磁场辐射源的场合,屏蔽效能与电磁波的频率没有关系,因此,不可因为辐射源的频率较低（许多磁场辐射源的频率都较低）而掉以轻心。

（3）这里对磁场辐射源的假设是纯磁场源，因此可以认为是一种在最坏条件下，对屏蔽效能的保守计算。

对于磁场源，屏蔽与孔洞到辐射源的距离有关，距离越近，则泄漏越大。这点在设计时一定要注意，磁场辐射源一定要远离孔洞。

多个孔洞的情况：当 N 个尺寸相同的孔洞排列在一起，并且相距很近（距离小于 $\lambda/2$）时，造成的屏蔽效能下降为 $10\ \lg N$。在不同面上的孔洞不会增加泄漏，因为其辐射方向不同，这个特点可以在设计中用来避免某一个面的辐射过强。

3. 缝隙电磁泄漏的措施

一般情况下，屏蔽机箱上不同部分的结合处不可能完全接触，只在某些点接触，这构成了一个阵列，形成缝隙。缝隙是造成屏蔽机箱屏蔽效能降级的主要原因之一。在实际工程中，常常用缝隙的阻抗来衡量缝隙的屏蔽效能。缝隙的阻抗越小，则电磁泄漏越小，屏蔽效能越高。

缝隙的阻抗可以用电阻和电容并联来等效：接触上的点相当于一个电阻，没有接触上的点相当于一个电容，整个缝隙就是许多电阻和电容的并联。低频时，电阻分量起主要作用；高频时，电容分量起主要作用。由于电容的容抗随着频率升高而降低，因此如果缝隙是主要泄漏源，则屏蔽机箱的屏蔽效能优势随着频率的升高而增加。但是，如果缝隙的尺寸较大，高频泄漏也是缝隙泄漏的主要现象。

影响缝隙上电阻成分的因素主要有接触面积（接触点数）、接触面材料（一般较软的材料接触电阻较小）、接触面的清洁程度、接触面的压力（压力要足以使接触点穿透金属表面氧化层）、氧化腐蚀等。

根据电容器原理很容易知道，两个表面之间距离越近，相对面积越大，则电容越大。

解决缝隙泄漏的措施有以下五种：

（1）增大接触面的重合面积，以减小电阻、增加电容。

（2）使用尽量多的紧固螺钉，以减小电阻、增加电容。

（3）保持接触面清洁，以减小接触电阻。

（4）保持接触面较好的平整度，以减小电阻、增加电容。

（5）使用电磁密封衬垫，消除缝隙上的不接触点。

4. 电磁密封衬垫的原理及选用

许多人不了解电磁屏蔽的原理，认为只要用金属做一个箱子，然后将箱子接地，就能够起到电磁屏蔽的作用。这种观点指导下的结果通常是失败的，因为，电磁屏蔽与屏蔽体接地与否并没有关系。真正影响屏蔽体屏蔽效能的因素只有两个:①整个屏蔽体表面是否导电连续;②是否有直接穿透屏蔽体的导体。屏蔽体上有很多导电不连续点,最主要的一类是屏蔽体不同部分结合处形成的不导电缝隙。这些不导电的缝隙就产生了电磁泄漏,如同流体会从容器的缝隙上泄漏一样。解决这种泄漏的一个方法是在缝隙处填充导电弹性材料,消除不导电点。这与在流体容器的缝隙处填充橡胶的道理一样。这种弹性导电填充材料就是电磁密封衬垫。

在许多文献中将电磁屏蔽体比喻成液体密封容器,似乎只有当用导电弹性材料将缝隙密封到滴水不漏的程度时才能够防止电磁波泄漏。实际上这是不确切的。因为缝隙或孔洞是否泄漏电磁波,取决于缝隙或孔洞相对于电磁波波长的尺寸,当波长远大于开口尺寸时,并不会产生明显的泄漏。因此,当干扰的频率较高(波长较短)时,需要用电磁密封衬垫。具体说,当干扰的频率超过10MHz 时,就要考虑使用电磁密封衬垫了。

电磁密封衬垫是一种表面导电的弹性物质。将电磁密封衬垫安装在两块金属的结合处,可以将缝隙填充满,从而消除导电不连续点。

使用了电磁密封衬垫后,减小了高频电磁波的泄漏。使用电磁密封衬垫的好处如下:

(1)降低对加工的要求,允许接触面的平整度较低。

(2)减少结合处的紧固螺钉,增加美观性和可维修性。

(3)缝隙处不会产生高频泄漏。

虽然在许多场合电磁密封衬垫都能极大地改善缝隙泄漏,但是如果两块金属之间的接触面是机械加工(例如,铣床加工),并且紧固螺钉的间距小于 3cm,则使用电磁密封衬垫后屏蔽效能不会有所改善,因为这种结构的接触阻抗已经很低了。

从电磁密封衬垫的工作原理可以知道,使用了电磁密封衬垫的缝隙的电磁泄漏主要由衬垫材料的导电性和接触表面的接触电阻决定。因此,使用电磁密封衬垫的关键如下:

(1)选用导电性好的衬垫材料。

(2)保持接触面的清洁。

(3)对衬垫施加足够的压力(以保证足够小的接触电阻)。

(4)衬垫的厚度足以填充最大的缝隙。

除非是对屏蔽的要求非常高的场合,否则并不需要在缝隙处连续使用电磁密封衬垫。在实践中,可以根据对屏蔽效能的要求间隔地安装衬垫,每段衬垫之间形成的小孔洞泄漏可以用 4.1.3.2 节的公式计算。在样机上精心地调整衬垫间隔,使其既能满足屏蔽的要求,同时成本最低。对于民用产品,衬垫之间的间隔可以在 $\lambda/20 \sim \lambda/100$ 之间;军用产品一般要求连续安装衬垫。

任何同时具有导电性和弹性的材料都可以作为电磁密封衬垫使用。因此，市场上可以见到很多种类的电磁密封衬垫。这些电磁密封衬垫各具特色，适合于不同的应用场合。设计者要熟悉各种电磁密封衬垫的特点，在设计中灵活选用，以达到满足产品性能要求、提高产品可靠性、降低产品成本的目的。选择电磁密封衬垫时需要考虑几个主要因素：屏蔽效能、环境适应性、便于安装性、电器稳定性。

根据需要抑制的干扰频谱确定整体屏蔽效能，电磁密封衬垫要满足整体屏蔽的要求。不同种类的衬垫，在不同频率的屏蔽效能是不同的。另外，使用环境对衬垫的性能和寿命也有很大的影响。

衬垫的主要作用是减小缝隙的泄漏，缝隙的结构设计对衬垫的使用效果有很大的影响。在进行结构设计时，有以下几个因素要考虑：

（1）压缩变形。电磁密封衬垫只有在受到一定压力时才起作用。在压力作用下，衬垫发生形变，形变量与衬垫上所受的压力成正比。大部分衬垫要形变30%～40%才能具有较好的屏蔽效果。

（2）压缩永久形变。当衬垫长时间受到压力时，即使压力去掉，它也不能完全恢复原来的形状，这就是压缩永久形变。这种特性在衬垫频繁被压缩、放开时（例如门和活动面板）要特别注意。

（3）电气稳定性。电磁密封衬垫是通过在金属之间提供低阻抗的导电通路来实现屏蔽目的的。因此，其电气稳定性对于保持屏蔽体的屏蔽效能是十分重要的。

（4）安装成本。电磁密封衬垫的成本包括衬垫本身成本、安装工时成本、加工成本等。安装方法是决定屏蔽成本的一个主要因素。在考虑衬垫成本时，要综合考虑这些因素。

下文对一些常用的电磁密封衬垫进行比较。

金属丝网衬垫：这是一种最常用的电磁密封材料。从结构上分，有全金属丝、空心和橡胶芯三种。常用的金属丝材料为蒙乃尔镍铜合金、铍铜、镀锡钢丝等。其低频时屏蔽效能较高，高频时屏蔽效能较低。一般用在1GHz以下的场合。这种衬垫价格低，过量压缩时不易损坏，但高频时屏蔽效能较低。

导电橡胶：通常用在有环境密封要求的场合。从结构上分，有板材和条材两种，条材又分为空心和实心两种。板材则有不同的厚度，其材料主要是在硅橡胶中掺入铜粉、铝粉、银粉、镀银铜粉、镀银铝粉、镀银玻璃粉等。其低频时屏蔽效能较低，高频时屏蔽效能较高。这种衬垫能同时提供电磁密封和环境密封。导电橡胶这种衬垫的材质较硬，价格较高。由于表面较软，有时不能刺透金属表面的氧化层，导致屏蔽效能很低。

指形簧片：通常用在滑动接触的场合，形状繁多，材料为铍铜，但表面可做不同涂覆。在高频、低频时屏蔽效能都较高。这种衬垫变形量大,屏蔽效能高,允许滑动接触(便于拆卸),但价格高。

螺旋管衬垫:由铍铜或不锈钢材卷成的螺旋管,屏蔽效能高(所有电磁密封衬垫中屏蔽效能最高)。这种衬垫价格低,屏蔽效能高,但受过量压缩时容易损坏。

导电布衬垫:由导电布包裹发泡橡胶芯构成,一般为矩形,带有背胶,安装非常方便。高、低频时屏蔽效能都较高。这种衬垫价格低,过量压缩时不容易损坏,且柔软,具有一定的环境密封作用,但频繁摩擦会损坏导电表层。

电磁密封衬垫的使用方法对屏蔽体的屏蔽效能影响很大。在使用时,要注意以下几点:

(1)所有的电磁密封衬垫中,只有指形簧片允许滑动接触,其他种类的衬垫绝不允许滑动接触,否则会造成衬垫的损坏。

(2)所有的衬垫在受到过量压缩时都会发生不可恢复的损坏,因此在使用时要设计限压结构,保证一定的压缩量。

(3)除了导电橡胶外的衬垫,当衬垫与屏蔽体基体之间的电气接触良好时,衬垫的屏蔽效能与压缩量没有正向关系,增大压缩量并不能提高屏蔽效能。导电橡胶的屏蔽效能随着压缩量的增加而增加,这与导电橡胶中的导电颗粒密度的增大有关。

(4)衬垫接触的金属板要有足够的刚度,否则在衬垫的弹力作用下会发生变形,形成新的不连续点,导致射频泄漏。对于正面压缩结构,适当的紧固螺钉间距可以防止面板变形。

(5)尺寸允许时,应尽量使用较厚的衬垫,这样可以允许金属结构件具有更大的加工误差,从而降低成本。另外,较厚的衬垫一般更柔软,对金属板的刚性要求较小(从而避免了由于结构件刚性不够导致变形而造成的射频泄漏)。

(6)衬垫材料要安装在不易被损坏的位置。例如:对于大型的屏蔽门,衬垫要安装在门框内,并提供一定的保护;对于可拆卸的面板,衬垫最好安装在活动面板上,这样拆下面板时,便于存放。

(7)安装衬垫的金属表面一定要清洁,以保证可靠的导电性。

(8)尽量采用槽安装方式,槽的作用是固定衬垫和限制过量压缩。使用槽安装方式时,屏蔽体的两个部分之间不仅通过衬垫实现完全接触,而且还有金属之间的直接接触,因此屏蔽效能最高。安装槽的形状有直槽和燕尾槽两种,直槽加工简单,但衬垫容易掉出,燕尾槽就不存在这个问题。槽的高度一般为衬垫高度的75%左右(具体尺寸参考衬垫厂家要求的压缩量),宽度要保证有足够的空间允许衬垫受到压缩时的伸展,衬垫安装在直槽内时需要固定。一般设计资料上建议用导电胶粘接,但这样有两个缺点:一是会增加成本;二是导电胶会发生老化而导致屏蔽性能下降。这里建议用非导电胶,在紧固螺钉穿过的地方滴一小滴即可。这样,粘胶的地方虽然不导电,但是金属螺钉起到了导电接触的作用,并且屏蔽效能比较稳定。

（9）指形簧片安装时,要注意簧片的方向,应使滑动所施加的压缩力能够使簧片自由伸展。一般情况下,簧片可以靠背胶粘接,但要注意固化时间(参考簧片厂家说明)。较恶劣的环境下(温度过高或过低,机械力过大等),可用卡装结构。

（10）应根据屏蔽体基体材料选择适当的衬垫材料,使接触面达到电化学兼容状态。如果空间允许,在安装衬垫的缝隙处同时使用环境密封衬垫(环境密封衬垫面对外部环境),防止电解液进入导电衬垫与屏蔽体接触的结合面上。

（11）一般情况下,螺钉安装在衬垫内侧或外侧并不重要,但是在屏蔽要求很高的场合,螺钉要安装在衬垫的外侧,这是为了防止螺钉穿透屏蔽箱,造成额外的泄漏。

电化学腐蚀是设计屏蔽机箱必须考虑的问题之一。在电磁密封衬垫与屏蔽体基体接触的表面上发生电化学腐蚀,会造成下面两个后果:

（1）降低屏蔽效能。电化学腐蚀的结果是降低了接触面的导电性,甚至导致接触面完全断开,造成机箱的屏蔽效能降低。

（2）产生互调效应,又称锈螺钉效应。这是因为电化学反应产生的化合物是非线性的半导体物质,会产生信号混频,其结果是产生新的干扰频率。

还有一些与衬垫性能相关的环境问题,如潮湿环境与振动环境等。

潮湿会加速接触面的电化学腐蚀。造成这种后果的原因是,在潮湿环境中,会生长霉菌,霉菌放出酸性物质,从而导致电化学腐蚀。对于军用设备,霉菌试验是验证这种问题的试验方法。

车载设备或运输中的设备所承受的振动是造成衬垫结合处腐蚀的主要原因之一。这是因为振动导致衬垫与屏蔽体之间出现摩擦,产生了细小金属粉粒,这种金属粉粒即使在较好的环境中也容易腐蚀。振动造成的腐蚀是车载设备屏蔽失效的主要原因。

5. 截止波导管的概念与应用

金属管对于电磁波,具有高频容易通过、低频衰减较大的特性。这与电路中的高通滤波器十分相像。与滤波器类似,波导管的频率特性也可以用截止频率描述,低于截止频率的电磁波不能通过波导管,高于截止频率的电磁波可以通过波导管。

利用这个特性,可以达到屏蔽电磁波,同时实现一定实体连通的目的。方法是,将波导管的截止频率设计成远高于要屏蔽的电磁波的频率,使要屏蔽的电磁波在通过波导管时产生很大的衰减。由于这种应用主要是利用波导管的频率截止区,因此称其为截止波导管。截止波导管的概念是屏蔽结构设计中的基本概念之一。常用的波导管有圆形、矩形、六角形等,它们的截止频率如下:

矩形波导管的截止频率为

$$f_c = 15 \times 10^9 / l \qquad (4-10)$$

式中:l 为矩形波导管的开口最大尺寸(cm);f_c 为截止频率(Hz)。

圆形波导管的截止频率为

$$f_c = 17.6 \times 10^9 / d \qquad (4-11)$$

式中:d 为圆形波导管的内直径(cm)。

六角形波导管的截止频率为

$$f_c = 15 \times 10^9 / w \qquad (4-12)$$

式中:w 为六角形波导管的开口最大尺寸(cm)。

截止波导管的吸收损耗:落在波导管频率截止区内的电磁波穿过波导管时,会发生衰减,这种衰减称为截止波导管的吸收损耗,截止波导管的吸收损耗的计算公式如下

$$A = 1.8 \times f_c \times t \times 10^{-9} (1 - (f/f_c)^2)^{1/2} \quad (\text{dB}) \qquad (4-13)$$

式中:t 为截止波导管的长度(cm);f 为所关心信号的频率(Hz)。

如果所关心的频率 f 远低于截止波导管截止频率($f < f_c/5$),则公式化简为

$$A = 1.8 \times f_c \times l \times 10^{-9} \quad (\text{dB}) \qquad (4-14)$$

式中:对于圆形截止波导管,$A = 32t/d(\text{dB})$;对于矩形(六角形)截止波导管,$A = 27t/l(\text{dB})$。

从公式(4-14)中可以看出,当干扰的频率远低于波导管的截止频率时,若波导管的长度增加一个截面最大尺寸,则损耗增加近30dB。

当孔洞的屏蔽效能不能满足屏蔽要求时,就可以考虑使用截止波导管,利用截止波导管的深度提供的额外的损耗增加屏蔽效能。

设计截止波导管的注意事项如下:

(1)绝对不能使导体穿过截止波导管,否则会造成严重的电磁泄漏,这是一个常见的错误。

(2)一定要确保波导管相对于要屏蔽的频率处于截止状态,并且截止频率要远高于(5倍以上)所要屏蔽的频率。

设计截止波导管的步骤如下:

(1)确定需要屏蔽的最高频率 f_{max} 和屏蔽效能 SE;

(2)确定截止波导管的截止频率 f_c,使 $f_c \geq 5f_{max}$;

(3)根据 f_c,利用计算 f_c 的方程计算波导管的截面尺寸 d;

(4)根据 d 和 SE,利用波导管吸收损耗公式计算波导管的长度 t。

说明:在屏蔽体上,不同部分的结合处形成的缝隙会产生电磁泄漏。因此,

在结构设计中,可以通过增加不同部分的重叠宽度来形成一系列"截止波导",减小缝隙的电磁泄漏。这时,截止波导的截面最大尺寸可以用螺钉之间的间距,截止波导的长度可以用重叠的宽度,截止波导的截止频率可以用螺钉之间的间距计算确定。当间距较大时,波导管的截止频率较低,可能对大部分干扰起不到衰减的作用。

6. 面板上的显示器件的处理

如果显示器件的尺寸很小,可以采取直接在面板上开小孔的方法,将显示器件安装在机箱内小孔下方。只要在面板上开的孔足够小(直径小于3mm),一般不会造成严重的电磁泄漏。但从孔洞的泄漏原理可以知道,辐射源距离孔洞很近时,孔洞的泄漏是相当严重的。因此,由于显示器件距离小孔很近,也有可能产生泄漏。这时,可以在小孔上安装一支截止波导管,使用导光柱。如果由于美观或其他因素,不能使用这种方法,那么可以采用将显示器件与电路隔离开的方法,对电路采取完善的屏蔽,而将显示器件暴露出来。许多机箱都采取这种方法,将显示器件安装在一块装饰用的塑料面板上。

当需要较大的窗口来显示时有两种方法:一种方法是在显示窗处使用透明屏蔽材料;另一种方法是用隔离仓将显示器件与其他电路隔离开,使内部电路辐射的能量不能传出机箱,外部的干扰也不能侵入到内部电路。

透明屏蔽材料有两种结构形式:一种是金属网夹在两层玻璃之间的结构形式;另一种是在玻璃上或透明塑料膜上镀一层很薄的导电层的结构形式。前一种材料的优点是屏蔽效能高,缺点是由于莫尔条纹会造成视觉不适,后一种材料则正好相反。

透明屏蔽窗方法的特点:

(1)优点:简单,显示器件会产生辐射或对外界干扰敏感时可以使用这种方法。

(2)缺点:视觉效果差,当设备内部有磁场辐射源或磁场敏感电路时不适合(透明屏蔽材料对磁场屏蔽效能很低甚至没有)使用这种方法;当窗口较大时,成本较高。

隔离仓方法的特点:

(1)优点:显示器件的视觉效果几乎不受影响,不会破坏机箱对磁场的屏蔽效能。

(2)缺点:如果显示器本身产生电磁辐射或对外界干扰敏感,这种方法则不适合;显示器件需要高频工作电流时这种方法也不适合。

如果显示器件会产生辐射,并且机箱内有磁场辐射源时,可以将透明屏蔽窗方法和隔离仓方法结合起来使用。

透明屏蔽材料安装的注意事项:首先,透明屏蔽材料与屏蔽体基体之间必须实现良好搭接,以减小缝隙的泄漏。使用导电涂覆层屏蔽材料时,导电层不能暴露在外面,防止擦伤。使用金属丝网夹层的屏蔽材料时,如果出现条纹导致视觉不适,可以将金属网旋转一定角度(10°~30°),会有所改善。

隔离仓安装的注意事项:

隔离仓与屏蔽体基体之间必须使用性能良好的电磁密封衬垫,所有导线经过馈通滤波器穿出。

操作器件的特点是它必须暴露给操作员,如果直接将操作器件安装在面板上不会引起金属物体穿过屏蔽体的情况,并且需要开的口子很小,则可以直接将操作器件安装在面板上。这与较小显示器件的情况是相同的。如果操作器件直接安装在面板上造成了泄漏,就需要采取隔离仓的方法,这与较大显示器件的处理方法相同。

面板上的键盘一般采取隔离的方法,这样可以保持键盘的美观和手感。但是,穿过面板的键盘信号线上的滤波器要选择适当。当滤波器的截止频率过低时,会造成按键误码和连键的现象,可以通过调整滤波器的截止频率或采用键盘软件来解决。

7. 通风口的处理

如前所述,孔洞的电磁泄漏与孔洞的最大尺寸有关,因此在屏蔽机箱的通风孔的设计上,往往采用与大孔相同开口面积的多个小孔构成的孔阵代替大孔。这样做的好处如下:

(1)提高了孔的截止频率,提高了单个孔的屏蔽效能;

(2)增加了辐射源到孔的相对距离(与孔的尺寸相比),减小了孔的泄漏(孔的泄漏与辐射源到孔的距离有关);

(3)如果穿孔板有一定的厚度,则可以增加截止波导的衰减作用。

当对屏蔽体的屏蔽效能要求不高,并且对通风量的要求也不高时,可以采用穿孔金属板,其优点是成本低,但屏蔽效能与通风量之间的矛盾突出。

当对屏蔽效能和通风量的要求都较高时,可以使用截止波导通风板。这种通风板由许多六角形截止波导管构成,由于截止波导管的屏蔽效能较高,并且每个波导管的壁很薄,因此这种通风板兼有良好的通风特性和电磁屏蔽特性。使用截止波导板时,同样要注意与机箱基体之间的搭接,一般是用焊接或电磁密封衬垫连接。

8. 线路板的局部屏蔽

对线路板上的强辐射电路或高度敏感电路需要采取局部屏蔽。线路板上局部屏蔽的方法是,利用线路上的一层铜箔作屏蔽盒的一个面,在这个面上安装一个五面体的金属盒,五面体金属盒以很密(1cm 以下)的间隔与作为另一个面的铜箔连接起来,构成一个完整的六面体金属盒。

线路板局部屏蔽能否成功的一个关键因素是,屏蔽界面的选择是否合理。由于所有穿过屏蔽体的导线都需要滤波,因此选择屏蔽界面的主要原则有两个:

(1) 穿过屏蔽界面的导线数量最少;

(2) 对所有穿过屏蔽界面的导线均可以采取有效的滤波。

对线路板上的导线滤波可以采取将贴片电容安装在导线穿过屏蔽体的界面上的方法。如果为了防止屏蔽盒内的干扰出来,则将滤波电容安装在内侧;如果为了防止外界干扰进到盒子里面,则将滤波电容安装在盒子外侧。

三端贴片电容是最适合这种应用的器件。三端贴片电容的原理类似于穿心电容,但是由于与地板之间不是 360°连接,因此其高频效果不如穿心电容。

9. 屏蔽胶带的作用和使用方法

屏蔽胶带是在铜箔、铝箔或导电布上覆盖导电胶构成的胶带,它的作用是将两块不同的金属部件导电连通起来的其工作原理是通过将导电胶带中的金属颗粒与构成胶带的金属材料连接起来,从而构成了一个完整的导电体。

由于金属颗粒在正常情况下是埋在压敏胶中的,因此导电胶是不导电的。使用时,要用力碾压,使金属颗粒穿过胶层,才能与金属部件导电接触,这在使用时是必须注意的。另外,在验证一种导电胶带的质量好坏时,也不能直接测量导电胶的导电性,而要用导电胶带将两块金属连接起来,然后测量两块金属之间的导电性,电阻越小越好。

屏蔽胶带用于屏蔽体孔缝泄漏的补救,屏蔽电缆屏蔽层的端接等场合。

4.2 接 地

所谓接地,就是在两点间建立传导通路,以便将电子设备或元件连接到某些通常叫作"地"的参考点上。接地技术是任何电子、电气设备或系统正常工作时必须采取的重要技术,它不仅是保护设施和人身安全的必要手段,也是抑制电磁干扰、保障设备或系统电磁兼容性、提高设备或系统可靠性的重要技术措施。任何电路的电流都需要经过地线形成回路,因而地线就是用电设备中各电路的公共导线。然而,任何导线(包括地线)都具有一定的阻抗(包括电阻和电抗),该公共阻抗使两个不同的接地点很难达到等电位。这样,公共阻抗使两接地点间形成一定的电压,从而产生接地干扰。恰当的接地方式可以为干扰信号提供低公共阻抗通路,从而抑制干扰信号对其他电子设备的干扰。因此,接地一方面可引起接地阻抗干扰,另一方面良好的接地又可抑制干扰。

保证接地良好的主要目的有两个:一是在雷击时或带有高压的元件、布线被击穿时,机壳带电,避免操作人员遭到电击,对应这种情况的地叫作"保护地";

二是为了减少由于公共阻抗、电场或其他干扰耦合所造成的电磁干扰,对应这种情况的地叫作"测量地"。设备或系统的接地设计与其功能设计同等重要。接地的效果无法在产品设计之初立即显现,但在产品生产与测试过程中可发现,良好的接地可在花费较少的情况下解决许多电磁干扰问题。

4.2.1 接地及其分类

1. 接地的概念

所谓"地"(Ground),一般定义为电路或系统的零电位参考点,直流电压的零电位点或者零电位面,不一定为实际的大地(建筑地面),可以是设备的外壳或其他金属板或金属线。

接地原意指与真正的大地(Earth)连接以提供雷击放电的通路(例如,避雷针一端埋入大地),后来成为为用电设备提供漏电保护(提供放电通路)的技术措施。现在接地的含义已经延伸,"接地"(Grounding)一般指为了使电路、设备或系统与"地"之间建立低阻抗通路,而将电路、设备或系统连接到一个作为参考电位点或参考电位面的良导体的技术行为,其中一点通常是系统的一个电气或电子元(组)件,而另一点则是称为"地"的参考点。例如,当所说的系统组件是设备中的一个电路时,则参考点就是设备的外壳或接地平面。

2. 接地的要求

接地的基本要求如下:

(1) 理想的接地应使流经地线的各个电路、设备的电流互不影响,即不使其形成地电流环路,避免电路、设备受磁场和地电位差的影响。

(2) 理想的接地导体(导线或导电平面)应是零阻抗的实体,流过接地导体的任何电流都不应产生电压降,即各接地点之间没有电位差,或者各接地点间的电压与电路中任何功能部分的电位比较均可忽略不计。

(3) 接地平面应是零电位,它是系统中各电路任何位置所有电信号的公共电位参考点。

(4) 良好的接地平面与布线间将有大的分布电容,而接地平面本身的引线电感又很小。理论上,它必须能吸收所有信号,使设备稳定工作。所以,接地平面应采用低阻抗材料制成,并且有足够的长度、宽度和厚度,以保证在所有频率上它的两边之间均呈现低阻抗。用于安装固定式设备的接地平面,应由整块铜板或者铜网组成。

3. 接地的分类

通常,电路、用电设备按其作用可分为安全接地和信号接地。其中安全接地又有设备安全接地、接零保护接地和防雷接地,信号接地又分为单点接地、多点接地、混合接地和悬浮接地,见表4-2。

表 4 - 2　接地的分类

安全接地	信号接地
设备安全接地	单点接地
接零保护接地	多点接地
防雷接地	混合接地
—	悬浮接地

4.2.2　安全接地

安全接地就是采用低阻抗的导体将用电设备的外壳连接到大地上,使操作人员不致因设备外壳漏电或静电放电而发生触电危险。安全接地也包括建筑物、输电线导线、高压电力设备的接地,其目的是防止雷电放电造成设施破坏和人身伤亡。众所周知,大地具有非常大的电容量,是理想的零电位,不论向大地注入多大的电流或电荷,在稳态时其电位始终保持为零,因此,良好的安全接地能够保证用电设备和人身安全。

1. 设备安全接地

为了人、机安全,任何高压电气设备、电子设备的机壳、底座均需要安全接地,以避免高电压直接接触设备外壳,或由于设备内部绝缘损坏造成漏电打火使机壳带电。

通常用电设备在使用中会因绝缘老化、受潮等原因导致导线带电或者导电部件与机壳之间漏电,或者因设备超负荷引起严重发热,导致绝缘材料烧损造成漏电,或者因环境气体污染、灰尘沉积导致漏电和电弧击穿打火。

机壳通过杂散阻抗而带电,或者因绝缘击穿而带电,如图 4 - 1 所示。设 U_1 为用电设备中电路的电压,Z_1 为电路与机壳之间的杂散阻抗,Z_2 为机壳与地之间的杂散阻抗,U_2 为机壳与地之间的电压。假定机壳对地的电压是由机壳对地的阻抗 Z_2 分压造成的,则

$$U_2 = \frac{Z_2}{Z_1 + Z_2} U_1 \qquad (4-15)$$

当机壳与地绝缘($Z_2 \to \infty$),即 $Z_2 \gg Z_1$ 时,则 $U_2 = U_1$。如果 U_2 足够大(例如超过 36V)时,人体触及机壳就可能发生危险。为了保证人身安全,机壳接地,使 $Z_2 \to 0$,从而使 $U_2 = 0$。

如果人体触及机壳,就相当于在机壳与大地之间连接了一个人体电阻 Z_b。人体电阻的变化范围很大,一般地,人体的皮肤处于干燥洁净和无破损情况时,其电阻可高达 $40 \sim 100 \text{k}\Omega$;人体处于出汗、潮湿状态时,人体电阻降至 1000Ω 左右。但是,由于流经人体的安全电流值,对于交流电流为 $15 \sim 20\text{mA}$,对于直流电流为 50mA。因此当流经人体的电流高达 100mA 时,就可能导致死亡发生。

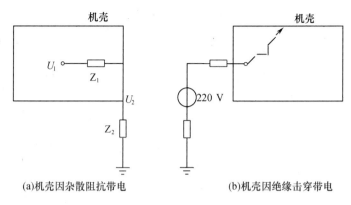

(a)机壳因杂散阻抗带电　　　　　　(b)机壳因绝缘击穿带电

图4-1　设备机壳接地的作用

我国规定的人体安全电压为36V和12V。一般家用电器的安全电压为36V,以保证触电时流经人体的电流值小于40mA。为了保证人体安全,应该将机壳与接地体连接,即应将机壳接地。这样,当人体触及带电机壳时,人体电阻与接地导线的阻抗并联,人体电阻远大于接地导线的阻抗,大部分漏电电流经接地导线旁路流入大地。通常规定接地电阻值为5~10Ω,所以,流经人体的电流值将减小为最初的1/200~1/100。

2. 接零保护接地

通常用电设备采用220V(单相三线制)或者380V(三相四线制)电源供电,如图4-2所示。设备的金属外壳除了正常接地之外,还应与电网零线相连接,称为接零保护。

当用电设备外壳接地后,一旦发生人体与机壳接触,人体处于与接地电阻并联的位置,因接地电阻远小于人体电阻,所以绝大部分漏电电流从接地线中流过。但是,接地电阻与电网中性点接地接触电阻相比,在数量上相当,故接地线上的电压降几乎为相电压220V的1/2,这一电压超过了人体能够承受的安全电压,使接触设备金属外壳的人体上流过的电流超过安全限度,从而导致触电危险。因此,即使外壳接地良好也不一定能够保证安全,为此,应该把金属设备外壳接到供电电网的零线(中线)上,才能保证安全用电,如图4-2所示。这就是所谓的"接零保护"原理。

室内交流配线可采用如图4-2(a)所示的接法。图中"火线"上接有熔断器(保险丝),负载电流经"火线"至负载再经"零线"返回。另一根线是安全"地线"。该地线与设备机壳相连并与"零线"连接于一点。因而,地线上通常没有电流,所以没有电压降,与之相连的机壳都是地电位。只有发生故障,即绝缘被击穿时,安全地线上才会有电流。但该电流是瞬时的,因为保险丝或电流断路器在发生故障时会立即将电路切断。

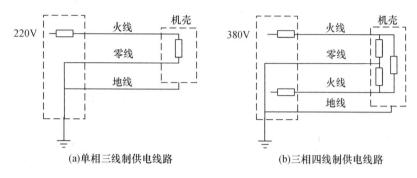

(a)单相三线制供电线路   (b)三相四线制供电线路

图 4-2   接零保护

3. 防雷接地

防雷接地是将建筑物等设施和用电设备的外壳与大地连接,将雷电电流引入大地,从而保护设施、设备和人身的安全,使之避免雷击,同时消除雷击电流窜入信号接地系统,以避免影响用电设备的正常工作。防雷接地是一项专门技术,详细内容请查阅相关技术文献。

4. 安全接地的有效性

安全接地的质量,关系到人身安全和设施安全,因此,必须检验安全接地的有效性。

接地的目的是使设备与大地有一条低阻抗的电流通路,因此,接地是否有效取决于接地电阻。接地电阻的阻值越小越好。接地电阻与接地装置、接地土壤状况以及环境条件等因素有关。针对不同的接地目的,对接地电阻有不同的选择。设备安全接地的接地电阻一般应小于 10Ω;100V 以上的电力线路接地电阻要求小于 0.5Ω 的;防雷接地一般要求接地电阻为 $10\sim25\Omega$;建筑物单独装设的避雷针的接地电阻要求小于 25Ω。接地电阻属于分布电阻。通常,接地电阻由接地导线的电阻、接地体的电阻和大地的杂散电阻三部分组成,其中大地杂散电阻起主要作用。因此,接地电阻的大小不仅与接地体的大小、形状、材料等特性有关,而且与接地体附近的土壤特性有很大关系。土壤的成分、土壤颗粒的大小和密度、地下水中是否含有溶解的盐类等因素也影响接地电阻的阻值。除此之外,接地电阻还受环境条件的影响,天气的潮湿程度、季节变化和温度高低变化都影响接地电阻的阻值。因此,接地电阻的阻值并不是固定不变的,需要定期测定、监视。当出现接地电阻阻值不符合接地要求时,可以采用保持水分、化学盐化和化学凝胶三种方法来有效地降低土壤的电阻率,以减小接地电阻。

接地装置也称为接地体,常见的有接地桩、接地网和地下水管等。通常把接地体分为自然接地体和人工接地体两大类型。

埋设在地下的水管、输送非燃性气体和液体的金属管道、建筑物设在地下或水泥中的金属构件、电缆的金属外皮等属于自然接地体。一般来说,自然接地体与大地的接触面积比较大,长度也较大,因此其杂散电阻较小,往往比专门设计的接地体的性能更好。同时,自然接地体与用电设备在大多数情况下已经连接成整体,大部分故障的漏电电流能在接地体的开始端向大地扩散,所以很安全。自然接地体还在地下纵横交叉,从而降低了接触电压及跨步电压,所以 1000V以下的系统,一般都采用自然接地体。

对于大电流接地系统,要求接地电阻阻值较低。埋设于地下的自然接地体因其表面腐蚀等使其接地电阻难以降低,因此需要采用人工接地体。必须指出,在弱信号、敏感度高的测控系统、计算机系统、贵重精密仪器系统中不能滥用自然接地体。例如水管,一般的水管与建筑物的金属构件及大地并没有良好的接触,其接地电阻阻值比较大,因此不宜作为接地体。人工接地体是人工埋入地下的金属导体,常见的形式有垂直埋入地下的钢管、角钢和水平放置的圆钢、扁钢,还有环形、圆板形和方板形的金属导体。

有关人工接地体接地电阻的计算、接地电阻的测量和影响大地的杂散电阻的因素等相关内容,请查阅相关技术文献。

4.2.3 信号接地

信号接地是为设备、系统内部各种电路的信号电压提供一个零电位的公共参考点(面)。对于电子设备,将其底座或者外壳接地除了提供安全接地外,更重要的是为了在电子设备内部提供一个作为电位基准的导体,以保证设备工作稳定,抑制电磁骚扰。这个导体称为接地面。设备的底座或者外壳往往采用接地导线连接至大地,接地面的电位一旦出现不稳定,就会导致电子设备工作的不稳定。

信号接地的连接对象是种类繁多的电路,因此信号地线的接地方式也是多种多样的。复杂系统中:既有高频信号,又有低频信号;既有强电电路,又有弱电电路;既有模拟电路,又有数字电路;既有频繁开关动作的设备,又有敏感度极高的弱信号装置。为了满足复杂的用电系统的电磁兼容性要求,必须采用分类的方法将信号电路分成若干类别,以同类电路构成接地系统。通常将所有电路按信号特性分成四类,分别接地,形成四个独立的接地系统,每个接地系统可能采用不同的接地方式。下面叙述接地系统的类别及其含义。

第一类接地系统是敏感信号和小信号电路的接地系统。它包括低电平电路、小信号检测电路、传感器输入电路、前级放大电路、混频器电路等的接地。由于这些电路工作电平低,特别容易受到电磁干扰而出现电路失效或电路性能降级现象,因此,小信号电路的接地导线应避免混杂于其他电路中。

第二类接地系统是非敏感信号或者大信号电路的接地系统。它包括高电平电路、末级放大器电路、大功率电路等的接地。这些电路中的工作电流都比较大,因而其接地导线中的电流也比较大,容易通过接地导线的耦合作用对小信号电路造成干扰,使小信号电路不能正常工作,因此,必须将其接地导线与小信号接地导线分开设置。

第三类接地系统是干扰源器件、设备的接地系统。它包括电动机、继电器、开关等产生强电磁干扰的器件或者设备的接地。这类器件或者设备在正常工作时,会产生冲击电流、火花等强电磁干扰。这样的干扰频谱丰富,瞬时电平高,往往使电子电路受到严重的电磁干扰,因此,除了采用屏蔽技术抑制干扰外,还必须将其接地导线与其他电子电路的接地导线分开设置。

第四类接地系统是金属构件的接地系统。它包括机壳、设备底座、系统金属构架等的接地。其作用是保证人身安全和设备稳定工作。

工程实践中,也采用模拟信号地和数字信号地分别设置、直流电源地和交流电源地分别设置的方式,抑制电磁干扰。电路、设备的接地方式有单点接地、多点接地、混合接地和悬浮接地,下文将进行详细分析。

1. 单点接地

单点接地是指只有一个接地点,所有电路、设备的地线都必须连接到这一接地点上,以该点作为电路、设备的零电位参考点(面)。

1)共用地线串联一点接地

图 4 - 3 所示为一共用地线串联一点接地的示例。其中:电路 1、电路 2、电路 3 注入地线(接地导线)的电流分别为 I_1、I_2、I_3;R_1 为 A 点至接地点之间地线(AG 段)的电阻(AG 段地线是电路 1、电路 2 和电路 3 的共用地线);R_2 为 BA 段的地线电阻(BA 段地线是电路 2 和电路 3 的共用地线);R_3 为 CB 段的地线电阻;G 点为共用地线的接地点。共用地线上 A 点的电位为

$$U_A = (I_1 + I_2 + I_3)R_1 \qquad (4-16)$$

共用地线上 B 点的电位为

$$U_B = U_A + (I_2 + I_3)R_2 = (I_1 + I_2 + I_3)R_1 + (I_2 + I_3)R_2 \qquad (4-17)$$

共用地线上 C 点的电位为

$$U_C = U_B + (I_3)R_3 = (I_1 + I_2 + I_3)R_1 + (I_2 + I_3)R_2 + I_3 R_3 \qquad (4-18)$$

通常,地线的直流电阻不为零,特别是在高频情况下,地线的交流阻抗比其直流电阻大,因此共用地线上 A、B、C 三点的电位不为零,并且各点电位受到所有电路注入地线电流的影响。从抑制干扰的角度考虑,这种接地方式是最不适用的。但是这种接地方式的结构比较简单,各个电路的接地引线比较短,其电阻相对小,所以,这种接地方式常用于设备机柜中的接地。如果各个电路的接地电平差别不大,也可以采用这种接地方式。反之,高电平电路会干扰低电平电路。

采用共用地线串联一点接地时必须注意,要把具有最低接地电平的电路放置在最靠近接地点 G 的地方,即图 4 - 3 中的 A 点,以使 B 点和 C 点的接地电位

受其影响最小。

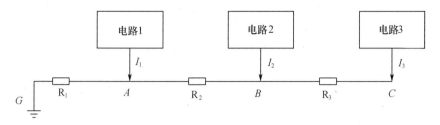

图 4 – 3　共用地线串联一点接地

2）独立地线并联一点接地

图 4 – 4 是独立地线并联一点接地的等效电路图,各个电路分别用一条地线连接到接地点 G。I_1、I_2、I_3 依次表示电路 1、电路 2、电路 3 注入地线(接地导线)的电流,R_1、R_2、R_3 依次表示电路 1、电路 2、电路 3 的接地导线的电阻。显然,各电路的地电位分别为

$$\begin{cases} U_A = I_1 R_1 \\ U_B = I_2 R_2 \\ U_C = I_3 R_3 \end{cases} \qquad (4-19)$$

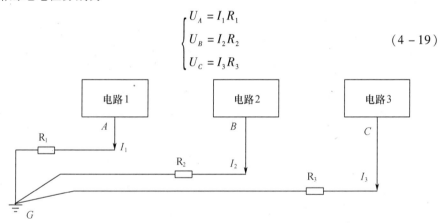

图 4 – 4　独立地线并联一点接地

由上可见,独立地线并联一点接地方式的优点是,各电路的地电位只与本电路的地电流及地线阻抗有关,不受其他电路的影响。但是,独立地线并联一点接地方式存在以下缺点。第一,因各个电路分别接地,需要多根地线,势必增加地线长度,从而增加了地线阻抗。使用比较麻烦,结构笨重。第二,这种接地方式会造成各地线相互间的耦合,且随着频率增加,地线阻抗、地线间的电感及电容耦合都会增大。第三,这种接地方式不适用于高频。如果系统的工作频率很高,以至于工作波长 $\lambda = c/f$ 缩小到可与系统的接地平面的尺寸或接地引线的长度比拟时,就不能再用这种接地方式了。因为,当地线的长度接近于 $\lambda/4$ 时,它就像一根终端短路的传输线。由分布参数理论可知,终端短路 $\lambda/4$ 线的输入阻抗

为无穷大,即相当于开路,此时地线不仅起不到接地作用,而且将有很强的天线效应向外辐射干扰信号。所以,一般要求地线长度不应超过信号波长的1/20。显然,这种接地方式只适用于低频。

2. 多点接地

多点接地是指某一个系统中各个需要接地的电路、设备都直接接到距它最近的接地平面上,以使接地线的长度最短,如图4-5所示。这里说的接地平面可以是设备底座,也可以是贯通整个系统的接地线,在比较大的系统中还可以是设备的结构框架等。如果可能,还可以用一个大型导电物体作为整个系统的公共地。

图4-5中,各电路的地线分别连接至最近的低阻抗公共地。设每个电路的地线电阻及电感分别为 R_1、R_2、R_3 和 L_1、L_2、L_3,每个电路的地线电流分别为 I_1、I_2、I_3,则各电路对地的电位差为

$$\begin{cases} \dot{U}_1 = I_1(R_1 + j\omega L_1) \\ \dot{U}_2 = I_2(R_2 + j\omega L_2) \\ \dot{U}_3 = I_3(R_3 + j\omega L_3) \end{cases} \qquad (4-20)$$

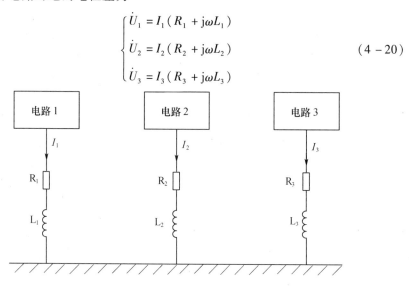

图4-5 多点接地

为了降低电路的地电位,每个电路的地线应尽可能缩短,以降低地线阻抗。但在高频时,由于集肤效应,高频电流只流经导体表面,即使加大导体厚度也不能降低阻抗。为了在高频时降低地线阻抗,通常要将地线和公共地镀银。在导体截面积相同的情况下,为了减小地线阻抗,常用矩形截面导体制成接地导体带。

多点接地方式的优点是地线较短,适用于高频情况;其缺点是形成了各种地线回路,造成地回环路干扰,这对设备内同时使用的具有较低频率的电路会产生不良影响。

3. 混合接地

如果电路的工作频带很宽,在低频时需采用单点接地,而在高频时又需采用多点接地。此时,可以采用混合接地方法。所谓混合接地,就是将那些只需高频接地的电路、设备使用串联电容器与接地平面连接起来,如图4-6所示。

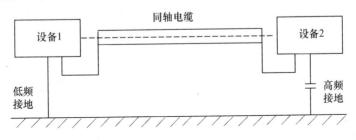

图4-6 混合接地

在图4-6中,低频时,电容的阻抗较大,故电路为单点接地方式;但在高频时,电容阻抗较低,故电路成为两点接地方式。因此,这种接地方式适用于工作在宽频带的电路。应注意的是,要避免所使用的电容器与引线电感发生谐振。

实际用电设备的情况比较复杂,很难通过某一种简单的接地方式解决问题,因此混合接地应用更为普遍。

综上所述,单点接地适用于低频,多点接地适用于高频。一般来说:频率在1MHz以下可采用一点接地方式;频率高于10MHz应采用多点接地方式;频率在1~10MHz之间,可以采用混合接地方式(在电性能上实现单点接地、多点接地混合使用)。如用一点接地,其地线长度不得超过0.05λ,否则应采用多点接地。当然选择也不是绝对的,还要参考接地电流的大小,以及允许在每一接地线上产生多大的电压降。如果某一电路对该电压降很敏感,则接地线长度应不大于0.05λ或更小。如果电路只是对该电压降一般的敏感,则接地线可以长些(如0.15λ)。此外,由接地引线"看进去"的阻抗是该引线相对于地平面的特性阻抗Z_0的函数。而Z_0的大小,又和引线与接地平面的相对位置有关。接地引线与接地平面平行时,其特性阻抗较小;当两者相互垂直时,Z_0较大,而Z_0较大,则"看进去"的阻抗也较大。因此,当长度一定时,垂直于接地平面的接地引线其阻抗将大于平行于接地平面的接地引线,所以,要求垂直接地平面的接地引线的长度应更短一些。

4. 悬浮接地

悬浮接地(简称"浮地")就是将电路、设备的信号接地系统与安全接地系统、结构地及其他导电物体隔离,如图4-7所示。图中列举了三个设备,各个设备的内部电路都有各自的参考"地",它们通过低阻抗接地导线连接到信号地,信号地与建筑物结构地及其他导电物体隔离。

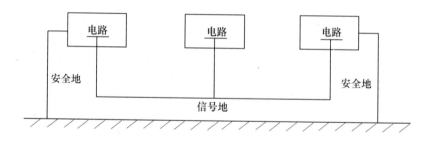

图 4 - 7 悬浮接地

　　采用这种接地方式,可以避免安全接地回路中存在的干扰电流影响信号接地回路。浮地的概念也可以应用于设备内部的电路接地设计——将设备内部的电路参考地与设备机壳隔离,避免机壳中的干扰电流直接耦合至信号电路。浮地的干扰耦合取决于浮地系统和其他接地系统的隔离程度,在一些大系统中往往很难做到理想浮地,除此之外,特别在高频情况下,更难实现真正的浮地。特别是当浮地系统靠近高压设备、线路时,可能堆积静电电荷,引起静电放电,形成干扰电流。

　　因此,除了在低频情况下,为防止结构地、安全地中的干扰地电流骚扰信号接地系统外,一般不采用悬浮的方式。

第二部分

一体化电机系统的电磁兼容问题

第5章 无源器件的高频特性

在电气、电子设备中,电阻、电容、电感等无源器件是最常用的元件,因此电气、电子设备的性能在很大程度上依赖于这些无源器件的性能,在设计时通常把它们看作纯电阻、纯电容和纯电感,但是在高频范围,尤其是射频范围(1~30MHz),电阻已经不单纯是电阻,电容也不单纯是电容,电感也不单纯是电感,它们都有各自的寄生参数,对设备的电磁兼容性能影响巨大。本章将以电阻、电感、电容、导线为对象分析它们的高频特性。

5.1 电阻的高频特性分析

电阻是电子设备中最常用的元件,理想的电阻阻抗的幅值等于它的阻值,相位为0°,如图5-1所示,它的阻抗表达式为

$$Z(f) = R\angle 0° \qquad (5-1)$$

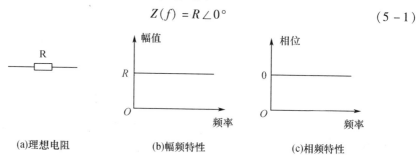

| (a)理想电阻 | (b)幅频特性 | (c)相频特性 |

图5-1 理想电阻的幅频特性

但是,实际电阻的阻抗特性与理想特性有很大差别,尤其是在射频范围,电阻的高频等效电路如图5-2所示。图中,L_{par}是电阻的漏感,C_{par}是电阻的寄生电容。当直流电流流过电阻时,漏感相当于短路,寄生电容相当于开路,此时电阻的阻抗特性完全是阻性的,阻值为电阻的幅值;当频率逐渐升高时,寄生电容起主要作用,电阻呈现出容性特征;在阻性与容性之间有一个转折频率f_1,它发生在寄生电容的阻抗与电阻的阻值相等时,如

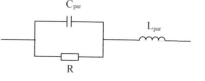

图5-2 实际电阻的高频等效电路

图 5 - 3 所示,其表达式如下:

$$f_1 = \frac{1}{2\pi RC_{\text{par}}} \qquad\qquad (5-2)$$

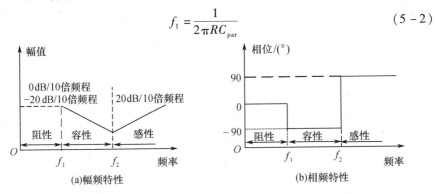

(a)幅频特性　　　　　　　　(b)相频特性

图 5 - 3　实际电阻的高频特性图

在转折频率 f_1 后,电阻的阻抗以 20dB/10 倍频程下降,并且相位逐渐接近于 $-90°$;当频率升高到一定程度后,寄生电感将起主要作用,此时电阻呈感性,转折频率 f_2 的表达式为

$$f_2 = \frac{1}{2\pi\sqrt{L_{\text{par}}C_{\text{par}}}} \qquad\qquad (5-3)$$

在转折频率 f_2 处,电阻的阻抗幅值最小;在 f_2 频率以上,电阻阻抗以 20dB/10 倍频程上升,它的相角逐渐接近于 90°。

对于一般的大电阻,在高频范围寄生电容一般是主要的;而对于阻值较小的电阻,寄生电感起主要作用。图 5 - 4 所示为一个电阻的幅值和相位测试曲线,由图可知,实际电阻在低于 1MHz 频率时,基本上是阻性的,高于 1MHz 时,电阻

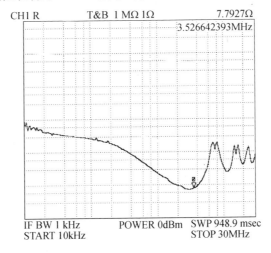

CH1 R　　　　T&B　1 MΩ 1Ω　　　　　7.7927Ω
3.526642393MHz

IF BW 1 kHz　　　　POWER 0dBm　　SWP 948.9 msec
START 10kHz　　　　　　　　　　STOP 30MHz

图 5 - 4　电阻的高频特性测试曲线

呈现出容性,具体表现是幅值大约以 $-20\mathrm{dB}/10$ 倍频程下降,而其相位在初始时为 $0°$,从 $100\mathrm{kHz}$ 开始逐渐过渡到 $90°$。高于 $3.5\mathrm{MHz}$ 时,电阻呈现出感性,幅值大约以 $20\mathrm{dB}/10$ 倍频程上升。

5.2 电容的高频特性分析

在一体化电机系统中,会有一些滤波器和驱动器的使用,系统中含有一些耐压高、容值较大的电容用于平波、储能等,不同种类的电容或同一种电容其电容值不同时,频率特性及损耗等特性相差很大。一体化电机系统中常用的电容种类有电解电容、纸质电容、陶瓷电容和薄膜介质电容,其用途各不相同。其中:电解电容的电容量对体积的比值较高,杂散电感和电阻值较大;纸质电容的电容值和电压值都有较广的范围,具有较高的杂散电感值,性能好,可靠性高;陶瓷电容体积小,并且具有极好的高频特性和较小的等效串联电阻,但是其特性会随时间、温度和电压而变,且容易受电压的瞬变而损坏;薄膜介质电容具有等效串联电阻小,电容频率特性稳定的特点,但是能量密度小。

理想电容的阻抗特性可以表示为

$$Z = \frac{1}{\mathrm{j}\omega C} \tag{5-4}$$

它的幅频特性和相频特性如图 $5-5$ 所示,幅值以 $-20\mathrm{dB}/10$ 倍频程下降,其相位始终为 $-90°$。

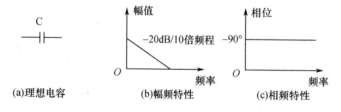

(a)理想电容   (b)幅频特性   (c)相频特性

图 $5-5$ 理想电容的幅频特性

任何一种电容都不是理想的。在低频段,其寄生电阻对其性能影响较大;在高频段,杂散电感对性能的影响较大。其阻抗频率特性可用图 $5-6$ 所示的等效电路来表示,其中 R 表示电容的寄生电阻,L 表示电容的引线电感,C 为自身的电容值,其阻抗为

$$Z_{\mathrm{C}} = R + \mathrm{j}\omega C + \frac{1}{\mathrm{j}\omega L} \tag{5-5}$$

电容的幅频特性和相频特性如图 $5-7$ 所示。

假设电容自身的谐振频率 $f_0 = 1/2\pi\sqrt{LC}$。当工作频率低于 f_0 时,呈现容性;

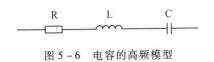

图 5 - 6　电容的高频模型

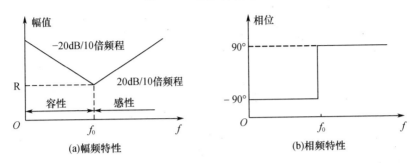

(a)幅频特性　　　　　　　　　　　(b)相频特性

图 5 - 7　电容的高频特性图

高于 f_0 时,呈现感性;等于 f_0 时,呈现阻性,阻值即为 R。

图 5 - 8(a)所示为利用阻抗分析仪测得的 3.9nF 陶瓷电容的阻抗特性,图 5 - 8(b)所示为测得的 0.47μF 安规电容的阻抗特性,理想电容的阻抗是随着频率的升高而降低的。而根据实际测得的阻抗特性,可以发现,在低频段,呈现电容特性,在某一点发生谐振之后,电容的阻抗随着频率的升高而增加,这时电容呈现电感的阻抗特性。这说明实际的电容存在寄生元件。其表现形式为电感和电阻元件与理想电容的串联或并联。选择实际电容的模型为串联模型,利用谐振点的已知参数,计算得到陶瓷电容的寄生元件的 $R_{ESR} = 128\text{m}\Omega$, $L_{ESL} = 2.9\text{nH}$,安规电容的寄生元件的 $R_{ESR} = 177.5\text{m}\Omega$, $L_{ESL} = 17.5\text{nH}$。

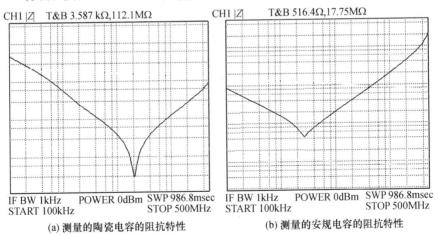

(a) 测量的陶瓷电容的阻抗特性　　　(b) 测量的安规电容的阻抗特性

图 5 - 8　测量的电容阻抗特性

在滤波器电路中,电容起到旁路高频噪声信号的作用,而因为寄生电感的原因,使得电容构成 LC 串联谐振电路。在谐振点,电容支路对噪声信号无衰减作用,随着频率的升高,经过谐振点后,电容支路由容性变为感性,对干扰信号无旁路作用。一般在设计滤波器时,认为电容值越大,滤波效果越好,这是一种误解。电容越大对低频干扰的旁路效果虽然好,但是由于电容在较低的频率发生了谐振,阻抗开始随频率的升高而增加,因此对高频噪声的旁路效果变差。电容很多时候并不能起到预期滤除噪声的效果,出现这种情况的一个原因是忽略了寄生电感对旁路效果的影响。因此要想使电容在高频段也发挥它的作用,就必须要采取措施去除或衰减寄生电感的作用。

电解电容在一体化电机系统中是必不可少的,主要用于整流滤波,储存能量,但是其寄生的电阻和杂散电感值较大。实验结果表明:其阻抗频率特性在 $100\text{Hz} \sim 2\text{kHz}$ 时,呈现容性;在 $2\text{kHz} \sim 1\text{MHz}$ 时,呈现阻性;$1\text{MHz} \sim 30\text{MHz}$ 时呈现感性。

电解电容的高频特性模型可用图 5 – 9 所示的电路来表示。图中,L_c 为杂散电感,R_c 为杂散电阻,C_c 为串联等效电容,C_f 和 R_f 标志介质特性随频率的变化,它对电解电容的阻抗值影响较小,通常都是通过曲线拟合得到的,使模型的精度提高。

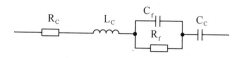

图 5 – 9　电解电容的标准模型

5.3　电感的高频特性分析

5.3.1　电感的理想模型和实际高频特性

理想电感器的阻抗可用下式表示,即

$$Z = j\omega L \tag{5 – 6}$$

它的幅频特性和相频特性如图 5 – 10 所示,幅频特性是以 20dB/10 倍频程上升的,其相位始终为 90°。

电感器通常绕制成线圈形式,按其所环绕的磁芯来分类,最常用的是空气磁芯(即空芯)和磁性磁芯,实际电感的绕组及磁芯都存在一定的损耗以及匝与匝之间通过空气、绝缘层和骨架而存在分布电容,此外,多层绕组的层与层之间也存在分布电容,其高频模型可用图 5 – 11 所示的电路模型来等效。

图 5 – 11 所示的模型中:L 代表电感器的等效电感值;R 代表电感器损耗的等效电阻;C 代表电感线圈绕组之间的分布电容。电感高频模型的阻抗为

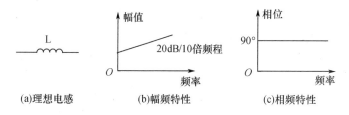

(a)理想电感   (b)幅频特性   (c)相频特性

图 5 - 10   理想电感的幅频特性

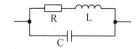

图 5 - 11   空心电感高频模型

$$Z_L = \frac{R + j\omega L}{1 + j\omega RC - \omega^2 LC} \tag{5-7}$$

对直流信号,其阻抗即为 R;在低频时,串联电感的感抗较小,并联电容的容抗较大,因此阻抗主要取决于 R;随着频率的升高,电感的感抗值增大,阻抗的大小主要取决于电感 L;当频率大于自身的谐振频率时,阻抗主要取决于寄生电容 C,其频率特性如图 5 - 12 所示。空心电感的高频特性测试曲线如图 5 - 13 所示。

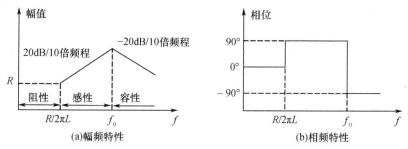

(a)幅频特性   (b)相频特性

图 5 - 12   电感的高频特性

一般来说,一体化电机系统中常用的电感(多用于滤波器)都会加磁芯,以增加电感值而减小体积。空心和有气隙磁芯的电感线圈工作时会产生较强的空间磁场,在电路中会形成较大的噪声;而无气隙磁芯的电感器所产生的空间磁场相对较弱,在电路中产生的噪声较小。

5.3.2   共模扼流圈

共模扼流圈是在一体化电机系统中广泛应用的滤波元件之一,其突出优点是对于共模噪声呈现高阻抗,而对于差模噪声呈现低阻抗,即由高频差模电流产生的磁通量在磁芯中抵消,并且不会使磁芯饱和。如图 5 - 14 所示为共模扼流

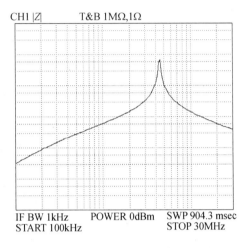

图 5 – 13　空心电感的高频特性测试曲线

圈的两绕组接入电路的方式,绕组的接法使得电网电流与差模噪声电流之和的磁通($\Phi_m + \Phi_{DM}$)相互抵消,所以,在欧洲,共模扼流圈又称为平衡扼流圈或电流补偿扼流圈。因为单纯的工频磁通是很低的,所以铁芯需要有很高的磁导率,这样就可以用较少匝数得到较大共模电感。由于共模电流的磁通($\Phi_{CM_1} + \Phi_{CM_2}$)通常很低,铁芯可以做到没有空隙,因此共模扼流圈对于共模成分来说如同一个封闭铁芯的扼流圈,其共模电感为

$$L = \mu_0 \mu_r N^2 A_{Fe} l_{Fe} \tag{5-8}$$

式中:A_{Fe} 为铁芯截面积;l_{Fe} 为电感线的平均长度;μ_r 为铁芯的相对磁导率;μ_0 为真空磁导率($\mu_0 = 4\pi \times 10^{-7} V/m^2$)。

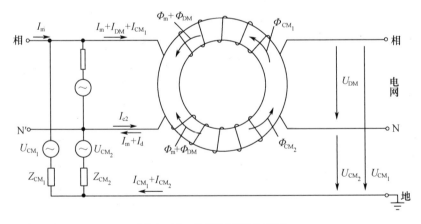

图 5 – 14　共模扼流圈的磁通

铁芯的相对磁导率与频率有关,因此共模扼流圈的电感也是频率的函数。

66

因为内部涡流环激发高频电磁场,所以相对磁导率会随频率增加而下降。

由于共模扼流圈的结构相对复杂,所以其高频特性受寄生参数和磁芯非线性的影响较大,使得共模扼流圈在高频下的频率特性和理想情况下的高频特性之间会有很大的差别。例如电感与电感绕线中的寄生电容之间会产生谐振,这将恶化整个电路的电磁噪声强度。

共模扼流圈的高频模型可以采用有限元与物理分析相结合的方法建立,但是非常耗时,而且参数不易把握。通过试验测量其外特性,然后通过分析、计算,可以建立共模电感的高频模型,如图 5 - 15 所示。其中:P_1、P_2、P_3、P_4 分别表示共模电感接线端;L_{1k} 和 R_w 分别表示共模电感绕线的自身电感和电阻;C_1 表示绕组线圈自身的寄生电感;C_2 表示两绕组间的寄生电容;L_{CM} 表示共模电感;R_m 表示磁芯损耗电阻。

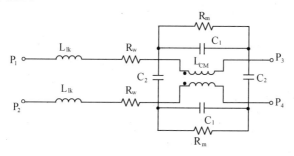

图 5 - 15　共模电感高频模型

共模扼流圈通常采用铁氧体作铁芯以提高频率极限,铁氧体芯的磁导率也随频率增加而下降。如图 5 - 16 所示为一匝数为 10、磁芯规格为 16mm 的典型铁氧体共模扼流圈的阻抗测量曲线。

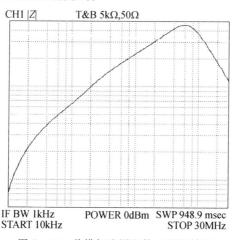

图 5 - 16　共模扼流圈阻抗 Z 测量结果

5.3.3　电感线圈参数

电感线圈由铁磁材料和线圈组成,作为用于 EMI 滤波器中电感线圈的铁磁材料,要求衰减快,频带范围宽,同时应保证工作频率范围内信号不失真,能适应各种环境,具体有以下几点要求。①高磁导率:滤除较高频率的电磁干扰信号。②具有某一特定的损耗－频率响应特性:在需要衰减的频段内损耗较大,足以把 EMI 信号衰减到最低电平,而在需要的信号频段内损耗较小,信号容易通过。③具有较高的居里温度:在 EMI 滤波器正常工作时,干扰信号转化为能量而发热,但滤波器能正常工作。④具有较高的饱和磁通密度,在有直流偏置时也能正常工作。⑤电阻率要高,以利于绝缘。因此选择合适的磁性材料是很重要的。一般使用铁氧体材料作为磁芯,导线穿过铁氧体磁芯构成电感。

制作电感线圈就是选取铁芯材料、导线,确定绕制匝数和缠绕方式的过程。应使电感线圈的电感值符合要求,电流不能超过导线所能承载的最大电流,同时电路在任何工作条件下,都不应使铁芯材料产生磁饱和。电感线圈的参数如表 5－1 所列。

表 5－1　电感线圈的参数

共模电感类型	L/mH	A_e/cm^2	A_w/cm^2	$N/\text{匝}$
两相	2.5	1.05	5.31	15
三相	22	1.5	11.99	17

利用阻抗分析仪测量电感线圈阻抗特性,利用其中 EQICIK 功能提取参数如表 5－2 所列。由前面的分析可知,电源滤波器的共模工作频段为 38kHz 以上,差模滤波器的工作频段为 16kHz 以上,输出侧滤波器的工作频段为载波频率附近,即 8kHz。从表 5－2 可知,在 10~600kHz 之间,两相共模电感可以很好地发挥滤波作用,但当 f 不断升高后,共模电感特性变差。对于差模电感而言,也存在着同样的现象。这个现象会导致滤波器在高频阶段对 EMI 信号的抑制达不到预期的效果,根据系统的不同,可能会出现无法满足 EMC 标准的情况,造成高频 EMI 抑制的失效。三相共模电感,在载波频率范围内,电感特性良好,因此能有效地抑制轴电压、轴承电流的产生。从表中可以看出,由共模电感自身所

表 5－2　电感线圈的寄生参数

电感线圈类型	干扰类型	电感/mH	寄生电容/pF	寄生电阻/kΩ	谐振频率/kHz
两相	CM	2.5	28.17	10.6	600
	DM	0.2	26.1	23.7	2200
三相	CM	22	115	25.6	100
	DM	2	1490	73.8	92

带来的差模电感量值,就能够满足滤波器的要求,因此,不再加入差模电感。

5.3.4 磁饱和的影响

在有了 LCR 表或阻抗分析仪之后,电感线圈的制作可以通过试凑的方法,增加或减小匝数来获得所需的电感值,但如果材料选择不当,则很有可能发生磁饱和现象,使电感线圈失去衰减噪声信号的作用。为了进行对比,又制作了一个三相电感线圈 B,其参数:$A_e = 1.6\text{cm}^2$, $A_w = 9.1\text{cm}^2$, $N = 25$, $L = 18\text{mH}$。与表 5 – 1 中的三相电感线圈(以下称三相电感线圈 A)对比。

改变逆变器的输出频率,并测量共模电压在该频率的有效值,如图 5 – 17 所示。根据表 5 – 1、图 5 – 17 以及所给出的参数,计算得到两个线圈的磁感应强度,如图 5 – 18 所示。从图中可以看出电感线圈 A 在逆变器输出频率为 0 ~ 60Hz 范围内,均未产生饱和。而通过试凑得到的电感线圈 B 在小于 20Hz 时,产生了磁饱和。当产生磁饱和后,电感值为 0mH,失去了对 EMI 噪声信号的衰减作用。因此设计电感线圈时,一定要考虑系统在各种状况下可能产生的磁饱和问题。

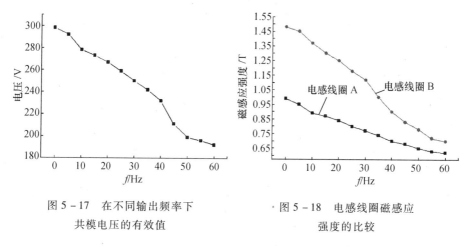

图 5 – 17　在不同输出频率下
共模电压的有效值

图 5 – 18　电感线圈磁感应
强度的比较

5.4　导线的高频特性分析

5.4.1　导线的高频特性

在进行电路功能分析时,一般把导线当作电阻为零的理想导体来处理,但在进行 EMC 分析时,需要考虑导线的高频参数。如果流过导线的电流维持为恒定的直流,则电流在导线的横截面上分布是均匀的。对于实芯的圆铜导线,直流电阻用下式表示,即

$$R_{DC} = \frac{L}{\sigma S} = \frac{L}{\sigma \pi r^2} \qquad (5-9)$$

式中:L 为导线的长度;S 为导线的横截面积;σ 为铜的电导率;r 为导线的半径。

导线的电感包括内自感 L_i 和外自感 L_e 两部分,当导线通以电流时,不仅在导线的外部,而且在导线的内部产生磁通,内自感是导线内部的磁通在导线上产生的电感,外自感是导线外部的磁通在导线上产生的电感,此时的内自感和外自感分别为(假设 $L \gg r$)

$$L_i = \frac{\mu_0 L}{8\pi} \qquad (5-10)$$

$$L_e = \frac{\mu_0 L}{2\pi} \left(\ln \frac{2L}{r} - 1 \right) \qquad (5-11)$$

当流过导线的电流不是直流,而是高频的交流时,高频电流在导线中产生的磁场在导线的中心区域将感应很大的电动势,由于感应的电动势在闭合回路中将产生感应电流,这样在导线的中心将感应出很大的电流,此感应电流总是在减小原来电流的方向,它迫使电流集中于导线的表面流动,这种现象称为趋肤效应。趋肤效应使得导线在传输高频信号时的效率很低,同时导线的电阻增加。下式为趋肤深度的表达式,即

$$\delta = \frac{1}{\sqrt{\pi f \mu_0 \sigma}} \qquad (5-12)$$

式中:f 为信号的频率;σ 为导线的电导率(铜为 $5.8 \times 10^7 \Omega/m$)。

表 5-3 列出了在不同频率下铜的趋肤深度。

表 5-3 不同频率下铜的趋肤深度

频率 f	趋肤深度 δ/m
1kHz	2.09×10^{-3}
10kHz	6.61×10^{-4}
100kHz	2.09×10^{-4}
1MHz	6.61×10^{-5}
100MHz	6.61×10^{-6}

假设在高频频率 f 下,半径为 r 圆铜导线的趋肤深度为 δ,则此时导线的交流电阻、内自感和外自感分别为

$$R_{AC} = \frac{L}{\sigma S} = \frac{L}{\sigma (\pi r^2 - \pi (r-\delta)^2)} \qquad (5-13)$$

$$L_i = \frac{\mu_0 L}{8\pi} \frac{\delta}{r} \qquad (5-14)$$

$$L_e = \frac{\mu_0 L}{2\pi} \left(\ln \frac{2L}{r} - 1 \right) \qquad (5-15)$$

由式(5-14)可以看出,随着频率的升高,电流趋于表面流动,导线的内自感趋于零,因此总的自电感逐渐减小并趋向于外电感,而外自感基本不变。对于一般的铜导线,内自感占自电感的比例很小,因此,电感随频率的变化也很小,在1Hz~1MHz之间,导线自电感的变化率小于6%。

空气中两根半径为r,长度为L,轴线间距离为d的平行圆导线形成的互感L_p(假设$L \gg d$)为

$$L_p = \frac{\mu_0 L}{2\pi}\left(\ln \frac{2L}{d} - 1 \right) \tag{5-16}$$

其分布电容为

$$C = \frac{2\pi\varepsilon_0}{\ln(d/r)} \tag{5-17}$$

式中:ε_0为自由空间的介电常数,大小为$8.85 \times 10^{-12} \mathrm{F/m}$。

5.4.2 印制电路板布线的杂散参数抽取

印制电路板布线为环氧树脂绝缘板上附着的铜箔,在低频下,可以当作良导体考虑;当电路工作在较高频率下时,布线的分布电感、电容就会成为干扰耦合的通道,影响电路的抗干扰度甚至电路的正常工作。因此,提取印制电路板布线的杂散参数是进行电路板电磁兼容设计的一个重要环节,提取印制电路板布线的分布参数可以用实验方法和电磁场理论计算方法。

由于电路板引线参数的数量级很小,因此用常规的实验方法很难达到精度的要求。目前比较有效的办法是采用时域反射计(TDR)方法,该方法根据微波传输线理论,采用TDR分析仪给待测的印制电路板注入一个前沿为5ps左右的阶跃信号,同时测量电路的反射信号,并根据反射信号来计算引线的分布电感、分布电容和电阻参数,该方法测试的精度较高,但是测量仪器和分析软件都很昂贵。

采用数值方法抽取印制电路板布线的杂散参数,是从电磁场的观点出发,采用有限元法、有限差分法、矩量法(MOM)等求得电磁场的分布,再根据电磁场能量来求得分布的电感、电容参数以及分布电阻。目前,基于电磁场计算的提取印制电路板布线参数的商业软件也已经出现,比较好的有Inca和StatMod软件。

Inca是法国Grenoble电气实验室开发的杂散参数提取软件,该软件基于局部单元等效电路(PEEC)方法,可以用来提取印制线路的电感和电阻参数。根据用户输入的几何尺寸和材料参数,软件能自动生成三维结构的电阻和电感等效电路,并输出Pspice的兼容格式,以子电路的形式参与电路仿真,Inca软件的缺点是不能计算分布电容的大小。

StatMod是德国SimLab Software GmbH公司推出的基于有限元方法的印制

电路板的电磁分析软件,该软件能够提取多层印制电路板间电阻、电导、电容和电容分布参数矩阵,并能给出参数随频率的变化曲线(考虑趋肤效应和介质损耗等)。该软件也可以输出 Pspice 格式的子电路,而且能够提取布线的杂散电容参数,比较适合于开关电源印制电路板电磁分析和布线参数提取。

采用软件抽取电路的杂散参数将使繁琐的工作得到简化,但是软件的价格非常昂贵,对于一些形状较为规则的布线,可以采用解析式近似求得分布参数。

第6章 一体化电机系统与电磁兼容问题

6.1 电机系统基本构成

6.1.1 系统的特征与基本结构

现代电机系统采用了除电机本体之外的功率变换装置、控制器对电能进行变换和控制,使其运行特性由自然特性变为可控特性,性能指标得到较大提高。通常称具有电机本体、功率变换装置、控制器等的电机系统为一体化电机系统,其结构如图 6-1 所示。下面分别介绍各组成部分。

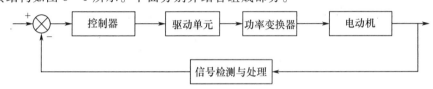

图 6-1 一体化电机系统及其组成

1. 电动机

一体化电机系统的控制对象为电动机,电动机根据工作原理可分为直流电动机、交流电动机,根据用途可以分为用于调速系统的拖动电动机和用于伺服系统的伺服电动机等。

直流电动机的数学模型简单,转矩易于控制,但结构复杂,制造成本高,电刷和换向器限制了它的转速和容量。交流电动机(尤其是笼型感应电动机)结构简单、制造容易,无须机械换向器,因此其允许转速与容量均大于直流电动机。

2. 功率变换器

功率变换器有电机型、电磁型、电力电子型等,现在多用电力电子型的。电力电子器件经历了由半控型向全控型、由低频开关向高频开关、由分立器件向具有复合功能的功率模块发展的过程。电力电子技术的发展,使功率变换器的结构趋于简单、性能趋于完善。

晶闸管(SCR)是第一代电力电子器件的典型代表,属于半控型器件,通过门极只能使晶闸管开通,而无法使它关断。由它组成的电路简称为半控型电路,其基本特点是开关容量大,技术成熟且价廉,但开关频率不高,功率密度和整机效率偏低。该类器件可方便地应用于相控整流器(AC/DC)和有源逆变器(DC/

AC)中;但用于无源逆变(DC/AC)或直流 PWM(脉宽调制)方式调压(DC/DC)时,必须增加强迫换流回路,使电路结构复杂。

第二代电力电子器件是全控型器件,通过门极既可以使器件开通,也可以使它关断,例如 MOSFET、IGBT、GTO 等。此类器件用于无源逆变(DC/AC)和直流调压(DC/DC)时,无须强迫换流回路,主回路结构简单。第二代电力电子器件的另一个特点是可以大大提高开关频率,用 PWM 技术控制功率器件的开通与关断,可大大提高可控电源的质量。

第三代电力电子技术的特点是由单一的器件发展为具有驱动、保护等功能的复合功率模块,提高了使用的安全性和可靠性。随着集成技术的进步,功率模块逐渐向智能化方向发展,即模块内部除主电路功率器件之外,还包含相应的各种接口电路、保护电路(含过电流、过电压、欠电压和过热等保护)和驱动电路,故称智能模块(IPM)。若进一步将控制电路也包含在内,称为功率集成电路(PIC)。

3. 控制器

控制器分模拟控制器和数学控制器两种,也有模数混合的控制器,现在越来越多地采用全数字控制器。

模拟控制器常用运算放大器及其相应的电气元件实现,具有物理概念清晰、控制信号流向直观等优点,其控制规律体现在硬件电路和所用的器件上,因而线路复杂、通用性差,控制效果受到器件性能、温度等因素的影响。

以微处理器为核心的数字控制器的硬件电路标准化程度高、制作成本低,而且没有器件温度漂移的问题。控制规律体现在软件上,修改起来灵活、方便。此外,还拥有信息存储、数据通信和故障诊断等模拟控制器难以实现的功能。

模拟控制器的所有运算能在同一时刻并行运行,控制器的滞后时间很小,可以忽略不计;但一般的微处理器在任何时刻只能执行一条指令,属于串行运行方式,其滞后时间比模拟控制器大得多,因此在设计系统时应予以考虑。

4. 信号检测与处理

一体化电机系统中,常需要电压、电流、转速和位置的反馈信号,为了真实可靠地得到这些信号,并实现功率电路(强电)和控制器(弱电)之间的电气隔离,需要相应的信号检测单元(传感器)。电压、电流传感器的输出信号多为连续的模拟量;而转速和位置传感器的输出信号因传感器的类型而异,可以是连续的模拟量,也可以是离散的数字量。由于控制系统对反馈通道上的扰动无抑制能力,所以,信号传感器必须具有足够高的精度,才能保证控制系统的准确性。

信号处理单元可以实现电压匹配、极性转换、脉冲整形等功能,对于计算机数字控制系统而言,必须将传感器输出的模拟或数字信号变换为可用于计算机运算的数字量。数据处理的另一个重要作用是去伪存真,即从带有随机扰动的信号中筛选出反映被测量的真实信号,去掉随机扰动信号以满足控制系统的需要。常用的数据处理方法是信号滤波,模拟控制系统通常采用模拟器件构成滤波电路,而计算机数字控制系统通常采用模拟滤波电路和计算机软件数字滤波相结合的方法。

一体化电机系统是现代电机驱动系统大容量、高性能控制的必然要求,是提高电机控制理论水平和技术需求的必然结果。在控制理论和芯片技术不断飞跃的时代,一体化电机系统平台获得了更大的提升。

变流器是电机控制的执行器,电力电子器件是这一平台最基本的要素。通常的电机系统包括采用 H 桥结构的直流电机控制系统和采用三相桥的交流电机控制系统,其结构如图 6-2 所示。对于直流电机,无论是位置控制,还是速度控制,都需要对作为内环的电流进行准确的控制;而基于旋转电机理论的交流电机控制同样是基于解耦的电机模型和控制思想实现矢量控制或者直接对转矩进行控制。

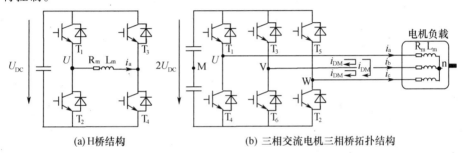

(a)H桥结构   (b) 三相交流电机三相桥拓扑结构

图 6-2 交流电机主回路框图

对于整流环节的要求也在不断提高,通常采用相控技术,PWM 整流控制技术已经开始出现在一体化电机系统中,如图 6-3 所示,解决了输入端电流的无功和畸变问题,改善了输入特性。

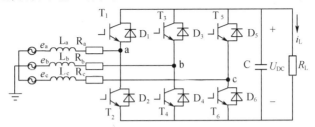

图 6-3 PWM 整流器主回路原理框图

无论整流还是逆变过程,所有的控制都需要通过电力电子器件来实现,器件的特性和控制的优劣决定了系统的整体水平。由于功率器件作为开关在工作,器件开关的稳态和暂态特性,以及由此带来的相关问题已不能回避。

6.1.2　功率变换器的控制策略

目前,一体化电机系统集成了位置、速度和电流环三环控制技术,实现了对磁通、转矩的直接控制。在有无位置传感器的情况下,均可以实现对电流的精确控制,体现了最优的控制性能。通常,交流电机控制结构采用矢量控制,典型的永磁同步电机 $i_d = 0$ 控制原理如图 6-4 所示。定子电流矢量控制还有最大转矩/电流比控制、功率因数 $\cos\varphi = 1$ 控制、恒磁链控制等方式。

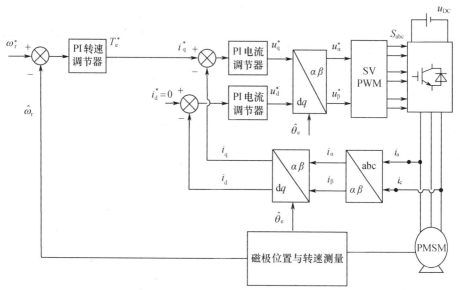

图 6-4　永磁同步电机矢量控制原理框图

在电机的控制方法中,对于这种强耦合、多变量、非线性问题,经典的解决方案是简化电机模型,在控制中进行解耦。对于三相电机,解耦到 d、q 轴的方案成为最直接的方法;之后对于直流量的控制或是采用传统的 PI 算法,或采用现代控制理论的智能控制算法。

在能量控制端口,通常采用计算或者调制方法实现器件控制逻辑动作,包括 SPWM 调制技术和 SVPWM 调制技术等。SPWM 是由调制波和载波的比较完成的,其输出电压如图 6-5 所示。SVPWM 技术提高了电压利用率,适合于数字控制,其实现过程如图 6-6 所示。

PWM 应用技术是现代电力电子技术和电气应用领域的典型特征,是数字控制领域的有效控制手段。开关器件是这一技术的载体,功率变换器中所使用的开关器件均需跨过放大区,在开通和关断状态间切换。由于这一过程并非理想开关的动作过程,因此所有开关器件都会出现开通过冲和关断过冲情况。由于电力电子逆变器正朝着高频化、大功率方向发展,这使装置内部电压、电流发生

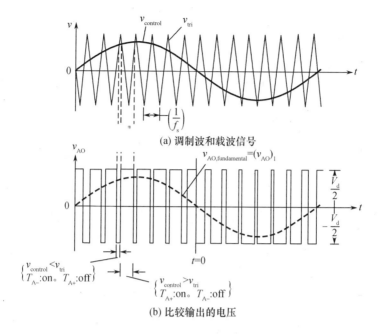

(a) 调制波和载波信号

(b) 比较输出的电压

图 6 - 5　SPWM 的输出电压

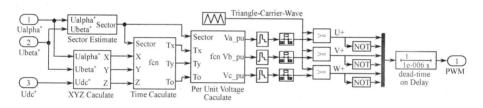

图 6 - 6　SVPWM 的实现过程

剧变,不但使器件承受很大的电压、电流应力,而且在输入、输出引线及周围空间里产生高频电磁噪声,引发电气设备误动作,导致了电机控制过程中的电磁干扰问题。

使电力电子器件在零电压或零电流下转换,即所谓的软开关状态下,使开关损耗大大降低,是抑制 EMI 最为有效的方法。目前,科研人员在研究软开关的进一步应用,遗憾的是实用化的产品通常局限在小功率产品当中,不同运行工况下的稳定性和有效性也有待进一步提高。

多电平和多重化控制技术的现代应用也较为广泛,除了改善系统的控制特性,提高系统的整体控制性能外,电流和输出电压得到了很大改善,电机的转速控制也更加精确。同时,该技术的应用使系统的电磁兼容性得到了很大提高,但这是以增加系统的复杂性为前提的。

与此同时,电力电子产品本身的进步有目共睹,各大器件厂商的研发更加深入,IGBT 已经出现第五代产品,MOSFET 导通电阻已经降到毫欧级,宽禁带半导体材料的提炼和制造工艺的发展,使器件从单一的提升容量到全面地改善动静态特性。

尽管目前电磁兼容领域新器件在发展,但系统当中 di/dt 和 du/dt 的存在都是电磁兼容问题不可回避的事实。应该说,PWM 技术推动了电力电子领域的飞速发展,但与此共存的干扰问题也成为这个时代的新课题。

6.2 PWM 变频器驱动电机系统的负面效应

电力电子器件的自关断化、模块化,功率变换电路开关模式的高频化和控制手段的全数字化促进了变频驱动装置向小型、多功能、高性能方向发展。尤其是控制手段的全数字化,利用微处理器强大的信息处理能力,以及软件功能的不断强化,变频装置的灵活性和适应性不断增强。对于 IGBT 等器件,2 ~ 20kHz 的开关频率已很普遍。高的开关频率以及灵活的 PWM 控制方案显著地提高了 PWM 变频器的性能。因此,在现代工业中,变频器的使用越来越广泛。

大功率全控型自关断器件(GTO、BJT、IGBT 等)的迅猛发展为 PWM 技术的应用铺平了道路,目前几乎所有变频调速装置都采用这一技术。PWM 控制技术用于变频器,可以改善变频器的输出波形。与其他控制形式的变频器相比,PWM 控制技术可降低电动机的谐波损耗、减小转矩脉动、简化变频器的结构、加快调节速度、提高系统的动态响应性能。

然而,变频器在节能、改善人类生活环境、降低生产成本、提高产品质量以及提高工业自动化程度等方面做出巨大贡献的同时也产生了一些显著的负面效应。现代电力电子器件的飞速发展,使功率开关器件,如绝缘栅双极晶体管 IGBT 的开关频率可达几十千赫兹,其快速导通或关断特性使变频器输出产生很高的 du/dt。du/dt 过高将对变频器驱动系统产生一系列危害,图 6 - 7 为 PWM 变频驱动电机系统的整体结构框图,图中标示出了系统在高频工作过程中出现的一些问题,如漏电流 I_{1g},共模电压 V_{CM} 等。下面分别阐述几种典型的 PWM 变频器驱动电机系统带来的负面效应。

6.2.1 共模电压

首先,由于 PWM 变频器输出的 PWM 电压脉冲在很短时间内快速上升,即存在很高的 du/dt,因此对电动机存在很大的电压尖峰冲击。对于门极可关断晶闸管(GTO)器件,du/dt 可以达到 1000V/μs;而对于 IGBT,du/dt 最高可达 20000V/μs。在功率开关器件的高速通断期间,高频的 du/dt 会在电动机铁芯叠片中激励涡流引起热损耗,还会使电动机的铜线绕组通过集肤效应消耗更多的

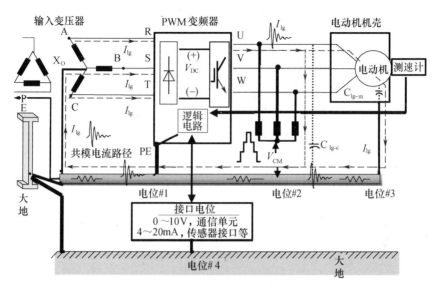

图 6 - 7　变频器输出的负面效应

能量,加剧电动机的热损耗,导致电动机功率损耗增大,效率降低,从而影响电动机性能。当变频器产生的高频电磁振荡的频率与电动机的零部件的固有振荡频率相近时,会诱使其发生机械共振和噪声。

常规的两电平电压源 PWM 电机驱动系统如图 6 - 8 所示,三相交流输入电压经过二极管不可控整流后,再经过直流环节电容滤波得到基本恒定的直流母线电压,然后经过 PWM 逆变器把直流母线电压逆变成交流 PWM 脉冲电压,通过电缆接至交流电动机的接线端,驱动电动机运行。所采用的 PWM 控制方式一般为正弦波脉宽调制 PWM 或空间矢量脉宽调制(SVPWM)。上述通用型 PWM 变频器输出端 U 的 PWM 电压波形如图 6 - 9 所示,为一系列宽度按周期规律变化的近似方波的脉冲序列。开关器件若为 GTO,其上升时间为 2.0 ~ 4.0μs;而对于 BJT,上升时间为 0.4μs;对于 IGBT,为 50 ~ 400ns。目前,大多数变频器采用 IGBT 作为开关器件,其典型上升时间为 100ns。因此对于图 6 - 9 所示的 PWM 电压,其 du/dt 约为 5400V/μs;而对于中高压变频器,其 du/dt 约为 20000V/μs,这样高的 du/dt 会对电动机的绕组产生强烈的尖峰冲击。

电压源变频器在常规的 PWM 控制方式下,输出端 U、V、W 输出的电压尽管相位互差 120°,但三者之和并不为零,即存在很高的共模电压(也称零序电压)。理论分析表明,电压源 PWM 变频器产生的共模电压是一种阶梯式的跳变电压,其幅值与直流母线电压 U_{DC} 有关,幅值在 ± $U_{DC}/6$ 和 ± $U_{DC}/2$ 这 4 个值之间随着开关器件导通状态的不同而不断跳变,因此,共模电压也存在较高的 du/dt。共模电压幅值跳变的频率为变频器开关频率的 6 倍,因此是一种高频信号。另外,

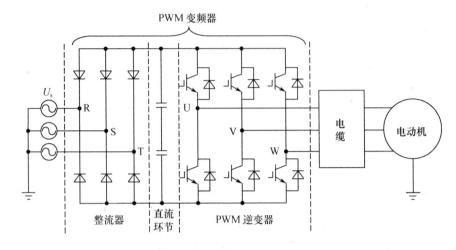

图 6-8 两电平电压源 PWM 电机驱动系统

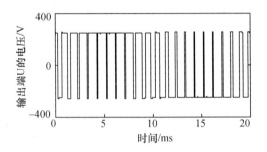

图 6-9 PWM 变频器 U 相输出电压

共模电压上还叠加着一个频率为变频器输出基波 3 倍的近似三角波的信号,因此共模电压有着频率为输出基波 3 倍的包络线。共模电压的典型波形如图 6-10所示。对于交流正弦波电网供电的交流电动机,基本不存在共模电压。而对于 PWM 变频器驱动的交流变频调速系统,由于上述高频共模电压的存在,给交流变频调速系统带来以下两方面的负面效应:一方面是产生轴电压和轴承电流;另一方面它是产生传导性 EMI 的主要因素。

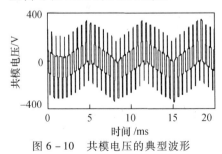

图 6-10 共模电压的典型波形

6.2.2 漏电流

由于高频时电源线路存在分布电容以及电动机内部存在寄生电容,因此将产生充放电电流 I_{lg}(I_{lg} 称为漏电流,该电流正比于 $\mathrm{d}u/\mathrm{d}t$),流入地线,漏电流过大将引起电动机保护电路的误动作。图 6-11 所示为漏电流路径。

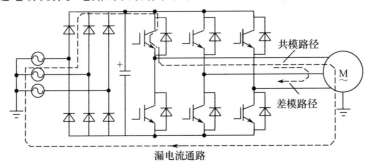

图 6-11 共模、差模、漏电流路径

对于采用 PWM 技术的一体化电机系统,传导干扰信号中漏电流耦合的途径主要有两个:一是通过变流器由功率半导体器件与散热片之间的杂散电容耦合到地;二是通过逆变器输出导线与地以及电动机绕组与机壳之间的分布电容耦合到地。在逆变器正常工作时,每相桥臂的上下功率器件是轮流开通的,因此桥臂中点的电位也相应发生准阶跃变化,通过功率器件与散热片之间存在的杂散电容从而形成了漏电流,即

$$i_{in} = C_{in}\mathrm{d}u/\mathrm{d}t = C_{in}U_{DC}/(t_r + t_d) \tag{6-1}$$

式中:i_{in} 为每个桥臂的漏电流;C_{in} 为每个桥臂与散热片之间的杂散电容;U_{DC} 为直流母线电压;t_r、t_d 分别为功率器件的开通和关断时间(主要是指电压上升和下降的时间)。整流桥与散热片之间的漏电流情况与逆变器一样,只是没有逆变的开关频率高而已,但是由于提供了高频传播途径,因此对电路高频噪声信号的影响也不可忽略。

电动机绕组是沿定、转子(特指绕线式感应电动机)的圆周分布的,而且每相绕组都不止一匝,所以把逆变器输出的含有许多高频成分的脉冲串加到电动机绕组端,分析其响应时就不能用电动机简单的集中参数模型了,而需要用分布参数理论来重新建立电动机的高频模型,考虑电动机绕组之间、绕组与定子之间、绕组与转子之间的杂散参数(特别是电容)。而且正是由于这些杂散参数的存在为逆变器产生的共模电流提供了耦合途径。图 6-12 为电动机中定子、转子间的容性耦合参数示意图。

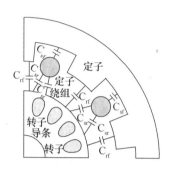

图 6 - 12   电动机的杂散参数分布情况

6.2.3   轴电压和轴承电流

当高频的共模电压作用在电动机上时,电机内部存在的高频寄生电容的耦合作用就会显现出来,包括定子与定子绕组之间的耦合电容 C_{sf}、转子与定子绕组之间的耦合电容 C_{rf} 以及定子与转子之间的耦合电容 C_{sr},如图 6 - 12 所示。当高频的 du/dt 作用在电动机内部寄生电容上时,不仅会产生充放电电流,而且还会由于电容的累积作用使得转子轴电压升高。这两者都会引起润滑油膜击穿,产生电火花加工作用,从而导致电动机轴承过早损坏(图 6 - 13),增加电动机的维修费用,影响系统的正常运行。

(a) 电机轴承的电气损坏   (b) 球轴承外圈的电气损坏

图 6 - 13   典型的轴承电气损坏

高频的共模电压作用在电动机上,由于电动机内部存在高频寄生电容耦合作用,在电动机转轴上会耦合出轴电压,如果电动机没有接地或接地不良,就会产生电击事故。另外,当电动机正常运行时,电动机轴承中的滚珠在油膜中高速运行,润滑剂在轴承内部会形成两层油膜,使电动机轴承呈现出容性作用,即轴承可以等效为一电容(内外环为两个极板,介质为滚珠和润滑油)。由于电动机轴承的内座圈与转轴相接,外座圈与定子相连,因此轴电压将作用在轴上,对此轴承电容进行充电,导致电容电压升高。当电容电压略大于轴承润滑剂绝缘电压阈值时,将感应出较小的轴承电流,使润滑剂发生化学变化,最终由于轴承座圈受到化学侵蚀而降低机械寿命;当电容电压远大于绝缘阈值时,将产生电容放电性电流——轴承电流,当套圈和滚珠接触时,这个电流会击穿油膜产生较高的放电电流,使套圈局部温度迅速升高,导致轴承座圈上产生熔化性凹点,最终产生凹槽,增大了轴承的机械磨损,降低了机械寿命。

为了测量轴电压和轴承电流,需对电动机进行改造,如图 6 - 14 所示。在轴承外座圈和定子之间加入绝缘材料,使定转子之间完全绝缘。逆变器的外壳不与地相连,这种电路结构保证了没有漏电流流经逆变器散热片,所以电动机的外壳和逆变器的外壳之间没有相互干扰。进行实验时,电动机不接任何负载。电动机电刷从转轴接出引出线 B,引出线 A 与轴承外座圈相接。当把引出线 A 接到电动机外壳上时,电动机可模拟轴承击穿的运行情况。几乎所有的轴承电流都从引出线 A 流过,从而提供了轴承电流的测量路径。由引出线 B 与电动机机壳最近点相连可测量轴电压。要测量电动机的共模电压,实际可以直接测量电动机中性点对地电压。但由于电动机的制造工艺所限,三相绕组并不完全对称,此时可以在电动机绕组的接线端接入 3 个 Y 型连接阻值相同的电阻或电容,将其中性点作为电动机的虚拟中性点,进行共模电压的测量。交流电网直接供电时,异步电动机的轴电压很小,不会形成有害的轴承电流。由 PWM 变频器供电的电动机有较大的轴电压和轴承电流,而且载波频率越高,轴电压和轴承电流越大。

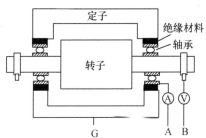

图 6 - 14　轴电压、轴承电流的测试原理图

6.2.4　电机端部过电压

在很多工业应用中,PWM 变频器与电动机不在同一安装位置,需要较长的电缆线把变频器输出的脉冲电压传输到电动机接线端。如在油田钻井、海底勘测等应用中,甚至需要几千米的电缆线。由于长线电缆存在分布电感和分布电容,当长线电缆的波阻抗与电动机的等效阻抗不匹配时,将产生电压行波反射现象,在电动机端产生过电压、高频阻尼振荡,加剧了电动机绕组以及电缆线的绝缘压力,甚至造成电动机或电缆的绝缘击穿,严重时会使电动机烧毁、电缆爆裂,

如图 6 – 15 所示。

图 6 – 15　电缆爆裂

　　当变频器和电动机的位置相隔较远时,需要一定长度的电缆线把变频器输出的 PWM 信号传输至电动机的接线端。当电缆线达到一定长度时,由于存在高的 du/dt,变频器输出的 PWM 脉冲信号可被看作在电缆线上进行长线传输的行波,在电动机的接线端会产生反射,反射波与入射波叠加,从而使电动机端的电压近似加倍,因此会在电动机端产生过电压,如图 6 – 16 所示。这个过电压包括共模电压和差模电压的加倍。共模电压的加倍使上述负面效应进一步加重,差模电压的加倍超过电动机绕组的绝缘范围,使电动机绝缘提前老化,影响电动机的长期运行,也增大了系统的维护成本。这是采用 PWM 变频器的交流变频调速系统在长线传输时带来的负面效应。

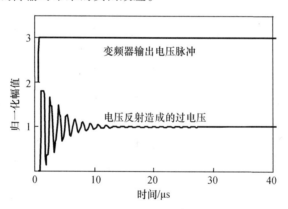

图 6 – 16　长线传输时电压反射产生的过电压

6.2.5　电机系统的 EMI

　　高速开关的电力半导体器件会产生很强的电磁干扰。传导性 EMI 和辐射性 EMI 都会导致其他控制设备或电子设备的误动作。开关器件的高速运行会产生频率为 100kHz 到几兆赫兹的高频电流,这种高频电流将产生磁场并辐射出宽频带的 EMI。频率从 100kHz 到几兆赫兹范围变化的漏电流经地线流回系统的三相电源中,产生高频电磁干扰,高次谐波电流在线路阻抗上形成谐波压降,产生有功和无功损耗,影响供电电网电能质量,导致供电效率下降;还会使继电保护装置因受干扰而误动作,影响电网上其他电子设备的正常运行,甚至会造成设备的损坏。这个干扰分为两类:辐射干扰和传导干扰。由于驱动器的机壳通常采用金属制成因而削弱了辐射干扰。传导干扰通过连接驱动器的系统电源地和负载的电力线进行传导,因而共模电压是产生传导性EMI的主要因素。

另外,PWM变频器驱动交流电动机时,由于驱动电压、电流含有高次谐波成分,电动机损耗将增加,电机发热,效率降低。对于不是专门为变频器控制而设计的普通异步电动机,若运行在变频器输出的非正弦电源条件下,其温升增加10% ~20%。

可见,由于变频器的使用,带来了上述几方面的负面效应:共模电压在电机转轴上感应出高的轴电压,并形成轴承放电电流而电腐蚀轴承,使电机在短期内报废;长线传输时电压反射产生的过电压,使电动机以及电缆绝缘迅速老化,甚至烧毁,共模电压的负面效应进一步加剧;高频传导性和辐射性EMI使变频驱动系统可靠性下降,故障率增加,并影响电网上的其他用电设备。因此,变频器的负面效应所带来的实际损失有时远远超过变频驱动系统本身的成本,显然,这会增加生产的总成本,降低生产效率。

国外科技界以及工程领域已经认识到上述问题产生的严重危害,并开展了广泛的研究。许多大公司,如ABB、艾默生(Emerson)、罗克韦尔自动化(Rockwell Automation)、西门子(Siemens)、罗宾康(Robicon)等都在开展这方面的研究工作。

因此,研究PWM驱动电机系统的负面效应及其解决方法具有重要的理论意义和实用价值,而共模电压和EMI是这些负面效应的最关键因素。

6.3 电机系统EMI问题的特征与性质

一体化电机系统是由电机、电子和控制等多门学科结合而成的一个研究方向。尽管一体化电机系统较传统的电机系统在性能指标上有了很大改进,但是由于采用PWM等控制方式使其功率变换器中的电力电子器件工作在开关状态,不可避免地造成电压和电流在短时间内发生瞬变,产生丰富的高次谐波,其电磁能量以电路连接或电磁波空间耦合的方式形成电磁干扰。干扰噪声的信号频率从几千赫兹到数十兆赫兹,影响电机系统自身的正常运行和周围电气系统的正常工作,使设备或装置达不到电磁兼容标准规定的要求。因此随着电力电子技术的飞速发展,PWM驱动电机系统中的电磁兼容问题应运而生的,其产生的电磁干扰会影响电机系统的正常工作,不能忽略。

随着近几年电磁兼容标准的强制实施,特别是系统可靠性要求的提高,迫使国内外的许多学者从不同角度进行功率变换器电磁干扰问题的研究。与其他一些电气系统的电磁干扰相比,一体化电机系统电磁干扰产生的机理、干扰源的分布、抑制的方法都有很多特殊的地方。另外,PWM 驱动的电机系统往往是在精密机械加工、国防尖端设备等一些特殊场合应用,其产生的电磁干扰既影响到其他系统的安全运行,又危害系统本身的稳定运行。因此,针对一体化电机驱动系统,电磁干扰问题成为困扰许多专家学者的尖锐问题。解决该系统的电磁干扰问题不仅要涉及一些控制驱动等应用技术问题,还要用到其他一些不可缺少的理论知识,如电磁场与电磁波理论、计算机控制技术、微电子技术等,由此可见,一体化电机系统的电磁兼容是多门学科相互交叉的综合性学科,如图 6 - 17所示。

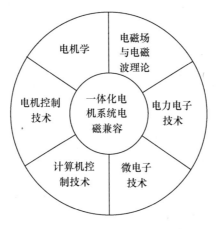

图 6 - 17 一体化电机系统电磁兼容问题的相关学科

第7章 电机驱动系统电磁干扰产生的机理

随着电力电子技术的发展,采用脉宽调制技术的功率变换器广泛应用于电机驱动系统中。以 IGBT 为核心的高速开关器件的应用加快了功率变换器的动态响应时间,提高了系统的运行性能。然而高速开关器件产生的高频脉冲信号具有较大的电压与电流瞬变,会带来严重的电磁干扰问题,对电机系统自身以及周围的环境产生较大的影响。

以现在普遍采用 IGBT 技术的 PWM 逆变器为例,开关频率为 2 ~ 20kHz,功率高达 800kW 以上,同时 di/dt 高达 $2kA/\mu s$,du/dt 高达 $6kV/\mu s$,电磁干扰强度极大,而且也带来了电机端部过电压、轴电流、轴电压、EMI 及漏电保护误动作等负面问题。这些负面问题都与 PWM 逆变器中的 IGBT 开关速度、调制方式及系统的杂散参数有关。本章将介绍电机驱动系统电磁兼容分析与设计基础,并给出电机驱动系统中常见的电磁干扰源,及共模干扰的传播途径。

7.1 功率半导体器件开关过程造成的电磁噪声

所有半导体变流装置主电路的核心部件都是各类现代功率半导体器件,如功率二极管(包括快速恢复功率二极管)、大功率晶体管(BJT)、晶闸管(SCR 和 GTO)、复合型场控功率晶体管和功率场效应管(功率 SIT 和功率 MOSFET)等。而这些装置的控制部分,常常应用各种大规模数字集成电路、数字信号处理器(DSP)和 CPU 芯片等高速集成电路。因此,在这类电力电子装置中,无论是主回路还是控制回路,在器件开关过程中,都存在着高的 du/dt 和 di/dt,它们通过线路或元器件的寄生参数和分布参数可以引起频率高达几十千赫兹至几百千赫兹甚至几兆赫兹的瞬态电磁噪声,它们已成为不可忽视的电磁干扰源。

7.1.1 功率二极管开关过程造成的电磁噪声

在开关过程中,功率二极管电流、电压波形分别如图 7 - 1 所示。由图可见,$t_0 = 0$ 时二极管导通,二极管的电流迅速增大,但是其管压降不是立即下降,而是会出现一个快速的上冲,其原因是在开通过程中,二极管 PN 结的长基区注入了足够的少数载流子,发生电导调制需要一定的时间 t_r。该电压上冲会导致一个宽带的电磁噪声。而在关断时,存在于 PN 结长基区中的大量过剩少数载流子需要一定时间恢复到平衡状态,从而导致了很大的反向恢复电流。当 $t = t_1$ 时,PN 结开始反向恢复;在 $t_1 \sim t_2$ 时间内,其他过剩载流子,则依靠复合中心复合,回到平衡状态。这时管压降又出现一个负尖刺。通常 $t_2 \ll t_1$,所以该尖刺是一个非常窄的尖脉冲,产生的电磁噪声比开通时还要强。实际上,功率二极管反向脉冲电流的幅度、脉冲宽度和形状,与二极管本身的特性及电路参数相关。由于反向恢复电流脉冲的幅度和 $\mathrm{d}i_r/\mathrm{d}t$ 都很大,它们在引线电感和与其相连接的电路中,会产生很高的感应电压,从而造成强的宽频的瞬态电磁噪声。在高频开关电源、高频 DC/DC 谐振变换器以及功率因数校正电路等重复开关频率较高的功率变换器电路中,都要用到快速恢复二极管,它们的反向恢复时间通常在纳秒量级,因此它们通过引线电感造成的瞬态电磁噪声是不可忽视的。

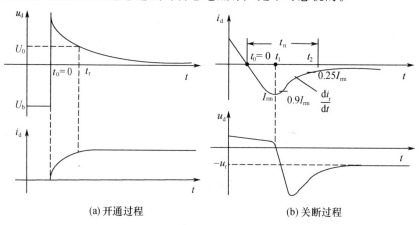

(a) 开通过程　　　　　　　　(b) 关断过程

图 7-1　功率二极管开通、关断过程中造成的瞬态电磁噪声

7.1.2　SCR、GTO、BJT、IGBT、MOSFET 开关过程造成的电磁噪声

从本质上说,SCR、GTO、BJT、IGBT、MOSFET 这些器件的开关过程与二极管类似,无论在开通或关断时,都会产生瞬态电压和电流,也会通过引线电感形成宽频的电磁噪声。但是基于这些开关器件自身的特性,从 EMI 的角度分析,它们彼此之间又有所差异。以 SCR 为例,由于它包含了 3 个 PN 结,因此其关断后的反向恢复电流,要比二极管小得多;而在开通时,由于门极触发的帮助,管压降要比二极管快得多。因此对 SCR 而言,开通时造成的电磁噪声,要比关断时大。图 7-2(a) 为 SCR 开通时电流、电压示意图,图 7-2(b) 为 SCR 产生的噪声电压与其电流的关系图。

GTO 开关过程中的阳极电压、电流波形及门极电压、电流波形如图 7-3 所

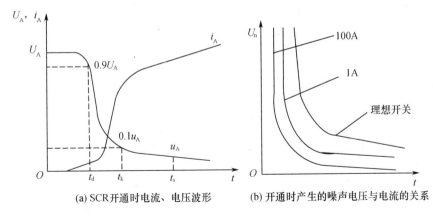

(a) SCR开通时电流、电压波形

(b) 开通时产生的噪声电压与电流的关系

图 7-2   SCR 的开关过程造成瞬态电磁噪声

示。从图中可见,它所造成的阳极电压、电流瞬态电磁噪声与 SCR 类似,但是,由于它依靠门极反向电流关断,门极的低电流增益(通常小于 5)导致了它在关断时,门极电流和电压也会产生陡峭的大电流和电压脉冲,有时还会因门极电路寄生电容和电感的影响而产生振荡。因此,门极电路产生的电磁噪声,常常变成 GTO 中 EMI 问题的主要方面。

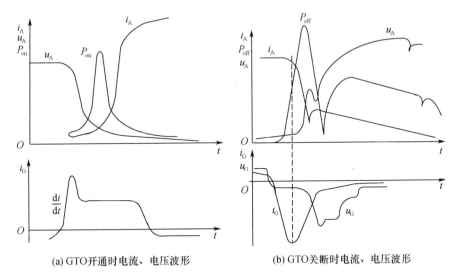

(a) GTO开通时电流、电压波形

(b) GTO关断时电流、电压波形

图 7-3   GTO 的开关过程造成瞬态电磁噪声

BJT 的情况与 GTO 类似,只是它的开关速度比 GTO 快,开关时间在微秒数量级,所以它的集电极电流和电压变化造成的瞬态电磁噪声要比 GTO 严重。

IGBT 开关速度比 BJT 更快(开关时间在几百纳秒至 1μs),所以其电流变化造成的瞬态电磁噪声比 BJT 更大,这里重点介绍 IGBT 开关暂态过程,以及开关暂态过程对电路的影响。

功率场效应管属于多子器件,不存在反向恢复问题,但是它的开关速度很高,开关过程中产生的 di/dt 可达到很高的数值,因而作用在电路中的寄生电感(电容)上,会产生很高的瞬态电压、电流和引起振荡。所以,它与高速数字脉冲电路中所用的高速门电路一样,产生的瞬态电磁噪声是不容忽视的。

1. IGBT 开关暂态过程的分析

要分析 IGBT 的开关暂态过程,就不能把 IGBT 看成理想开关器件。必须根据 IGBT 的内部结构构造出其等效的集总电路模型。图 7-4 所示为 IGBT 的基本结构,由 N 沟道 VDMOSFET 与双极型晶体管组合而成。IGBT 较 VDMOSFET 而言,具有很强的通流能力,这是因为 IGBT 导通时由 P$^+$ 注入区向 N$^-$ 漂移区发射电子,IGBT 又比 VDMOSFET 多一层 P$^+$ 注入区,形成了一个大面积的 P$^+$N 结 J$_1$,从而实现了对漂移区电导率的调制,这样就可以避免同时满足高耐压与低通态电阻之间的矛盾了。

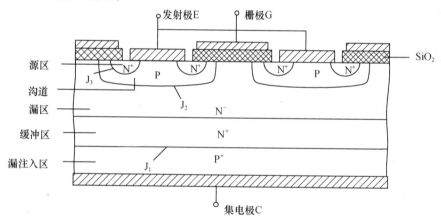

图 7-4 IGBT 结构示意图

图 7-5 所示为 IGBT 等效集总参数电路模型图,可以用来分析 IGBT 开通和关断瞬间的动态特性。其中:IGBT 用受控电流源来表示,并在该电流源的各端口间均设置寄生电容;用一个集总电感 L_S 来表示电路中的所有分布电感;假定负载为感性负载且电流连续,可以用一个恒定的电流源代表负载电流 I_L。下面在研究 IGBT 开关暂态过程时,将其分为开通、关断两个阶段分别进行讨论,并且建立不同的等效电路来对应于不同的阶段。

1)开通暂态过程

图 7-6 所示为 IGBT 开通在门极驱动电路参数不变时门极充电的波形,等效电路如图 7-7 所示。通常为了方便分析,把 IGBT 的开通过程分为四个阶段:开通延迟区、换流阶段、Miller 平台阶段和饱和导通。

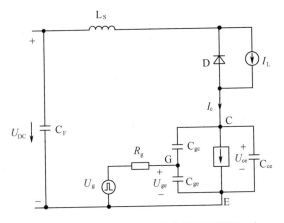

图 7 - 5 IGBT 等效集总参数电路模型

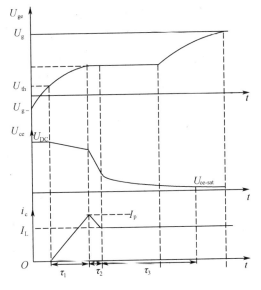

图 7 - 6 IGBT 开通暂态过程的示意波形

（1）开通延迟区：初始条件是 IGBT 处于断态，集电极和发射极承受直流母线电压 $U_{ce} = U_{DC}$，续流二极管 D 导通。当门极电压 U_g 加到门极和发射极之间时，栅极驱动电流给输入电容 C_{ies}（$C_{ies} = C_{gc} + C_{ge}$）正向充电，输入电容和 G、E 间的电压关系可表示为

$$U_{ge} = U_g(1 - e^{-t/R_g C_{ies}}) \qquad (7-1)$$

其开通延迟时间可表示为

$$t_d = R_g C_{ies} \ln(1 - U_{th}/U_g) \qquad (7-2)$$

由式（7-2）可以看出开通延迟时间主要取决于门极驱动电阻 R_g、导通门槛

电压值 U_{th}、驱动电压幅值 U_g 和输入电容值 C_{ies} 的大小。在此期间,IGBT 内部结电容的值保持不变。

（2）换流阶段:电流上升过程可由图 7-7 所示的 IGBT 开通暂态等效电路来分析。当门极和发射极之间的电压达到门槛电压值之后,集电极电流 i_c 开始上升,其上升斜率是影响二极管反向恢复的主要参数,同时也是决定开通损耗的主要因素。在 τ_1 阶段,集电极电流变化率为

$$\frac{\mathrm{d}i_c}{\mathrm{d}t}(\tau_1) = \frac{g_m(U_g - U_{th})}{R_g C_{ies} + g_m L_s} \tag{7-3}$$

式中:U_g 为门极电压;g_m 为跨导;U_{th} 为导通门槛电压值。

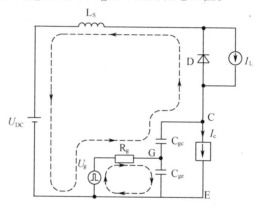

图 7-7 IGBT 开通暂态过程的等效电路

快速上升的集电极电流导致集电极电压的下降,集电极电压的变化为

$$\Delta U_{ce} = -L_s \frac{\mathrm{d}i_c}{\mathrm{d}t}(\tau_1) \tag{7-4}$$

在 τ_1 阶段,集电极电压变化率为

$$\frac{\mathrm{d}U_{ce}}{\mathrm{d}t}(\tau_1) = -L_s \frac{\dfrac{\mathrm{d}i_c}{\mathrm{d}t}(\tau_1)}{\mathrm{d}\tau_2} \tag{7-5}$$

快速二极管的反向恢复电流是高频电磁干扰产生的主要原因之一,集电极电流变化率会直接影响反向恢复电流的大小。集电极电流变化率和反向恢复电流率之间的关系为

$$I_{rr} = \sqrt{2\tau_{LT} I_L \frac{\mathrm{d}i_c}{\mathrm{d}t}(\tau_1)} \tag{7-6}$$

式中:I_{rr} 为反向恢复电流率;τ_{LT} 为快恢复二极管少数载流子寿命时间。

因此可以用下式来表示集电极电流的峰值,即

$$I_p = I_{rr} + I_L \tag{7-7}$$

在 τ_2 阶段,集电极电流开始下降,此时集电极电流变化率为

$$\frac{\mathrm{d}i_c}{\mathrm{d}t}(\tau_2) = -\frac{I_{rr}}{\tau_2} \qquad (7-8)$$

紧接着,二极管开关反向阻断电压发生在二极管反向恢复过程的后期,此时功率单元桥臂发生振荡,产生大量的电磁干扰。而集电极电压急剧下降,其电压变化率为

$$\frac{\mathrm{d}U_{ce}}{\mathrm{d}t}(\tau_2) = \frac{-1}{C_{cg}}\left\{ \frac{U_g - U_{th} - I_L/g_m}{R_g} + \frac{C_{ge}}{g_m}\frac{\mathrm{d}i_c}{\mathrm{d}t}(\tau_1) \right\} \qquad (7-9)$$

式中右侧的第一部分由门级电流决定,第二部分由集电极的电流变化率决定,很明显,引起高集电极、电压变化率的原因之一是集电极的电流变化率高。

(3) Miller 平台阶段:当集电极电流达到最大值时,集电极和发射极两端的电压 U_{ce} 开始迅速下降,电容 C_{gc} 在电压 U_{ce} 下降时期拖曳门级电流,其电容值随 U_{ce} 的下降而增加,门极与发射极之间的电压 U_{ge} 保持不变,这个阶段称为 Miller 平台。电容 C_{gc} 的放电时间直接决定了 Miller 平台的持续时间。Miller 平台阶段时间过长会导致电压 U_{ce} 的拖尾期延长,增加开通损耗。

(4) 饱和导通阶段:Miller 平台期结束以后,门极电压 U_{ge} 继续上升直到稳态值 U_g,集电极电压减小到饱和值 U_{ce-sat},IGBT 饱和导通,门极电流下降到零。

2) 关断暂态过程

关断暂态过程的电压和电流波形如图 7-8 所示,等效电路如图 7-9 所示。

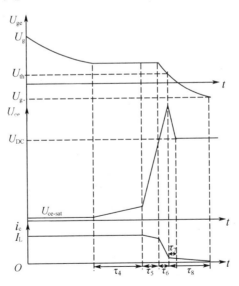

图 7-8　IGBT 关断暂态过程的示意波形

(1) 关断延迟区:电路初始条件为 IGBT 全导通,二极管 D 处于截止状态,

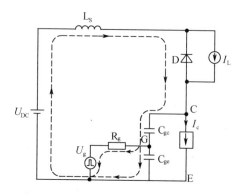

图 7 - 9   IGBT 关断暂态过程的等效电路

输入电压 U_g 突降,输入电容 C_{ies} 被反向充电,U_{ge} 下降,器件处于电阻区边缘,$i_c = I_o = $ 常数。

(2)电压上升阶段:图 7 - 8 中的 τ_4 和 τ_5 阶段。在 τ_4 开始阶段,U_{ce} 值很小,C_{gc} 值很大,集电极电压缓慢上升。非线性电容 C_{gc} 随着集电极电压的变化而变化,当 C_{gc} 达到一个稳态值时,集电极电压开始快速地上升,集电极电压的变化率为

$$\frac{\mathrm{d}U_{ce}}{\mathrm{d}t}(\tau_5) = \frac{U_{th} - U_{g-} + I_L/g_m}{R_g C_{gc}} \tag{7-10}$$

集电极电压变化引起高的集电极电压变化率,会给快恢复二极管的寄生电容 C_d 放电,引起集电极电流减小,减小的部分为

$$\Delta i_c = -C_d \frac{\mathrm{d}U_{ce}}{\mathrm{d}t}(\tau_5) \tag{7-11}$$

在 τ_5 阶段,集电极电流的变化率为

$$\frac{\mathrm{d}i_c}{\mathrm{d}t}(\tau_5) = -\frac{C_d \dfrac{\mathrm{d}U_{ce}}{\mathrm{d}t}(\tau_5)}{\tau_5} \tag{7-12}$$

(3)电流下降阶段:图 7 - 8 中的 τ_6 和 τ_7 阶段。当集电极电压等于母线电压 U_{DC} 时,快恢复二极管开始正向偏置导通。IGBT 的集电极电流开始飞快地减小,集电极电流的变化率为

$$\frac{\mathrm{d}i_c}{\mathrm{d}t}(\tau_6) = \frac{g_m U_{g-} - U_{th} - I_L/g_m}{R_g C_{ies} + g_m L_s} \tag{7-13}$$

电流下降产生高的集电极电流变化率,在 τ_6 后期,集电极电压发生过冲,若只考虑电路中的寄生电感而不考虑二极管的正向恢复电压,则集电极的电压变化为

$$\Delta U_{ce} = L_s \frac{\mathrm{d}i_c}{\mathrm{d}t}(\tau_6) \tag{7-14}$$

在 τ_7 阶段,集电极电压变化率为

$$\frac{\mathrm{d}U_{ce}}{\mathrm{d}t}(\tau_7) = -L_s \frac{\dfrac{\mathrm{d}i_c}{\mathrm{d}t}(\tau_6)}{\tau_7} \qquad (7-15)$$

(4)电流拖尾期:图 7 - 8 中的 τ_8 阶段,IGBT 进入拖尾期。此时,电流 i_c 处于跌落的后期,并且储存的电荷发生转移。IGBT 的运行条件和制造工艺决定了拖尾电流的大小。

(5)稳定关断期:当电压 U_{ge} 降到反向偏置值时,IGBT 到达稳定关断状态。

2. IGBT 开关暂态对电路的影响

为了更好地理解 EMI 噪声源的基本性质,首先讨论理想的脉冲电流和电压波形作用的 EMI。为了简化分析过程,一般采用方波信号来分析开关器件的输出电压谐波,而不考虑上升时间、下降时间对谐波频谱的影响。接下来分别分析方波信号和梯形波信号,从频域的角度分析上升、下降时间对谐波频谱的影响。

如图 7 - 10(a)所示矩形波,波形幅值为 A,周期为 T_s,占空比为 D。仿真时方波取周期为 $100\mu s$,占空比为 50% ,波形的频谱可以表示为式(7 - 16)至式(7 - 18):

$$x(t) = A \cdot D + \sum C_n \cdot \cos(n \cdot \omega_0 t + \varphi_n) \qquad (7-16)$$

$$C_n = 2A \cdot D \cdot \left| \frac{\sin(n\pi D)}{n\pi D} \right| \qquad (7-17)$$

$$\varphi_n = \pm n\pi D \qquad (7-18)$$

式中:C_n 为 n 次谐波幅值;φ_n 为 n 次谐波相角。

通过式(7 - 16)至式(7 - 18),可得方波的谐波频谱,如图 7 - 10(b)所示。幅值渐近线的大小可以表示为式(7 - 17)以及图 7 - 11(a)。从图中可以看出,渐近线斜率分别为 0dB/10 倍频程、- 20dB/10 倍频程,转折频率是 $1/\pi DT_s$,这说明占空比越大转折频率越低。用 Saber 仿真软件模拟幅度频谱图,如图 7 - 11(b)所示。

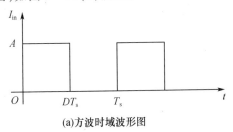

(a)方波时域波形图

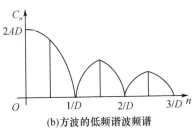

(b)方波的低频谐波频谱

图 7 - 10　方波时域波形图及低频谐波频谱

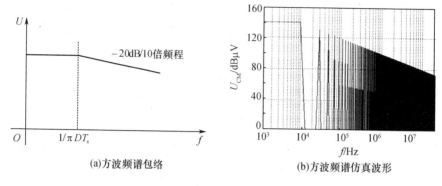

(a)方波频谱包络　　　　　　　　(b)方波频谱仿真波形

图 7 - 11　方波频谱包络及频谱仿真波形

实际应用中,开关器件不可能在瞬间开通或者关断。如图 7 - 12 所示的梯形波脉冲更接近实际的电流源和电压源波形。为了简化分析,假定上升时间 t_r 和下降时间 t_f 相等。这里,仿真时取周期为 100μs,占空比为 25%,梯形波的上升时间和下降时间都为 0.1μs。因此,梯形波渐近线的大小可以表示为式(7 - 19),从式(7 - 19),可以看出越低的上升和下降时间导致了低的转折频率,为 $1/\pi t_r$,同时高频信号的幅值也更小。

$$C_n = 2AD \left| \frac{\sin(n\pi D)}{n\pi D} \right| \cdot \left| \frac{\sin(n\pi t_r/T_s)}{n\pi t_r/T_s} \right| \qquad (7 - 19)$$

与矩形波对比,梯形波频谱的上升时间和下降时间引起的三个斜率为 0dB/10 倍频程、-20dB/10 倍频程、-40dB/10 倍频程,如图 7 - 12 所示。频谱包络有两个转折点:当频率低于 $1/\pi D$ 时,包络幅度基本不变;当频率在 $1/\pi D \sim 1/\pi t_r$ 范围内时,包络幅度按 -20dB/10 倍频程下降;当频率高于 $1/\pi t_r$ 时,包络幅度按 -40dB/10 倍频程下降。用 Saber 仿真软件模拟幅度频谱图,如图 7 - 13 所示,在小于 1MHz 的频率时,幅度频谱与方波的完全一样,其波形为正弦包络,幅度频谱包络在转折频率后以 40dB/10 倍频程下降。

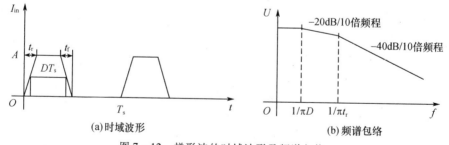

(a)时域波形　　　　　　　　　(b)频谱包络

图 7 - 12　梯形波的时域波形及频谱包络

方波和梯形波的分析能最基本地理解占空比和上升时间、下降时间对频域频谱的影响。实际上,器件开关暂态过程比梯形波要复杂得多,要想描述开关器

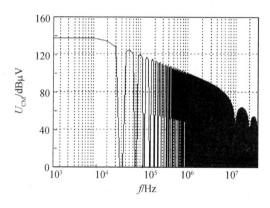

图 7 - 13　梯形波频谱仿真波形

件高频响应特性和内在特征,仅考虑单一斜率的电压和电流是不够精确的。因此,如果仅仅对电路中的电磁干扰进行定性分析和验证研究,简单的梯形波可以满足要求,但是,要想在预测精度上有所提高,并且实现高频电磁干扰的定量分析,就不能用简单的梯形波来近似表达了,这对于滤波器的设计工作也是达不到要求的。

　　在更多的实际应用中,器件开通和关断的斜率都是随着开关瞬间变化的,图 7 - 14 所示为实测的 IGBT 器件开通和关断波形。在上升和下降周期内包含有更多的斜率,如图 7 - 15(曲线 2)所示。与两种不同的单一斜率对比,在一定的频率范围内,多斜率波形的频谱渐近线的大小比陡峭的渐近线要小,而比慢的渐近线要高,如图 7 - 16 所示。脉冲宽度决定低频干扰电平,脉冲宽度越宽,则低频干扰电平越大。而较高频率的干扰电平由脉冲的上升时间和频率决定,如图 7 - 16 虚线所示,随着波形上升时间 t_r 的减小,高频的频谱幅度在增大,高频成分也在增加。因此从电磁干扰的角度,功率变换器中使用的开关器件应尽量不要使开关速度太快,脉冲的上升沿和下降沿也不要太陡,能满足要求即可。

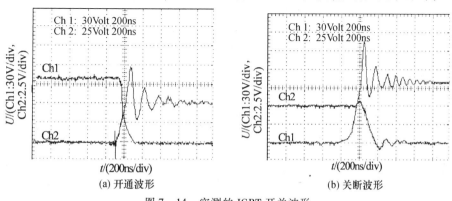

图 7 - 14　实测的 IGBT 开关波形

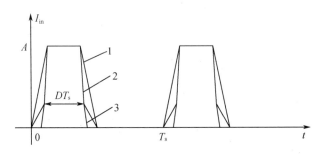

图 7 - 15　多斜率时域波形

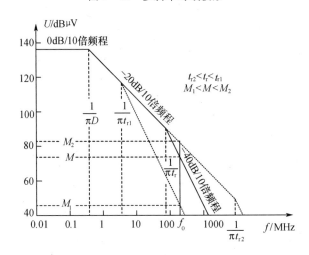

图 7 - 16　不同斜率频谱对比图

由于没有考虑到精确的上升时间和下降时间,因此简单地将噪声源用方波或者梯形波脉冲串代替将在一定的频率范围内丢失精确度。在实际应用中,开通和关断过程中变化的斜率很难从器件手册中获取,因为制造商只提供了一种开关状态下的上升时间和下降时间,而这恰恰与在实际中应用的是不同的。在近几年的研究中,为了同时考虑到 EMI 噪声和开关损耗,在设计门极驱动时,需要仔细考虑开关器件的开通和关断瞬间。

7.1.3　高速数字脉冲电路中门电路造成的开关电磁噪声

一块逻辑门数字集成电路工作时,只抽取几毫安的电流,似乎不会造成什么电磁噪声,但是,由于其开关速度很高,加上与它连接的那些导线的引线电感,使其成为不可忽视的电磁噪声源。当门电路的电流流过这些引线电感时,在它上面产生的电压 $u = L \mathrm{d}i/\mathrm{d}t$,其中,$L$ 是引线电感的数值,$\mathrm{d}i/\mathrm{d}t$ 是流过门电路的电流变化率。

如果一个典型的逻辑门,在"开通"状态,从直流电源抽取 5mA 的电流,而在"关断"状态抽取 1mA 的电流,则开关时刻的电流变化为 4mA,设其开关时间为 2ns,电源的引线电感为 500nH,当这个门开关转换时,在电源线上就会产生 $500 \times 10^{-9} \times \frac{4 \times 10^{-3}}{2 \times 10^{-9}} = 1V$ 的瞬态脉冲电压。综合考虑,这些门电路在工作时,电源线上产生的瞬态电压有时可高达数伏,远远超过其电源电压 5V。所以,对门电路在开关过程所造成的瞬态电磁噪声是必须认真考虑的。

7.1.4 PWM 控制策略产生的电磁噪声

1. 电磁噪声源

(1) $\mathrm{d}u/\mathrm{d}t$,在电力电子器件通断瞬间,电压的跳变会在电容上产生很大的充电或放电电流。由于实际的驱动电路和主电路都会有一些滤波电容,因此电路中还存在杂散分布电容。在大功率驱动系统中 $\mathrm{d}u/\mathrm{d}t$ 可达 6kV/μs,而通过 1nF 的电容就可以产生 6A 的瞬态电流脉冲,从而对系统产生严重的电磁干扰。

(2) $\mathrm{d}i/\mathrm{d}t$,在电力电子器件通断瞬间,电流的变化会在杂散电感上感应一个电压。在大功率驱动系统中,$\mathrm{d}i/\mathrm{d}t$ 可达 2kA/μs,而通过 30nH 的杂散电感就可以激励出 60V 的瞬态电压脉冲。同时存在较大 $\mathrm{d}i/\mathrm{d}t$ 的电流环路也是一个辐射源,会对空间产生电磁场辐射形成辐射干扰。

(3) PWM 信号自身,逆变器中产生的 PWM 波形除了有用的基波外,还含有丰富的高次谐波。目前,逆变器的开关频率从几千赫兹到几百千赫兹,谐波频率从几百千赫兹到几兆赫兹,由于高次谐波的存在,PWM 信号也会对周围设备产生电磁干扰。

(4) 控制电路,其输出的高频时钟脉冲波形,同样也会产生一定的电磁干扰,但由于控制电路的电压水平较低,所以产生的干扰较小。

(5) 两电平电压源型变频器在常规 PWM 控制方式下,其输出端 U、V、W 输出的电压尽管相位互差 120°,但三者之和并不为零,使之存在很高的共模电压(也就是零序电压),从而形成系统共模干扰的一部分。

(6) 非线性元件和电路也是干扰源之一,它们会使电路中的信号发生畸变,增加了信号中的高频成分,加重了系统的电磁干扰。

2. 噪声源频段

PWM 电机驱动系统所产生的干扰频带一般分为以下几个频段。

(1) 谐波段:频率范围为 0 ~ 2kHz。它增加了电网的损耗,使电压波形畸变,危害电网的正常运行,检验并消除这一范围的电磁噪声是独立于射频干扰问题的另一领域。一般通过电力有源/无源滤波器、无功补偿、多相或多重化等技术解决。

（2）音频段及射频段：频率范围为 16Hz ~ 20kHz、20 ~ 150kHz。目前对此频段还没有明确规定它的干扰发射限值。

（3）射频干扰频段：根据国际无线电特别委员会的规定，电子设备的电磁干扰的射频段，民用起始于 150kHz，通常分为 150kHz ~ 30MHz 的传导干扰和 30MHz ~ 3GHz 的辐射干扰两个波段。这两个波段的高频干扰传输方式不同，测量方法也不同。这两个波段的干扰与谐波段干扰的耦合方式、传播通道差别较大，分析方法和影响区别也大，是电磁干扰研究的重点内容。即 150kHz ~ 3GHz 的传导干扰是电机系统电磁干扰研究的重点内容。

3. 电机系统中 PWM 控制策略产生的电磁干扰

对于电力电子装置的 EMI 发射源，国内外学者进行了大量的研究，其中与传导共模干扰源有关的结论主要有，传导共模 EMI 主要是由功率开关管开关动作时所形成的 du/dt，及其对地寄生电容引起的。具体地说，就是传导共模 EMI 主要是由 du/dt 通过装置中的开关器件、金属引线、机壳等元器件对地寄生电容的充电、放电产生的。另外，由前面的分析可知，PWM 功率变换器除了输出的 PWM 脉冲波具有较高 du/dt 以外，所输出的高频共模电压也具有较高 du/dt。由此可见 PWM 电机驱动系统中传导共模 EMI 的干扰源主要是功率开关器件高速通断所产生的 du/dt、功率变换器所产生的共模电压，以及它们带来的电压、电流尖峰。

从电磁学的观点讲，系统能够产生电磁发射，并形成电磁干扰的原因是功率开关器件开关动作瞬间电压、电流突变所形成的高频电磁场在系统内部和外部复杂媒质中传播时所形成的电磁效应。这种电磁效应的时域表现是电压、电流的瞬间突变，即出现毛刺现象，它破坏了时域信号的完整性。而频域表现则是电压、电流频谱中出现了高频谐波成分，如图 7 - 17、图 7 - 18 所示。

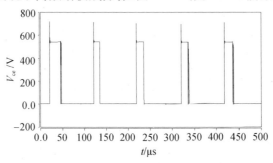

图 7 - 17　IGBT 开通与关断时管压降仿真波形

图 7 - 17、图 7 - 18 所示为通过 Saber 仿真获得的 IGBT 开通与关断瞬间发射极和集电极之间电压变化的时域仿真波形和频谱。由图可见，开关管的每一次开关动作都有电压尖峰伴随，所对应的频谱含有大量的高频成分。图 7 - 19 所

100

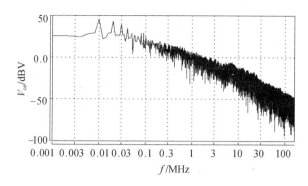

图 7 – 18　IGBT 开通与关断时管压降对应的频谱

示为通过电磁场计算软件 ANSYS 获得的 30MHz 脉冲电流通过导线时形成的电磁场模拟结果。通过该模拟结果可知,电磁场覆盖了两侧的导线,于是根据电磁感应定律可知,两侧的导线必然由此产生感应电压,从而形成了导线间的串扰。图 7 – 20所示实验波形为 PWM 电机驱动系统工作时电网侧相电压出现的干扰毛刺。

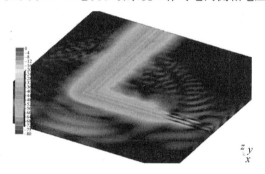

图 7 – 19　导线中高频电流所产生的电磁场

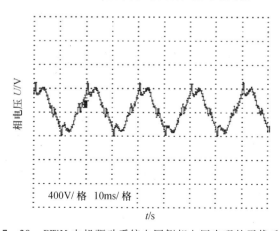

图 7 – 20　PWM 电机驱动系统电网侧相电压出现的干扰毛刺

7.2　PWM 电机驱动系统共模电压的产生机理

对于 PWM 电机驱动系统,由于 PWM 功率变换器与感应电机绕组之间是通过电缆直接连接的,所以感应电机侧的共模电压就是 PWM 功率变换器所输出的共模电压。为此本节首先分析三相两电平电压源型 PWM 功率变换器输出端的共模电压,以便为构建感应电机高频共模等效电路提供前提条件。

虽然目前国际上对 PWM 电机驱动系统的共模电压还没有明确的定义,但可以依据单相系统和直流系统的定义(每个导体与规定参考点(通常是地或机壳)之间的相电压的平均值),将 PWM 功率变换器输出端中点对参考地的电位定义为系统共模电压。于是,功率变换器所输出的共模电压可以通过测量感应电机星接绕组中性点对参考地的电位获得,而对于电机绕组为三角形连接的系统,可以通过人为设置一个假中点,再进行测量获得。

7.2.1　三相整流桥产生的共模电压

对于常规 PWM 电机驱动系统,它由不可控的二极管整流环节、滤波电容、逆变环节、电缆和感应电机等主要部分组成,电路结构如图 7-21 所示。

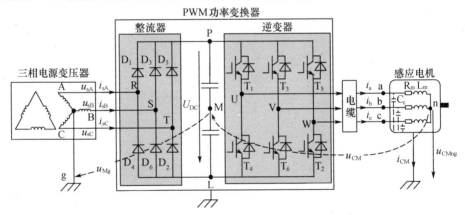

图 7-21　两电平电压源 PWM 电机驱动系统

设直流母线钳位中点为"M",则对于图 7-21 所示系统有下列方程存在,即

$$u_{PM} = \frac{U_{DC}}{2} \tag{7-20}$$

$$u_{Mg} = u_{Pg} - u_{PM} \tag{7-21}$$

$$u_{PL} = u_{Pg} - u_{Lg} = U_{DC} \tag{7-22}$$

式(7-20)、式(7-21)和式(7-22)中:U_{DC} 表示整流桥输出端两直流母线间电

压;u_{PM}表示正直流母线与直流母线钳位中点"M"之间的电位;u_{Mg}表示直流母线钳位中点"M"对系统接地点"g"之间的电位;u_{Pg}表示正直流母线对系统接地点"g"的电位;u_{Lg}表示负直流母线对系统接地点"g"的电位。

根据式(7−20)、式(7−21)和式(7−22)可得

$$u_{Mg} = \frac{u_{Pg} + u_{Lg}}{2} \qquad (7-23)$$

于是,由式(7−23)可见,三相整流桥直流母线钳位中点对系统接地点"g"的电位并不为零。

根据共模电压的基本定义可知,如果此时以大地为参考点,那么电压 u_{Mg} 就是三相整流桥输出的共模电压,即三相整流桥直流母线钳位中点"M"对系统接地点"g"存在着共模电压。该共模电压的仿真波形和对应的频谱如图7−22所示(仿真软件采用 Saber),其傅里叶级数展开式为

$$u_{Mg} = \frac{3\sqrt{2}}{8\pi} U_{AB} \sin(3\omega t) + \frac{3\sqrt{2}}{80\pi} U_{AB} \sin(9\omega t) + \cdots \qquad (7-24)$$

式中:ω 为三相整流桥交流输入电压的基波频率,对工频电网 $\omega = 2\pi \times 50$;U_{AB} 为三相整流桥交流输入线电压。

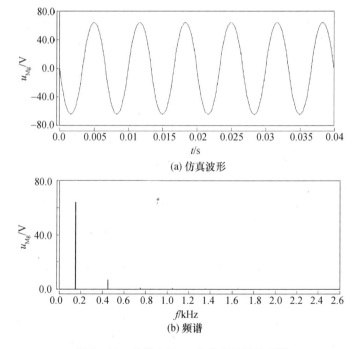

(a) 仿真波形

(b) 频谱

图7−22 共模电压 u_{Mg} 的仿真波形及频谱

7.2.2　三相逆变器产生的共模电压

对于图 7-21 所示的拓扑电路,依据基尔霍夫电压定律可得

$$
\begin{cases}
u_{ag} - u_{CMng} = R_m i_a + L_m \dfrac{di_a}{dt} \\[2mm]
u_{bg} - u_{CMng} = R_m i_b + L_m \dfrac{di_b}{dt} \\[2mm]
u_{cg} - u_{CMng} = R_m i_c + L_m \dfrac{di_c}{dt}
\end{cases}
\qquad (7-25)
$$

将式(7-25)中的三个方程相加可得

$$
(u_{ag} + u_{bg} + u_{cg}) - 3u_{CMng} = \left(R_m + L_m \frac{d}{dt} \right)(i_a + i_b + i_c) \qquad (7-26)
$$

式(7-25)、式(7-26)中:u_{ag}、u_{bg}、u_{cg} 分别表示感应电机输入端 a、b、c 对系统接地点"g"的电位;u_{CMng} 表示感应电机绕组中性点对系统接地点"g"的电位,即感应电机端对系统接地点的共模电压;i_a、i_b、i_c 分别表示流经感应电机绕组的电流瞬时值;R_m、L_m 分别表示感应电机每相绕组的电阻、电感。

对于三相对称感应电机,由于存在 $i_a + i_b + i_c \approx 0$,于是由式(6-27)可得

$$
u_{CMng} = \frac{u_{ag} + u_{bg} + u_{cg}}{3} \qquad (7-27)
$$

而由图 7-21 所示拓扑电路可知,电机端电压还可表示为

$$
\begin{cases}
u_{ag} = u_{aM} + u_{Mg} \\
u_{bg} = u_{bM} + u_{Mg} \\
u_{cg} = u_{cM} + u_{Mg}
\end{cases}
\qquad (7-28)
$$

式中:u_{aM}、u_{bM}、u_{cM} 分别表示感应电机输入端 a、b、c 对直流母线钳位中点"M"的电压。

于是将式(7-28)代入式(7-27)可得

$$
u_{CMng} = \frac{u_{aM} + u_{bM} + u_{cM}}{3} + u_{Mg} \qquad (7-29)
$$

如果 PWM 功率变换器与电机之间为短电缆连接,则有电机端电压与 PWM 功率变换器输出端电压相等,即

$$
\begin{cases}
u_{aM} = u_{UM} \\
u_{bM} = u_{VM} \\
u_{cM} = u_{WM}
\end{cases}
\qquad (7-30)
$$

式中:u_{UM}、u_{VM}、u_{WM} 分别表示 PWM 功率变换器输出端 U、V、W 对整流桥侧直流母线钳位中点"M"的电压。

于是将式(7-30)代入式(7-29)可得

$$u_{CMng} = \frac{u_{UM} + u_{VM} + u_{WM}}{3} + u_{Mg} \qquad (7-31)$$

再设

$$u_{CM} = \frac{u_{UM} + u_{VM} + u_{WM}}{3} \qquad (7-32)$$

于是式(7-32)中的 u_{CM} 即为 PWM 功率变换器输出的共模电压(对整流桥侧直流母线钳位中点"M"的电压)。

由式(7-31)可得,当感应电机由三相对称正弦电压直接驱动时,电机端共模电压为零。当感应电机采用三相两电平电压源型 PWM 功率变换器驱动时,电机端将总是存在着非零的共模电压。

对于三相两电平 PWM 功率变换器,在任何瞬间都有三个开关器件导通,共计 8 个开关状态,见表 7-1。表中"0"表示某桥臂的开关器件上桥臂截止,下桥臂导通;"1"表示上桥臂导通,下桥臂截止。于是根据式(7-32)和表 7-1 可得 PWM 功率变换器输出的共模电压 u_{CM} 的大小为

$$u_{CM} = \begin{cases} \pm\dfrac{U_{DC}}{2} & S_0 \text{ 和 } S_7 \text{ 状态} \\ \pm\dfrac{U_{DC}}{6} & \text{其他状态} \end{cases} \qquad (7-33)$$

其典型波形如图 7-23 所示。

表 7-1 开关状态所对应的共模电压

状态编号	状态	u_{UM}	u_{VM}	u_{WM}	u_{CM}
S_0	0 0 0	$-\dfrac{U_{DC}}{2}$	$-\dfrac{U_{DC}}{2}$	$-\dfrac{U_{DC}}{2}$	$-\dfrac{U_{DC}}{2}$
S_1	0 0 1	$-\dfrac{U_{DC}}{2}$	$-\dfrac{U_{DC}}{2}$	$\dfrac{U_{DC}}{2}$	$-\dfrac{U_{DC}}{6}$
S_2	0 1 1	$-\dfrac{U_{DC}}{2}$	$\dfrac{U_{DC}}{2}$	$\dfrac{U_{DC}}{2}$	$\dfrac{U_{DC}}{6}$
S_3	0 1 0	$-\dfrac{U_{DC}}{2}$	$\dfrac{U_{DC}}{2}$	$-\dfrac{U_{DC}}{2}$	$\dfrac{U_{DC}}{6}$
S_4	1 1 0	$\dfrac{U_{DC}}{2}$	$\dfrac{U_{DC}}{2}$	$-\dfrac{U_{DC}}{2}$	$\dfrac{U_{DC}}{6}$
S_5	1 0 0	$\dfrac{U_{DC}}{2}$	$-\dfrac{U_{DC}}{2}$	$-\dfrac{U_{DC}}{2}$	$-\dfrac{U_{DC}}{6}$
S_6	1 0 1	$\dfrac{U_{DC}}{2}$	$-\dfrac{U_{DC}}{2}$	$\dfrac{U_{DC}}{2}$	$\dfrac{U_{DC}}{6}$
S_7	1 1 1	$\dfrac{U_{DC}}{2}$	$\dfrac{U_{DC}}{2}$	$-\dfrac{U_{DC}}{2}$	$\dfrac{U_{DC}}{2}$

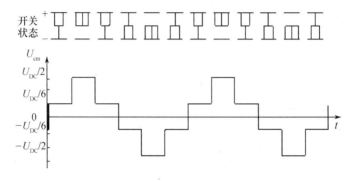

图 7 - 23 以直流母线中点为参考的共模电压波形

图 7 - 24 所示波形为以直流母线钳位中点"M"为参考点时,PWM 功率变换器输出相电压及共模电压的仿真波形。图 7 - 25 所示波形为以系统接地点"g"为参考点时,PWM 功率变换器输出的共模电压仿真波形。

比较图 7 - 24 和图 7 - 25 可见,以系统接地点为参考点,且功率变换器交流输入为工频正弦电压时,共模电压 u_{CMn} 含有频率为 150Hz(3 倍基波)包络线,这是由于系统接地点与直流母线钳位中点之间存在着频率为 150Hz 的共模电压(三相整流桥产生的共模电压),该电压的仿真波形见图 7 - 22。

7.2.3 长电缆连接时电机端共模电压的瞬时过电压

在实际工程应用中,功率变换器与电机之间通常都存在着长电缆连接,受脉冲上升时间、电缆参数、感应电机等效阻抗等因素的影响,高频电压会出现反射,进而使电机端电压在电平转换瞬间出现瞬时过冲现象(瞬时过电压),而且数值最大时可以达到逆变器相电压的 2 倍,于是有

$$\begin{cases} \hat{u}_{aM} = 2\hat{u}_{UM} \\ \hat{u}_{bM} = 2\hat{u}_{VM} \\ \hat{u}_{cM} = 2\hat{u}_{WM} \end{cases} \tag{7-34}$$

将式(7 - 34)代入式(7 - 33)得

$$\hat{u}_{CM-M} = \frac{2}{3}(\hat{u}_{UM} + \hat{u}_{VM} + \hat{u}_{WM}) = 2\hat{u}_{CM} \tag{7-35}$$

同理有

$$\hat{u}_{CMng} = \frac{2}{3}(\hat{u}_{UM} + \hat{u}_{VM} + \hat{u}_{WM}) + u_{Mg} = 2\hat{u}_{CM} + u_{Mg} \tag{7-36}$$

式(7 - 34)、式(7 - 35)、式(7 - 36)中:$\hat{u}_{aM}$、$\hat{u}_{bM}$、$\hat{u}_{cM}$、$\hat{u}_{UM}$、$\hat{u}_{VM}$、$\hat{u}_{WM}$ 分别表示对应于 PWM 输出脉冲波电平转换瞬间感应电机端的瞬时电压值和 PWM 输出脉冲波瞬时电压值;$\hat{u}_{CM}$、$\hat{u}_{CM-M}$、$\hat{u}_{CMng}$ 分别表示相对于不同参考点 PWM 输出脉冲

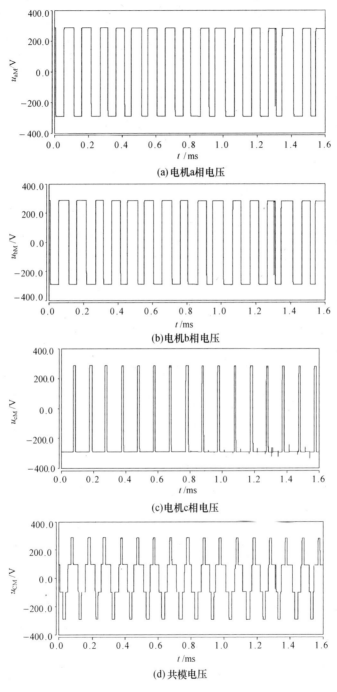

(a)电机a相电压

(b)电机b相电压

(c)电机c相电压

(d)共模电压

图 7-24   电机相电压及共模电压仿真波形

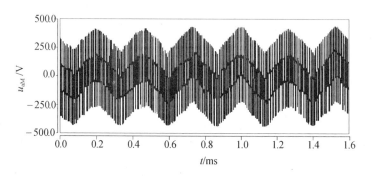

图 7 - 25   参考点为大地时共模电压仿真波形

波电平转换瞬间共模电压瞬时值。

于是,由式(7 - 36)可得出:如果 PWM 功率变换器与电机之间存在长电缆连接,那么感应电机端共模电压同样也会出现反射现象,使感应电机端共模电压的高频成分在电平转换瞬间出现电压瞬时值增大,而且最大值可以达到功率变换器端共模电压输出值的 2 倍。图 7 - 26 所示为 PWM 功率变换器与电机之间采用 100m 长电缆连接时感应电机端的共模电压仿真波形。

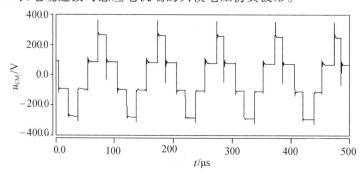

图 7 - 26   长电缆连接时的电机端共模电压仿真波形

由上述分析及公式(7 - 33)可见,三相两电平电压源型 PWM 功率变换器输出的共模电压是一种与功率器件开关频率相同,且幅值在 $0.167U_{DC}$ 和 $\pm 0.5U_{DC}$ 直流母线电压,这 4 个值之间随开关器件导通状态的不同而不断跳变的四电平阶梯波。由于波形变化频率与变频器开关频率相同,电平跳变的频率为开关频率的 6 倍,因此,两电平 PWM 功率变换器输出的共模电压也是一种高频电压,同样存在着较高的 du/dt。

同样根据共模电压的定义,仿照对三相功率变换器共模电压的描述方法,也可获得单相功率变换器及三相四桥臂功率变换器共模电压的计算方法,计算公式分别为式(7 - 37)和式(7 - 38),即

$$u_{CM} = \frac{u_N + u_L}{2} \tag{7-37}$$

$$u_{CM} = \frac{u_a + u_b + u_c + u_d}{4} \tag{7-38}$$

7.2.4 共模电压的傅里叶分析

三相变频器输出的三相相电压的傅里叶展开式为

$$\begin{cases} u_U = \dfrac{U_{DC}}{2}\left\{ a\sin(\omega_1 t) + \displaystyle\sum_{n=1}^{\infty} \left(\dfrac{4}{n\pi} \right) \sin\left[\dfrac{an\pi}{2}\sin(\omega_1 t) + \dfrac{n\pi}{2} \right] \cos(n\omega_s t) \right\} \\[4mm] u_V = \dfrac{U_{DC}}{2}\left\{ a\sin(\omega_1 t + 120°) + \right. \\[3mm] \qquad \left. \displaystyle\sum_{n=1}^{\infty} \left(\dfrac{4}{n\pi} \right) \sin\left[\dfrac{an\pi}{2}\sin(\omega_1 t + 120°) + \dfrac{n\pi}{2} \right] \cos(n\omega_s t) \right\} \\[4mm] u_W = \dfrac{U_{DC}}{2}\left\{ a\sin(\omega_1 t + 240°) + \right. \\[3mm] \qquad \left. \displaystyle\sum_{n=1}^{\infty} \left(\dfrac{4}{n\pi} \right) \sin\left[\dfrac{an\pi}{2}\sin(\omega_1 t + 240°) + \dfrac{n\pi}{2} \right] \cos(n\omega_s t) \right\} \end{cases}$$

$$\tag{7-39}$$

式中：u_U、u_V、u_W 为变频器输出相电压；u_{DC} 为直流母线电压；a 为调制深度；ω_1 为调制波角频率；ω_s 为载波角频率。

式(7-39)中：第一项是角频率为 ω_1 的基波成分，输出相电压的基波幅值为 $a\dfrac{U_{DC}}{2}$；第二项为谐波成分，利用贝塞尔函数可以得到共模电压的傅里叶表达式，即

$$\begin{cases} u_{CMI} = \displaystyle\sum_{n=1}^{\infty} (-1)^{\frac{(n-1)}{2}} \dfrac{U_{DC}}{2}\left(\dfrac{4}{n\pi} \right) \left\{ J_0\left(\dfrac{an\pi}{2} \right)\cos(n\omega_s t) + \right. \\[4mm] \qquad \left. 3\displaystyle\sum_{n=1}^{\infty} J_k\left(\dfrac{an\pi}{2} \right)\left[\cos(n\omega_s + k\omega_1)t + \cos(n\omega_s - k\omega_1)t \right] \right\} \\[3mm] \qquad n = 1,3,5,\cdots; k = 6l; l = 1,2,3,\cdots \\[4mm] u_{CMI} = 3\displaystyle\sum_{n=2}^{\infty} (-1)^{\frac{n}{2}} \dfrac{U_{DC}}{2}\left(\dfrac{4}{n\pi} \right) \left\{ J_k\left(\dfrac{an\pi}{2} \right)\left[\sin(n\omega_s + k\omega_1)t + \sin(n\omega_s - k\omega_1)t \right] \right\} \\[3mm] \qquad n = 2,4,6,\cdots; k = 6l-3; l = 1,2,3,\cdots \end{cases}$$

$$\tag{7-40}$$

由式(7-40)可以得出如下结论，即在调制波为正弦波的情况下，三相变频器输出共模电压的基波和谐波的幅值分别如下：

(1) 基波成分(频率为 ω_1 的成分)幅值为 0,即共模电压中不含频率为调制波频率的成分。

(2) 谐波成分:载波频率 ω_s 奇数倍处存在谐波,幅值为 $\frac{U_{DC}}{2} \cdot \frac{4}{n\pi} J_0\left(\frac{an\pi}{2}\right)$,偶数倍处无谐波;在角频率为 $n\omega_s \pm k\omega_1$ 处存在谐间波,振幅为

$$\frac{U_{DC}}{2} \cdot \frac{12}{n\pi} J_k\left(\frac{an\pi}{2}\right), \begin{cases} n=1,3,5,\cdots 时,k=6l \\ n=2,4,6,\cdots 时,k=6l-3 \end{cases} \quad (l=1,2,3,\cdots)$$

$$(7-41)$$

其含义是,共模电压是以载波 $n\omega_s$ 为中心,边频 $\pm k\omega_1$ 分布其两侧,幅值两侧对称衰减的谐波。

(3) 共模电压的谐波幅值不随载波频率大小的变化而变化,但随载波频率的变化而发生相应的移动,且一倍载波频率处的谐波幅值最大。

7.3 电机系统传导干扰的传播途径

电磁干扰的传播途径是指将电磁干扰能量传输到受干扰设备的通路或媒介。从电路设计上讲,传导共模 EMI 传播途径并不是人为设计的直接闭合回路,它是一个极其复杂的电磁网络,甚至有时可能无法用一个简单的电路来描述。

PWM 驱动电机系统元器件繁多,布局复杂,所以器件与器件之间存在着大量的分布参数,功率器件与装置中其他部分相互耦合可为传导干扰提供传播路径。系统的布局不同其耦合程度也不同,使得原本复杂的系统显得更加杂乱,要想详细地分析各部分对电机系统干扰的影响十分困难。为便于分析,根据传导干扰传播路径及耦合通道的不同可以把 PWM 驱动电机系统的传导干扰又分为差模干扰和共模干扰两种,传播路径如图 7-27 所示。

7.3.1 功率变换侧共模 EMI 的传播途径

在 PWM 功率变换系统中,为保证开关管工作时不会因过热而失效,都要对其安装散热器,并且为防止短路,开关管的金属外壳与散热器之间通过导热绝缘介质相隔离,同时散热器又是通过机箱接地,于是,在功率开关器件与散热器之间就形成了一个较大的寄生电容。当逆变器正常工作时,随着每相桥臂上、下开关管的轮流开通,桥臂中点电位会随之发生准阶跃变化。如果从 EMI 角度看该现象,那么 3 个桥臂所输出的电压就是 3 个 EMI 干扰源,而且每个开关动作时都会对功率开关器件与散热片之间的寄生电容进行充、放电,形成共模 EMI 电流(漏电流),其大小为

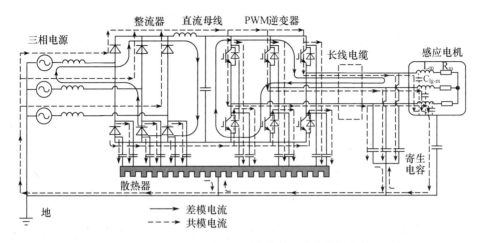

图 7 - 27　PWM 驱动电机系统传导干扰的传播途径

$$i_{hCM} = C_{hT} \frac{du}{dt} \approx C_{hT} \frac{U_{DC}}{(t_r + t_d)} \qquad (7-42)$$

式中：i_{hCM} 表示流经每个桥臂的共模 EMI 电流（漏电流）；C_{hT} 表示每个功率开关器件与散热片之间的寄生电容；U_{DC} 表示功率变换器整流桥侧直流母线电压；t_r、t_d 分别表示功率开关器件的开通与关断时间（主要是指电压上升和下降时间）。

整流器桥与散热片之间的共模 EMI 电流与逆变器侧的情况一样，只不过是其变化没有逆变器侧的频率高。

7.3.2　感应电机侧共模 EMI 的传播途径

对于 PWM 电机驱动系统，由前面的分析可知感应电机定子绕组与电机外壳之间同样具有较大的寄生电容，并且出于安全考虑电机机壳又是与大地相连接的，于是具有很高 du/dt 的高频共模电压就会对这些寄生进行电容充、放电，从而形成电机侧的共模 EMI 电流。另外，如果变频器与电机之间存在长电缆连接，也会通过电缆与地之间分布电容耦合形成共模 EMI 电流。

共模 EMI 电流的返回路径包括系统变压器中性点和功率变换器电网侧连接电缆的对地分布电容。其中主要流通路径是系统变压器中性点的接地电缆，并且根据变压器中性点的电缆连接形式的不同，共模电流的幅值也有所不同。当变压器中性点通过电缆直接接地时，返回共模 EMI 电流就会相对较大；反之，通过电阻连接时就会小一些。通过功率变换器电网侧电缆对地分布电容返回的共模 EMI 电流与分布电容的大小有关。因此，PWM 电机驱动系统共模 EMI 电流的流通途径可以用图 7 - 27 表示。

由图 7 - 27 所示的传导共模 EMI 电流流通路径可见，正是由于传导共模 EMI 电流存在系统外部分量（经大地及公共 PE 线流出的共模 EMI 电流），才导致了系统的对外干扰。也正是这个原因,才有了对电力电子设备的强制 EMC 标准,以规范系统传导 EMI 的对外发射强度。

总之,PWM 电机驱动系统产生传导共模 EMI 的主要原因是功率开关器件高速通断所产生的 du/dt、di/dt 和功率变换器所输出的高频共模电压。而共模 EMI 电流的形成是一个非常复杂的过程,它与很多因素有关,如与电缆的长度与规格、变换器的结构与工艺、脉冲触发方式、设备安装形式以及系统接地点的大地导电特性等因素有关。功率变换器所输出的高频共模 EMI 电压、共模 EMI 电流对电气系统的安全运行有着严重的危害,并且它也是 PWM 电机驱动系统传导 EMI 发射强度高于其他电子、电气系统传导 EMI 发射强度的一个主要原因。

第8章 电机系统主要部件的 高频等效模型

由于所有的电子元器件和互连线都会存在非设计(寄生)电路单元,如寄生电阻、寄生电感、寄生电容。这些寄生电路单元的电气特性会随着频率的升高而逐渐增强,这使得元器件在低频时所表现的特性反而会随着频率的升高而逐渐减弱。所以在分析和建立预测传导干扰模型时,必须考虑电路中无源器件高频时所具有的非理想特性。

8.1 PWM 功率变换器的高频模型

一体化电机系统中的功率器件多为 MOSFET 和 IGBT,容量稍大的电机系统一般都用 IGBT 作为变流开关器件。而且常用的 IGBT 结构中都集成了一个 MOSFET 和 BJT。所以本书的一体化电机系统开关器件以 IGBT 作为研究的主要对象,来建立其高频的传导干扰模型。

在针对 PWM 电机驱动系统 EMI 进行仿真分析时,功率开关器件 IGBT 的模型通常可以采用 Pspice、Saber 等仿真软件所提供的高频模型,但是由于 IGBT 集电极和发射极的寄生电感、寄生电阻影响着传导 EMI 的发射强度,所以 IGBT 集电极和发射极的寄生电感、寄生电阻、DC 整流桥及 IGBT 模块与散热器之间的寄生电容必须考虑。图 8-1 所示为功率变换器一个桥臂上的寄生参数分布情况,图中:R_{loc}、L_{loc}、R_{loe}、L_{loe} 分别表示 IGBT 集电极和发射极的寄生电阻、寄生电感,大小可以通过 IGBT 的外部实验确定;R_{log}、L_{log} 分别表示 IGBT 栅极触发脉冲引线的寄生电阻、寄生电感;C_{hT} 表示一个 IGBT 模块与散热器之间的寄生电容。整流桥及 IGBT 模块与散热器之间的寄生电容主要影响功率变换器侧的共模 EMI 电流,其大小可以在 6 个 IGBT 及 DC 整流桥与输入/输出电缆断开时通过 LCR 表或阻抗分析仪测量获得,也可以通过电磁场数值计算的方法获得。

图 8-2 所示为三相整流桥、IGBT 模块寄生参数分布情况,图中:C_{hD_1}、C_{hD_2}、C_{hD_3}、C_{hD_4}、C_{hD_5}、C_{hD_6} 分别为整流二极管 D_1、D_2、D_3、D_4、D_5、D_6 与散热器之间的寄生电容;C_{hT_1}、C_{hT_2}、C_{hT_3}、C_{hT_4}、C_{hT_5}、C_{hT_6} 分别为 IGBT 模块 T_1、T_2、T_3、T_4、T_5、T_6 管与散热器之间的寄生电容;C_{hP}、C_{hL} 分别为两条直流母线与散热器之间的寄生电容。

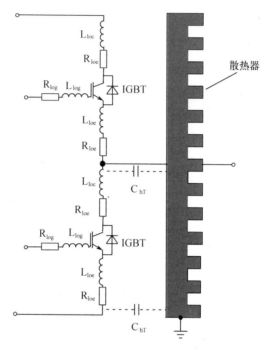

图 8-1　IGBT 逆变器一个桥臂的寄生参数

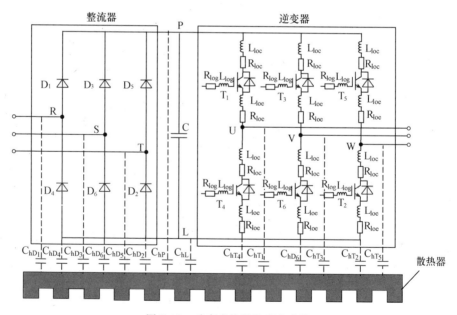

图 8-2　功率变换器的寄生参数

114

8.2　PWM 电机驱动系统中长线电缆的高频等效模型

很多工业应用中,如油田钻井、海底勘探等,采用 PWM 调制策略的功率变换器与电机常在不同的安装位置,需要较长的电缆线把功率变换器输出的脉冲电压传输给电机负载,甚至在有的应用场合,长线电缆可以长达几千米。从电磁波的角度对长线电缆进行分析,长线电缆上存在着大量的分布电容和电感,这就是长线电缆的分布参数特性。分布参数的存在必然会使电缆线上出现行波,一旦电机的等效阻抗与电缆的波阻抗不相匹配时,反射现象就会出现在电机终端。在电机端产生的过电压就是反射波电压与入射波电压的叠加,同时出现高频阻尼振荡,加剧电动机绕组的绝缘压力。研究表明,这种反射现象与功率变换器输出脉冲的上升时间以及电缆的长度有关。一般,PWM 脉冲的传输速度约为光速的 1/2,功率变换器将脉冲传输给电机,当脉冲上升时间不足脉冲传输时间 3 倍时,电机端发生全反射,使电压近似加倍,从而使电动机的绝缘迅速老化甚至击穿。

本节将分析长线传输时电压反射现象的机理及其造成的电机端过电压,并建立长线电缆的高频传输线模型,以便建立精确预测 PWM 驱动电机系统传导电磁干扰的模型。

8.2.1　传输线理论分析

对于采用三相工频正弦对称电压驱动的传统电机驱动系统,在电缆中传输的是频率为 50Hz 的低频信号,对于这种低频电路,从理论和实际应用的角度,可以将此时的电缆当成是理想传输线,不考虑损耗也不考虑电容和电感效应,因为系统中的电场能量和磁场能量全部集中在电容和电感中。但是在 PWM 驱动电机系统中,电缆中传输的是高频脉冲信号,此时再将电缆当成是理想传输线处理已经不能满足要求了,必须考虑电缆传输线中的分布参数包括分布电感和分布电容等。这是因为在电缆长度较长,与传输线行波波长在一个数量级上时,电缆的分布参数也与系统电路中的电感和电容在一个数量级上,所以不能忽略电缆本身的分布参数,此时对电缆的处理方法是建立包含分布参数的传输线模型,可以将其看作是由无数段的分布电阻、分布电感、分布电导以及分布电容级联而成。如图 8-3 所示为单相双线无损传输线模型。

因为分布参数电路的电磁暂态过程属于电磁波传播过程,即波过程。电缆中的分布参数可以通过有关场量求出,虽然这些参数与电磁量无关,仅与其电缆几何尺寸、周围媒质的物理特性及相互空间位置有关。图 8-3 中所示的传输线模型由多个微小几何长度的单元级联而成,Δx 表示一个级联单元的几何长度,每一个级联单元都包含各个分布参数:分布电感 L_0、分布电阻 R_0、分布电容 C_0 以及分布电导 G_0。

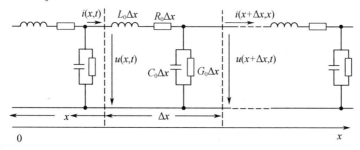

图 8 - 3　单相双线无损传输线模型

当功率变换器和电机之间采用长线电缆传输功率变换器发出的 PWM 脉冲电压时,在长线电缆上,电压 u 和 i 作为被传输的行波必然满足波动方程,对无损传输线,波动方程可以表示为

$$\frac{1}{L_0 C_0}\frac{\partial^2 u}{\partial x^2}=\frac{\partial^2 u}{\partial t^2} \qquad (8-1)$$

$$\frac{1}{L_0 C_0}\frac{\partial^2 i}{\partial x^2}=\frac{\partial^2 i}{\partial t^2} \qquad (8-2)$$

式中:L_0 为电缆单位长度电感;C_0 为电缆单位长度电容。

式(8-1)和式(8-2)的通解为

$$u(x,t)=u^+\left(t-\frac{x}{v}\right)+u^-\left(t+\frac{x}{v}\right) \qquad (8-3)$$

$$i(x,t)=i^+\left(t-\frac{x}{v}\right)-i^-\left(t+\frac{x}{v}\right)=\frac{1}{Z}\left[u^+\left(t-\frac{x}{v}\right)-u^-\left(t+\frac{x}{v}\right)\right] \quad (8-4)$$

式中:v 为波的传输速度,$v=\dfrac{1}{L_0 C_0}$;Z 为传输线的波阻抗,$Z=\sqrt{\dfrac{L_0}{C_0}}$;上标“ + ”和“ - ”分别表示行波在传输线上沿 $+x$ 和 $-x$ 方向传输,沿正方向($+x$)传输的行波称为正向行波,正向行波传输到终端时,由于存在反射,会形成反向行波,沿反方向($-x$)传输。

从式(8-3)和式(8-4)可知,电缆上任意一点的电压和电流都是由正向行波和反向行波叠加而成的,其表达式为达朗贝尔解的形式。

8.2.2　电压反射过程

采用长线电缆时,功率变换器和电机之间传输的 PWM 脉冲与传输线上行波的情况类似。PWM 脉冲,作为正向行波(入射波),由功率变换器传向电机,在电机端反射后产生反向行波(反射波)传向功率变换器,传至功率变换器输出端后的反射波又产生第二个入射波……如图 8 - 4 所示。

$$
\begin{cases}
\alpha_0 = \dfrac{2Z_0}{Z_0 + Z_1}, \alpha_1 = \dfrac{2Z_1}{Z_0 + Z_1}, \alpha_2 = \dfrac{2Z_2}{Z_0 + Z_2} \\
\beta_1 = \dfrac{Z_1 - Z_0}{Z_1 + Z_0}, \beta_2 = \dfrac{Z_2 - Z_0}{Z_2 + Z_0}
\end{cases} \tag{8-5}
$$

式中：Z_0 为电缆的波阻抗；Z_1 为功率变换器输出端的波阻抗；Z_2 为电机的波阻抗；α_0、α_1、α_2 为折射系数，α_0、α_1 为 A 点的折射系数，α_2 为 B 点的折射系数；β_1、β_2 为反射系数，β_1 为 A 点的反射系数，β_2 为 B 点的反射系数。

假设电缆的长度有限，在电缆 A、B 两点经过 n 次反射和折射的电压可以按照网络法获得，即

$$
U_B = 2\alpha_0 \beta_2 \frac{1 - (\beta_1 \beta_2)^n}{1 - \beta_1 \beta_2} E_1 \tag{8-6}
$$

$$
U_A = \alpha_0 \left[1 + \beta_2 (1 + \beta_1) \frac{1 - (\beta_1 \beta_2)^n}{1 - \beta_1 \beta_2} \right] E_1 \tag{8-7}
$$

其中，$n = 0, 1, 2, \cdots$，由于 $-1 < \beta_1 < 0$，则 U_A 和 U_B 产生衰减振荡的波形。

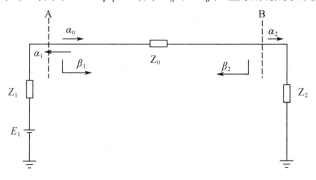

图 8 - 4　波的反射和折射

由此可见，采用 PWM 调制策略的功率变换器，开关器件开通和关断瞬间会产生一系列有一定上升和下降时间的脉冲电压，这样必然在电缆及其两端产生一系列的波过程，如图 8 - 5 所示的时域波形反映了长线电缆对功率变换器输出端电压和电机端电压的影响，用长线电缆将功率变换器与电机相连，出现的过电压现象正是由于波的折射和反射。

一般来说电机的负载阻抗 Z_2 远大于电缆的波阻抗 Z_0，而且功率变换器是由大容量的滤波电容和导通的开关器件串联组成的，其波阻抗 Z_1 要远小于电缆的波阻抗 Z_0，这样就存在一个波阻抗的关系 $Z_1 < Z_0 < Z_2$，可以得到 $-1 < \beta_1 < 0$，$0 < \beta_2 < 1$。两端取极值时的情况比较特殊，当 $\beta_1 = -1$ 时，A 点发生全反射，即功率变换器输出端电压完全反射，此时 Z_0 远大于电源阻抗；当 $\beta_2 = 1$ 时，B 点发

生全反射,即电机终端电压发生完全反射。但是后者相位不发生变化,而前者相位相反。

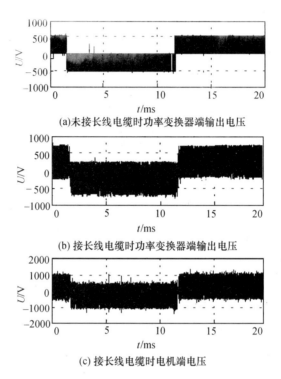

(a)未接长线电缆时功率变换器端输出电压

(b)接长线电缆时功率变换器端输出电压

(c)接长线电缆时电机端电压

图 8 - 5　长线电缆对功率变换器输出端电压和电机端电压影响的时域波形

8.2.3　PWM 脉冲波在电缆上的传输反射过程分析

采用 PWM 调制策略的功率变换器与电机之间用长线电缆相连接时,电缆的长度越长,功率变换器输出的脉冲波在电缆上的传输时间就越长,电缆结构及介质决定了脉冲波的传播特性。当脉冲波传输时间可以与输出脉冲的上升时间或者下降时间相比拟时,如果此时电机的阻抗特性与电缆的阻抗特性不匹配,则脉冲波在传输终端将发生全反射,引起电机端的过电压现象,电缆的长度和脉冲波的上升或者下降时间决定了过电压幅值的大小。

对电压反射和折射现象进行分析,并且结合传输线理论,电机端电压发生全反射的主要原因是电缆的阻抗与电机的阻抗特性不匹配。下面建立如图 8 - 6 图所示的一个传输周期内的传输过程,详细分析电磁波在电缆中的传输。

将功率变换器输出端的位置 A 点设置为零点,其脉冲波的电压为 $u(x, t)$,脉冲波通过电缆传输到 B 点,即电机的终端,电缆上任意一点的电压可以表示为

118

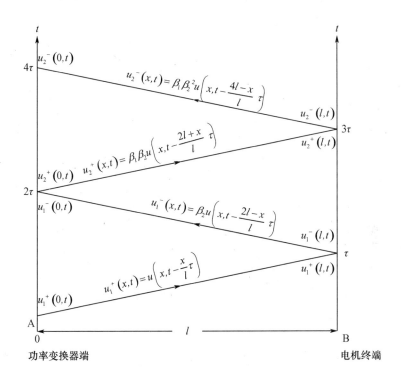

图 8 - 6 脉冲波在长线电缆中的传输过程

$$u_1^+(x,t) = u\left(x, t - \frac{x}{l}\tau\right) \qquad (8-8)$$

式中:l 为 A、B 两点间电缆的长度;τ 为脉冲波的传输时间;上标" + "表示沿正方向传输的行波,即波由功率变换器到电机终端。

传输时间可以表示为

$$\tau = \frac{l}{v} = l\sqrt{l_0 C_0} \qquad (8-9)$$

传输时间主要由电缆自身的特性决定,这是因为电缆上没有损耗,不需要考虑其他因素。

因为电机的阻抗特性与电缆的阻抗特性不匹配,该脉冲电压传输到电机终端 B 点后,发生反射现象,电缆上任意一点的电压可以表示为

$$u_1^-(x,t) = \beta_2 u\left(x, t - \frac{2l-x}{l}\tau\right) \qquad (8-10)$$

电机终端 B 点处的电压可以表示为

$$u_1^-(l,t) = \beta_2 u(l, t - \tau) \qquad (8-11)$$

式中:上标" - "表示沿反方向传输的行波,即波由 B 点电机终端传输到 A 点功率变换器输出端。此时,经过一次电压反射后电机终端电压为

119

$$u_1(l,t) = u_1^+(l,t) + u_1^-(l,t) = (1+\beta_2)u(l,t-\tau) \qquad (8-12)$$

当脉冲电压经过 2τ 时间由 B 点重新传输回 A 点时,此时电压可表示为

$$u_2^+(x,t) = \beta_1\beta_2 u\left(x, t - \frac{2l+x}{l}\tau\right) \qquad (8-13)$$

式中: β_1 为功率变换器输出端的反射系数; β_2 为电机终端的反射系数。

当脉冲波又传输到电机终端时,历时 3τ ,电机终端的电压可表示为

$$u_2^-(x,t) = \beta_1\beta_2^2 u\left(x, t - \frac{4l-x}{l}\tau\right) \qquad (8-14)$$

当反射波经过 4τ 时间到达 A 点时,电压为

$$u_2^-(0,t) = \beta_1\beta_2^2 u(0, t-4\tau) \qquad (8-15)$$

从脉冲波在电缆中的传输过程可以得到,电机终端电压最大值发生在脉冲波经过第一次反射后返回功率变换器端的时候,即在 $(\tau, 2\tau)$ 之内。如果在 2 倍的电压传输时间仍小于功率变换器的上升时间,那么此时的电压要小于经过一次电压反射后电机终端电压,此时可求得过电压产生的临界时间,即

$$\tau = \frac{t_r}{2} \qquad (8-16)$$

式中: t_r 为功率变换器开关的上升时间。

求出相应的电缆临界长度为

$$l_0 = \frac{vt_r}{2} = \frac{t_r}{2\sqrt{L_0 C_0}} \qquad (8-17)$$

对应的电缆的高频振荡频率可表示为

$$f_0 = \frac{1}{T_0} = \frac{1}{4\tau} = \frac{1}{4l\sqrt{L_0 C_0}} \qquad (8-18)$$

式中: T_0 为电缆的高频振荡周期, $T_0 = 4\tau$ 。

从式(8-17)和式(8-18)以及脉冲波在电缆中整个传输过程的分析可知:电缆的高频振荡频率反比于电缆的长度,且与分布电容和分布电感密切相关。所以电缆的分布参数一旦发生变化,就会影响脉冲波在电缆中的传输速度和高频振荡频率。而电缆的分布参数则取决于电缆的材质、几何结构和尺寸、绝缘材质的物理特性以及导体间距离等。以上对脉冲波在电缆中传输过程的分析是在假设电缆为无损传输线的基础上进行的,如果考虑电缆的阻尼效应,将会加快电机终端电压幅值的衰减。

8.2.4 电缆的高频传输线模型

取三相 PWM 驱动电机系统每相单位长度电缆,建立如图 8-7 所示的高频等效模型。考虑到脉冲电流在电缆中传输的特点,电流总是从一根电缆流出,而

从另外两根电缆流回,即两相并联后再与另一相串联。因此,根据式(8-19),可以采用测量电缆开路阻抗和短路阻抗的方式获得电缆的阻抗特性。电缆模型的参数是用较宽频率范围内的短路阻抗(Z_{sc})和开路阻抗(Z_{oc})特性计算得到的。R_s 和 L_s 为电缆模型的串联参数,R_{P1}、R_{P2}、C_{P1} 和 C_{P2} 为并联参数,分别与短路阻抗和开路阻抗相关联,可以通过测量到的短路阻抗特性和开路阻抗特性计算得到。

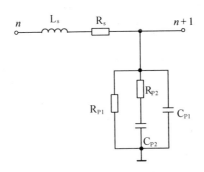

图8-7 单位长度每相电缆的高频等效模型

采用阻抗分析仪对电缆进行测试,测试方式如图8-8所示,其中采用的是10m 长、3 线带屏蔽层电缆,分别测量电缆的开路阻抗和短路阻抗,图8-9(a)为短路阻抗 Z_{sc} 的阻抗分析仪的测量结果,图8-9(b)为开路阻抗 Z_{oc} 的阻抗分析仪的测量结果。

$$Z_0 = (Z_{oc} Z_{sc})^{1/2} \tag{8-19}$$

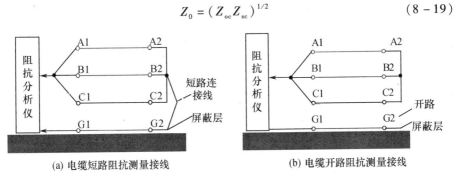

(a) 电缆短路阻抗测量接线　　　　　　(b) 电缆开路阻抗测量接线

图8-8 电缆短路阻抗和开路阻抗的测量接线

为了简化计算过程,因为在屏蔽层与电缆线芯之间有一层绝缘介质,其电导率为零,因此,在参数计算过程中不考虑电导。所以,单位长度每相电缆的参数计算表示为式(8-20)至式(8-25),即

$$R_s = \frac{2}{3} \mathrm{Re}(Z_{sc})_{f_{low}} \tag{8-20}$$

121

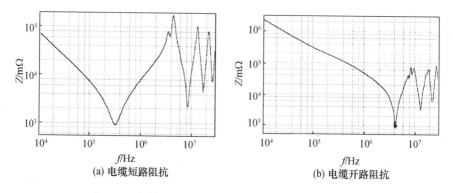

图 8 - 9   电缆短路阻抗和开路阻抗的阻抗特性测量结果

$$L_{\mathrm{s}} = \frac{2}{3} \frac{1}{2\pi f_{\mathrm{high}}} \mathrm{Im}(Z_{\mathrm{sc}})_{f_{\mathrm{high}}} \qquad (8-21)$$

$$R_{\mathrm{P1}} = 2(\mathrm{Re}(Z_{\mathrm{oc}})_{f_{\mathrm{low}}}) \left[\left(\frac{\mathrm{Im}(Z_{\mathrm{oc}})_{f_{\mathrm{low}}}}{\mathrm{Re}(Z_{\mathrm{oc}})_{f_{\mathrm{low}}}} \right)^{2} + 1 \right] \qquad (8-22)$$

$$R_{\mathrm{P2}} = 2(\mathrm{Re}(Z_{\mathrm{oc}})_{f_{\mathrm{high}}}) \left[\left(\frac{\mathrm{Im}(Z_{\mathrm{oc}})_{f_{\mathrm{high}}}}{\mathrm{Re}(Z_{\mathrm{oc}})_{f_{\mathrm{high}}}} \right)^{2} + 1 \right] \qquad (8-23)$$

$$C_{\mathrm{P2}} = \left[(2\pi f_{\mathrm{high}}) \left(\frac{\mathrm{Re}(Z_{\mathrm{oc}})_{f_{\mathrm{high}}}}{\mathrm{Im}(Z_{\mathrm{oc}})_{f_{\mathrm{high}}}} \right) R_{\mathrm{P2}} \right]^{-1} \qquad (8-24)$$

$$C_{\mathrm{P1}} = \left[(2\pi f_{\mathrm{low}}) \left(\frac{\mathrm{Re}(Z_{\mathrm{oc}})_{f_{\mathrm{low}}}}{\mathrm{Im}(Z_{\mathrm{oc}})_{f_{\mathrm{low}}}} \right) R_{\mathrm{P1}} \right]^{-1} - C_{\mathrm{P2}} \qquad (8-25)$$

式中：f_{high}为最高测量频率；f_{low}为最低测量频率；Z_{sc}为电缆的短路阻抗,由阻抗分析仪测得；Z_{oc}为电缆的开路阻抗,由阻抗分析仪测得。

8.3   电机本体的高频模型

一体化电机系统中电机本体为高频噪声信号提供了丰富的传播途径。常用的电机等值电路模型已经不能用于传导干扰的研究之中了。需要根据分布参数理论来重新建立电机的高频模型。而且不同的电机其高频模型也有所不同。直流电机由于有换向器而使得电机在高速运转时会产生火花,这是直流电机系统主要的干扰源之一。由它引起了很多的电磁噪声。相比较而言,交流电动机本身并不是一个电磁干扰源,它只是提供了丰富的传播途径,因此可以分为直流电机和交流电机两种来分别建立模型。

8.3.1   交流电机的高频模型

交流电机部分以建立感应电机的高频等效电路为例进行说明。

122

采用 PWM 调制策略的 IGBT 模块功率变换器驱动的感应电机系统的典型特征是快速换流以及高速开关频率,这将产生频率在几十千赫兹到几兆赫兹的高频电压谐波。如图 8 – 10 所示为简化的低频下感应电机的 T 形等效电路模型,该模型主要适用于三相工频正弦电压驱动时的情况,其输出频谱为 50Hz 的低频信号,但是该模型不适合于频率较高的采用 PWM 驱动时的情况。主要原因是电机绕组和定子铁芯、绕组和绕组之间等存在着大量的寄生参数,还有趋肤效应和铁芯损耗都会由于频率的变化而影响电机的高频阻抗特性。因此,感应电机的绕组对地阻抗、绕组和绕组之间的阻抗均不同于低频时的阻抗,其阻抗特性会在较高频时发生变化,在转折频率之前阻抗呈现为感性,而在转折频率之后阻抗则呈现为容性。

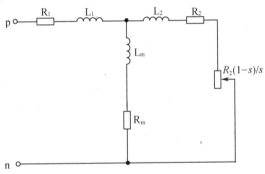

图 8 – 10 低频下的感应电机的 T 形等效电路模型

对一台感应电机进行测试,其型号为 Y2 – 90S – 4,图 8 – 11 所示为通过阻抗分析仪测量获得的感应电机绕组阻抗特性图,其中图 8 – 11(a)为电机绕组阻抗频率特性曲线,图 8 – 11(b)为绕组对地阻抗的频率特性曲线,频率范围为 100kHz ~ 500MHz。很明显,在高频段,电机的阻抗减小,阻抗特性由容性转变为感性,并且反复振荡,电机端过电压的产生就是由于电缆波阻抗和电机波阻抗之间的不匹配造成的。所以,常用的电机等值电路模型已经不能用于传导电磁干扰的研究了,在建立感应电机高频等效电路时,电机内部丰富的寄生参数为传导干扰提供了传播路径,所以不能忽略电机内部的寄生参数。需要根据分布参数理论来重新建立电机的高频模型。PWM 驱动电机系统中的感应电机本身并不是一个电磁干扰源,它只是提供了丰富的传播路径。

1. 感应电机高频共模等效电路的建立

由于感应电机传统 T 型等效电路主要是为了描述感应电机在三相正弦对称电压供电情况下如何实现电磁能量转换提出来的,是感应电机的低频差模等效电路。因此它只能用于分析感应电机加载低频差模工作电压时,转矩的产生、转矩的波动和能量损耗等电机运行性能问题。

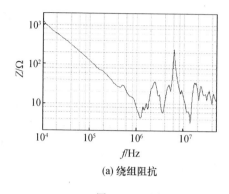

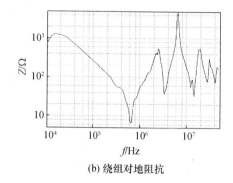

(a) 绕组阻抗   (b) 绕组对地阻抗

图 8 - 11　测量得到的绕组阻抗和绕组对地阻抗特性图

　　在分析 PWM 电机驱动系统传导共模 EMI 问题时,由于加载到感应电机端的共模电压含有大量的高频成分,并且还具有较大的 du/dt,所以感应电机的寄生分布参数必须考虑,而且更重要的是高频共模电流和低频差模工作电流在感应电机内部的流通路径完全不同,它并不是设计上的直接闭合回路,所以传统的 T 型等效电路已不能用于分析和描述高频共模电压对感应电机的作用及由此引起的 EMI 问题了。

　　建立一个能够正确描述感应电机高频共模特性的等效电路是很有必要的;它一方面可以在脱离具体的实验装置时,对感应电机的共模问题进行研究与分析;另一方面还可以利用它对某些无法利用 LISN 进行实际测量的驱动系统进行传导共模 EMI 预测。目前的文献所提到的几种感应电机共模等效电路多数是为了分析和预测共模电压在感应电动机端产生的过电压、轴电压、轴承电流等负面效应而提出的,即使是用于分析漏电流的共模等效电路,其适用频段也只是 1MHz 以下,难以满足分析整个传导干扰频段(150kHz ~ 30MHz) EMI 问题的要求。为此本章建立了感应电机传导干扰频段高频共模等效电路,这一等效电路与目前的文献所提的等效电路的主要不同在于,该等效电路可以用于分析和预测 PWM 电机驱动系统整个传导干扰频段传导共模 EMI 发射强度及感应电机侧共模 EMI 电流。

2. 感应电机内部的寄生参数与共模电流

　　感应电机内部定子绕组是在定子槽内沿定、转子圆周对称分布的,并且电机内部还存在着电场和磁场,这使得感应电机内部存在着大量的电磁耦合关系。可以说感应电机为高频 EMI 噪声提供了丰富的传播途径。图 8 - 12 所示为感应电机内部电场和磁场及寄生电容的分布情况,图 8 - 13 所示为电机定、转子的展开图及共模电流的容性耦合路径。图 8 - 13 中:C_{sg} 表示定子绕组对定子铁芯的寄生电容,是沿着定子绕组长度方向与定子铁芯的容性分布参数;C_{sr} 为定子绕组对转子铁芯的寄生电容,是沿着转子轴向的分布参数;C_{rg} 表示转子对定子铁芯的寄生电容;Z_w 表示每相绕组单位长度阻抗;C_b 表示轴承电容,是关于绝缘体特性、润滑油温度、几何结构、轴承套与滚珠之间粗糙接触的动态特性和转子转速的函数,为一个动态值,大小取决于电机的工作条件,它的存在决定了轴电压 u_{rg} 的建立和轴承电蚀电流的产生;R_b 表示轴承电阻;Z_b 表示非线性阻抗,当轴电压没有达到轴承绝缘阈值时,呈现高阻抗(兆欧级)特性,而当轴电压超过绝缘阈值时,则呈现低阻抗特性,大小可以用来模拟 C_b 在滚珠接触到轴承套或润滑油膜破裂时的间歇短路现象;R_r、L_r、R_g、L_g 分别表示转子、定子的电阻和电感;n 为定子绕组的中性点;i_{rCM} 为流过感应电机转子的共模电流;i_{rCMj}、i_{gCMj}(其中 $j=1,2,\cdots,n$)为流过每个单位长度绕组所对应的寄生电容的共模电流;i_{gCM} 表示流过感应电机定子的共模电流;i_{CM} 表示流过感应电机安全接地线的共模电流。

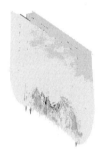 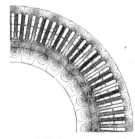 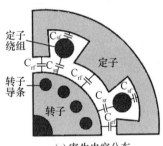

(a) 绕组与定子之间的电场(3D 图)　　(b) 电机内部磁场(2D 图)　　　(c) 寄生电容分布

图 8 - 12　电机内部电磁场和寄生参数分布情况

3. 感应电机高频共模等效电路拓扑结构的确立

对于 PWM 电机驱动系统,由于 PWM 功率变换器所输出的共模电压为含有大量高频成分的四电平阶梯波,所以电机绕组和定子铁芯的趋肤效应、绕组线圈之间容性耦合、绕组和定子铁芯之间的容性耦合、铁芯损耗和电磁场渗透性的降低都会对电机高频阻抗产生影响,因此,感应电机的绕组阻抗、绕组对地阻抗均不同于三相工频正弦电压驱动时的阻抗。图 8 - 14 所示为 100kHz ~ 500MHz 频段内感应电机绕组阻抗和绕组对地阻抗幅频特性的测试结果,被测量的感应电机型号为 Y2 - 90S - 4,具体参数见表 8 - 1。由图 8 - 14 可见,在确立感应电机高频共模等效电路时,必须考虑电机内部与共模信号传输有关的寄生参数。

由图 8 - 15 所示的感应电机内部寄生参数分布情况可见,在感应电机内部存在绕组到定子和绕组到转子这两条共模电流耦合路径。但由于感应电机定子绕组到定子铁芯的距离要远远小于绕组到转子之间的气隙宽度,所以 $\dfrac{1}{\omega C_{sg}} <$

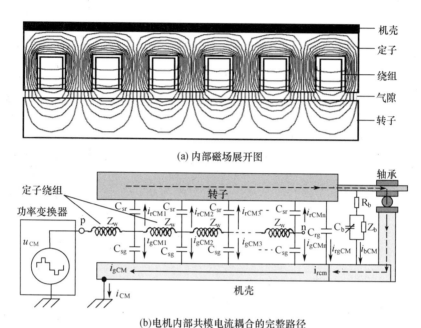

(a) 内部磁场展开图

(b)电机内部共模电流耦合的完整路径

图 8 - 13　电机内部磁场和共模电流耦合路径展开图

$\dfrac{1}{\omega C_{sr}}$,这使得定子绕组耦合到定子铁芯的共模电流要远大于定子绕组耦合到转子的共模电流,定子绕组耦合到定子铁芯的共模电流对流经感应电机侧共模电流的大小起着决定性作用。因此,在分析 PWM 电机驱动系统感应电机侧共模电流时,可以忽略电机绕组耦合到转子的共模电流。

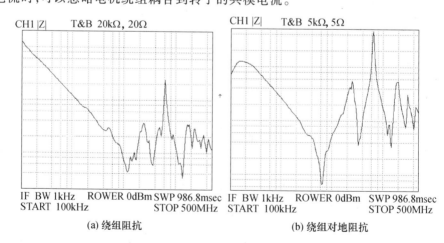

(a) 绕组阻抗

(b) 绕组对地阻抗

图 8 - 14　电机绕组阻抗和绕组对地阻抗

126

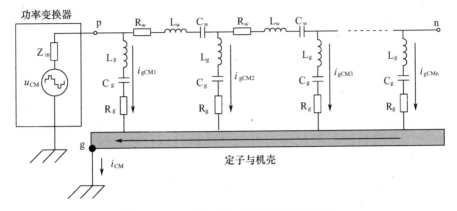

图 8 - 15　电机内部共模电流简化耦合路径

由传输线理论可知,采用多导体、多单元传输线模型是研究感应电机绕组高频特性的最有效方法,并且模型的阶数越高、单元数越多精度就越高。对于给定的感应电机,每个定子槽的结构均相同,槽内绕组匝数和线径均为定值,并且定子铁芯为各向同性均匀媒质,所以可以认为感应电机绕组是均匀传输线。于是根据电磁学理论有,对于一个给定的感应电机,当高频共模电流在其内部沿绕组传播时,由于波绕组每一点处所受到的阻抗为一个与铁芯结构和铁芯材料特性相关的恒定量值。因此在分析和预测感应电机侧高频共模电流时,可以采用更为简化的集总参数模型。为此,本书选用图 8 - 16 所示的 π 型电路为感应电机共模等效电路的拓扑结构。图 8 - 16 中:R_w 表示电机内部铁芯涡流效应和绕组电阻的总和;L_w 表示定子绕组的共模电感;C_w 表示定子绕组的寄生电容;R_g 表示定子铁芯叠片和机壳的总电阻;L_g 表示定子铁芯电感;C_g 表示定子绕组与大地之间的寄生电容,它包括定子绕组与槽之间的寄生电容、定子铁芯叠片之间的寄生电容、定子铁芯叠片与电机机壳之间的寄生电容。

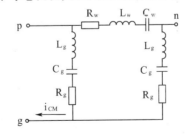

图 8 - 16　感应电机共模高频等效电路

4. 电路参数的确定

对于图 8 - 16 所示的感应电机共模高频等效电路,根据电路理论可以得出以下共模阻抗和短路阻抗表达式,即

$$Z_{pg}(s) = \frac{\left(R_g + sL_g + \dfrac{1}{sC_g}\right)\left[(R_g + R_w) + s(L_g + L_w) + \dfrac{1}{s}\left(\dfrac{1}{C_g} + \dfrac{1}{C_w}\right)\right]}{\left(R_g + sL_g + \dfrac{1}{sC_g}\right) + \left[(R_g + R_w) + s(L_g + L_w) + \dfrac{1}{s}\left(\dfrac{1}{C_g} + \dfrac{1}{C_w}\right)\right]}$$

$$= \frac{C_g + C_w}{C_g(2C_w + C_g)} \times$$

$$\frac{(s^2 C_g L_g + sC_g R_g + 1)\left[s^2\left(C_g C_w \times \dfrac{L_g + L_w}{C_g + C_w}\right) + s\left(C_g C_w \times \dfrac{R_g + R_w}{C_g + C_w}\right) + 1\right]}{s\left[s^2\left(C_g C_w \times \dfrac{2L_g + L_w}{2C_w + C_g}\right) + s\left(C_g C_w \times \dfrac{2R_g + R_w}{2C_w + C_g}\right) + 1\right]}$$

$$(8-26)$$

$$Z_{pn}(s) = \frac{\left(2R_g + 2sL_g + \dfrac{2}{sC_g}\right)\left(2R_g + 2sL_g + \dfrac{2}{sC_g}\right)}{\left(2R_g + 2sL_g + \dfrac{2}{sC_g}\right) + \left(2R_g + 2sL_g + \dfrac{2}{sC_g}\right)}$$

$$= \frac{2}{2C_w + C_g} \times \frac{(s^2 L_g C_g + sR_g C_g + 1)(s^2 L_w C_w + sR_w C_w + 1)}{s\left[s^2\left(C_g C_w \times \dfrac{2L_g + L_w}{2C_w + C_g}\right) + s\left(C_g C_w \times \dfrac{2R_g + R_w}{2C_w + C_g}\right) + 1\right]}$$

$$(8-27)$$

由式(8-26)可得感应电机对地阻抗(共模阻抗)$Z_{pg}(s)$的幅频特性,由比例环节、积分环节、微分环节和振荡环节组成,并且该函数 $Z_{pg}(s)$ 的转折频率分别表示为

$$\omega_{z1(pg)} = \frac{1}{\sqrt{C_g L_g}} \qquad (8-28)$$

$$\omega_{z2(pg)} = \frac{1}{\sqrt{C_g C_w \times \dfrac{L_g + L_w}{C_g + C_w}}} \qquad (8-29)$$

$$\omega_{p(pg)} = \frac{1}{\sqrt{C_g C_w \times \dfrac{2L_g + L_w}{2C_w + C_g}}} \qquad (8-30)$$

同理,由式(8-27)可得感应电机对中性点的短路阻抗 $Z_{pn}(s)$ 的幅频特性,由比例环节、积分环节、微分环节和振荡环节组成,并且该函数 $Z_{pn}(s)$ 的转折频率分别表示为

$$\omega_{z1(pn)} = \frac{1}{\sqrt{C_g L_g}} \qquad (8-31)$$

$$\omega_{z2(pn)} = \frac{1}{\sqrt{C_w L_w}} \quad\quad\quad (8-32)$$

$$\omega_{p(pn)} = \frac{1}{\sqrt{C_g C_w \times \frac{2L_g + L_w}{2C_w + C_g}}} \quad\quad\quad (8-33)$$

而该网络的固有谐振角频率为

$$\omega_0 = \omega_{p(pg)} = \omega_{p(pn)} = \frac{1}{\sqrt{C_g C_w \times \frac{2L_g + L_w}{2C_w + C_g}}} \quad\quad\quad (8-34)$$

对于通常的感应电机,由于在传导干扰频段($150\mathrm{kHz} \sim 30\mathrm{MHz}$)内,其对地阻抗特性表现为容性,所以此时定子线圈绕组对地的寄生电容 C_g 对 Z_{pg} 的作用最大,并且在频率 $f = 150\mathrm{kHz}$ 处定子铁芯叠片和机壳的交流阻抗 R_g 和铁芯电感 L_g 对 Z_{pg} 的作用最小,于是有下列近似关系存在,即

$$C_g \approx \frac{1}{2\pi \times |Z_{pg}|_{f=150\mathrm{kHz}}} \quad\quad\quad (8-35)$$

于是,根据式(8-28)、式(8-29)、式(8-30)和式(8-35),感应电机对地阻抗 Z_{pg} 以及对中性点短路阻抗 $Z_{pn}(s)$ 的测试结果,可以获取 L_g、C_g、L_w、C_w 的参数值。

对于 R_g、R_w 参数值的获取,由于转折角频率 $\omega_{z2(pg)}$、$\omega_{z2(pn)}$ 分别是对地阻抗 Z_{pg} 和对中性点短路阻抗 Z_{pn} 的谐振点,于是有

$$R_g \approx |Z_{pg}|_{\omega_{z2(pg)}} \quad\quad\quad (8-36)$$

$$R_w \approx |Z_{pn}|_{\omega_{z2(pn)}} \quad\quad\quad (8-37)$$

因此,根据对式(8-28)、式(8-29)、式(8-30)、式(8-35)、式(8-36)和式(8-37)的求解,可获取等效电路参数 L_g、C_g、L_w、C_w、R_g、R_w。

5. 电机侧共模电压与共模电流

图 8-17 所示波形为三相两电平 PWM 电机驱动系统电机端的共模电压和电机侧共模电流的实验波形。图(a)为电机端共模电压波形;图(b)为电机侧共模电流波形。

依据图 8-17 中共模电流峰值位置与共模电压电平跳变位置的对应关系可知,电机侧高频共模电流是由其高频共模电压所引起的。

6. 模型的仿真与实验验证

为了验证所建立感应电机传导干扰频段共模等效电路正确,并排除其结果的偶然性,分别对两台型号不同的感应电机进行了仿真与实验。实验用感应电机的型号分别为 Y2-90S-4(定义为 1# 电机)和 JO2-32-2(定义为 2# 电机),它们的有关参数见表 8-1。

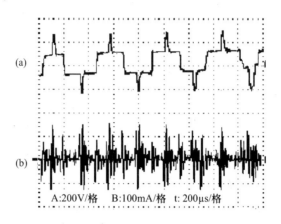

A:200V/格   B:100mA/格   t:200μs/格

图 8 - 17   电机侧的共模电压和共模电流实验波形

表 8 - 1   Y2 - 90S - 4 型、JO2 - 32 - 2 型电机参数

项目		1# (Y2 - 90S - 4 型)电机参数	2# (JO2 - 32 - 2 型)电机参数
额定电压/V、电流/A、频率/Hz		380、2.6、50	220/380、14.2/3.2、50
额定功率/kW		1.1	4
额定转数/(r/min)		1390	2880
额定功率因数		0.77	0.75
接线形式		Y	△/Y
铁芯长度/mm		75	125
气隙长度/mm		0.25	0.45
定子冲片直径/mm	外径	130	167
	内径	80	94
每槽导线数		90	56
导线规格		高强度聚氨酯漆包圆铜线	
每槽导线直径/mm		0.67	0.96
并联支路数		1	1
绕组形式		单层叠式	单层同心
节距		1~6	1~12/2~11
定子/转子槽数		24/22	24/20
绝缘等级		F	E

7. 感应电机绕组为均匀传输线的实验验证

为了验证前文给出的"感应电机绕组为均匀传输线,且共模电流沿绕组传播时所受到的阻抗为定值"观点的正确性,进行了以下验证性实验。

采用阻抗分析仪分别对感应电机的任意单相绕组、任意两个相绕组之间串联时、三个相绕组之间串联时绕组对地阻抗及相应的绕组阻抗进行了测量,对应的测试接线如图 8－18、图 8－19 所示,而相应的测试结果如图 8－20、图 8－21 所示。

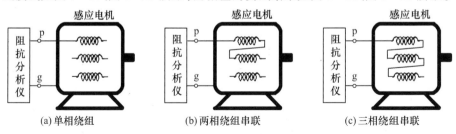

图 8－18　不同连接形式时绕组对地阻抗的测试

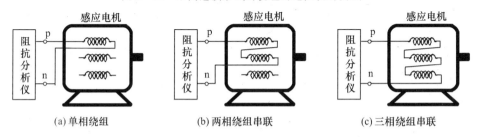

图 8－19　不同连接形式时绕组阻抗的测试

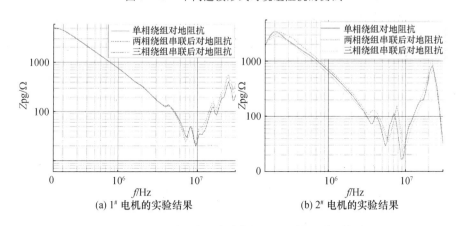

图 8－20　不同连接形式时绕组对地阻抗的测试结果

由图 8－20、图 8－21 可知,在 150kHz～30MHz(CISPR17 标准所规定的传导干扰频段)频段内电机绕组的对地阻抗及绕组阻抗均与绕组的连接形式无关。此实验结果表明,感应电机绕组上每一点的波阻抗为定值,其绕组具有均匀传输线特性。即高频共模电流在电机内部沿绕组传播时每一点所受的阻力(阻抗)是不变的,因此,感应电机传导干扰频段高频共模等效电路可以采用具有单一单元的集总参数模型。

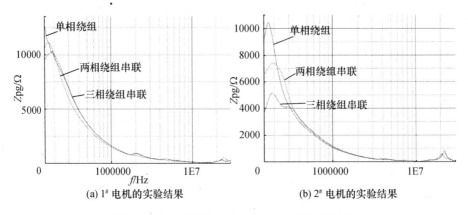

(a) 1# 电机的实验结果　　　　　　　　　　(b) 2# 电机的实验结果

图 8 - 21　不同连接形式时绕组阻抗的测试结果

8. 感应电机高频共模等效电路的实验验证

为了建立感应电机传导干扰频段高频共模等效电路,首先需要采用阻抗分析仪,按图 8 - 22 所示的测试电路获得电机的开路阻抗 Z_{pg} 和短路阻抗 Z_{pn} 特性曲线,实验结果如图 8 - 23 所示,其中图 8 - 23(a) 为 1# 电机测试结果,图 8 - 23(b) 为 2# 电机测试结果。

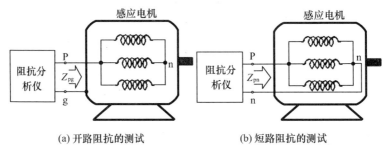

(a) 开路阻抗的测试　　　　　　　　　　(b) 短路阻抗的测试

图 8 - 22　电机绕组开路阻抗、短路阻抗的测试

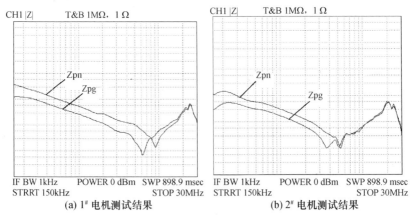

(a) 1# 电机测试结果　　　　　　　　　　(b) 2# 电机测试结果

图 8 - 23　电机绕组开路阻抗、短路阻抗测试结果

表 8-2、表 8-3 分别为按本书所提方法获得的 1#、2# 电机的共模等效电路的参数,图 8-24、图 8-25 所示分别为 1#、2# 电机共模阻抗幅频特性的仿真结果与实验结果的比较。

表 8-2 1# 电机共模等效模型参数值

参数	$L_w/\mu H$	C_w/pF	R_w/Ω	$L_g/\mu H$	C_g/pF	R_g/Ω
参数值	2.1217	164	23.337	1.6077	464.03	11.56

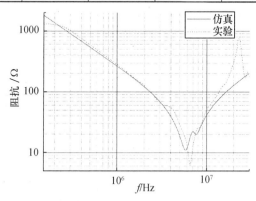

图 8-24 1# 电机共模阻抗的仿真结果与实验结果

表 8-3 2# 电机共模等效模型参数值

参数	$L_w/\mu H$	C_w/pF	R_w/Ω	$L_g/\mu H$	C_g/pF	R_g/Ω
参数值	2.883	312.8	11.393	2.8506	755.94	5.3155

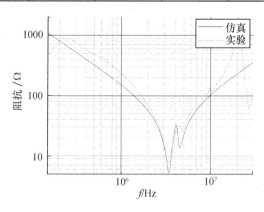

图 8-25 2# 电机共模阻抗的仿真结果与实验结果

通过图 8-24 和图 8-25 所示的仿真结果与实验结果的对比可知,虽然在 10MHz 以上频段仿真结果误差相对大于低频段的误差,但在整个 150kHz ~ 30MHz 频段内感应电机共模阻抗的仿真结果与实验结果仍具有良好的一致性。

这证明采用本书所建立的感应电机传导干扰频段共模等效电路能够准确地反映感应电机在该频段内的共模阻抗特性,可以将其应用于分析和预测感应电机端传导干扰频段的共模电流。

9. 仿真误差分析

仿真结果与实验结果在10MHz以上频段所表现的误差主要是由于电机本体内部绝缘介质的介电常数在高频时是一个与频率相关的量值,并且这一特性在高频段表现尤为明显,于是由此带来电机内部寄生电容值在150kHz ~ 30MHz频段内为非恒定值。而模型仿真时采用的寄生电容值是一个恒定值,而且该数值是通过频段内相对较低频率频点的阻抗特性获取的。所以仿真结果与实验结果之间的误差会表现出高频段的误差相对大于低频段的误差。

8.3.2 直流电机的高频模型

直流电动机系统相对于一体化交流电机系统而言,半导体开关器件的数量要少,而且控制电路也相对简单。因而该系统中的控制器产生干扰的机理和传播途径相比之下就要简单一些,而且由于换向器的存在电机的绕组始终只有一相通电。但是在直流机系统中多了换向器和电刷,在各换向片之间是绝缘的。因此电刷和各换向片之间的切换也就相当于一个开关的作用。其开关频率取决于电机的转速和换向片个数,即

$$f = \frac{n \cdot m}{120} \qquad\qquad (8-38)$$

式中:n 为电机转速;m 为换向片个数。

一般来说直流电机的调速多采用调节电枢电压的方式来进行,保持定子励磁绕组电流不变。直流电机和感应电机的结构有所不同,定子铁芯并不像交流电机那样均匀,而是存在主磁极使得电机定、转子间的气隙不均匀,因此电机绕组中各个元件对定子机壳的分布参数也有所不同。然而对于正常运行的直流电机来说,由于电刷的位置是固定不动的,所以每次换向片均在同一位置与电刷接触。因而电机转子中的通电绕组各元件相对于电机定子机壳的位置可以认为是固定不变的,那么其对地的耦合参数也不变,由此可以用交流电机建模的方法把电机绕组的高频模型建立出来(只需要考虑通电的绕组对地的耦合模型即可)。本书以一对极的直流电机为例,其等效的高频集中参数模型如图 8 – 26 所示。

图中:L_S、C_S、R_S 分别表示电机绕组自身的电感、电容和损耗电阻;L_{WSP}、C_{WSP}、R_{WSP}、L_{WSN}、C_{WSN} 和 R_{WSN} 分别表示电机绕组到定子的杂散电感、电容、电阻(直流电机的气隙是不均匀的,绕组到定子励磁轭部的气隙较其他部分小,因此可以忽略除了绕组到定子励磁轭部之间的杂散参数之外的耦合关系);L_{WR}、C_{WR} 和 R_{WR} 分别表示电机绕组到转子的杂散电感、电容和电阻;C_g 表示定、转子间的

杂散电容;S_+ 和 S_- 分别表示换向片与两个电刷间的切换开关;C_+ 和 C_- 分别表示电刷和换向片间的杂散电容;P_+ 和 P_- 分别表示直流电源的正负端;I_{WSP}、I_{WSN} 和 I_{WS} 表示电机绕组对定子的漏电流;I_{WR} 表示电机绕组通过转子对地的漏电流。定子多对极直流电机的高频模型可以按照同样的思路去建立,只是并联的绕组数发生了变化,换向器的个数增加使得模型中的开关器件也相应增加。

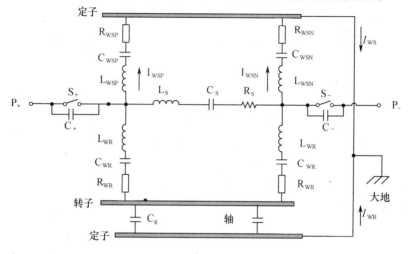

图 8 - 26 直流电机的高频集中参数模型

第9章 电机系统传导干扰
测试与诊断技术

电机系统传导干扰的成分一般分为共模干扰和差模干扰两种,目前多数研究人员只能在理论上对差模干扰和共模干扰进行分析,或通过一些仿真实验进行研究得出一些结论。而多数科研成果分析仅局限于总干扰强度,究其原因就是目前很多检测分析设备都是围绕总体干扰信号进行检测的,不能分别检测出系统的差模干扰和共模干扰,也不能对系统的干扰原因做出准确诊断,进而采取有效措施。因此,本章将首先对传导干扰检测设备的检测机理进行详细分析;然后根据差模干扰和共模干扰的定义和传播途径的不同,对电机系统传导干扰的差模和共模分量进行分离,给出相应的分离方法及检测装置的模型;最后在此基础上进行仿真实验,验证该方法的有效性,以期建立电机系统传导干扰的诊断与分析方法。

9.1 电机系统传导干扰的检测机理

要分析电机系统传导干扰的检测机理,首先要知道传导干扰的检测仪器的内部结构及其测试平台的连接关系。通常测试系统在一个平面上,标准实验台的高度为80cm。实验台上放有接地板,所有的待测设备、仪器和电缆都应该安装(放置)在该接地板上,该系统的所有设备不应超出该接地板的边缘,用接地板代替有噪声的、不确定的、未连接参考地的交流电源墙座(连接到安全地)。按国外的民用标准、军用标准 MIL - STD - 461D,以及我国 GJB152A - 97 的规定,测试时应采用线性阻抗稳定网络 LISN。因此电机系统的传导干扰检测原理如图 9 - 1 所示。测试仪器主要包括线性阻抗稳定网络和接收机。其中 LISN 在传导干扰测试中有以下三个基本作用:①阻碍或防止交流电网侧的电磁噪声污染测量;②提供一个线性阻抗(已知高频特性的);③在传导发射标准界限值的频率范围内为待测设备提供一个恒定阻抗(50Ω)的终端(在 150kHz ~ 30MHz 频率范围内)用于测试噪声,探测系统传导干扰信号。

在传导干扰中最重要的检测设备就是线性阻抗网络,如图 9 - 2 所示,它由 $50\mu H$ 的电感、$1\mu H$ 和 $0.1\mu H$ 的电容及 50Ω 的电阻构成。阻抗网络作为系统检

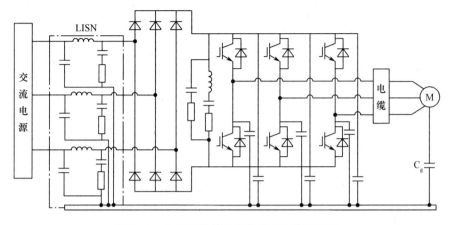

图 9-1 电机系统传导干扰测试电路原理图

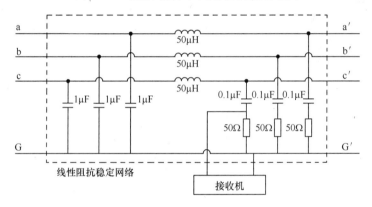

图 9-2 线性阻抗稳定网络的原理框图

测的传感器,其作用在于准确地检测出系统的传导干扰信号的大小。由阻抗网络的原理结构图可知,传导干扰测试分量主要是系统的漏电流(即共模电流)以及差模干扰电流信号中的高频谐波成分在阻抗网络中的采样电阻上的电压降。把此电压信号通过有严格阻抗匹配关系(匹配才能保证系统测试的精度)的传输电缆送到电磁干扰接收机进行采集和适当处理后,同时通过计算机通信接口把数据传送到主机作进一步处理之后,即给出需要的传导干扰数据和波形。

电磁干扰接收机的组成如图 9-3 所示,由于测量信号微弱,因此要求接收机本身的噪声极小、灵敏度高,检波器的动态范围大,前级电路过载能力强,测量精度满足 ±2dB 的要求。

通常情况下,可以看到的引起电磁干扰的重复信号都是其时域波形,例如闪电、静电放电、浪涌等都是以波形展示的。然而,作为考核 EMC 性能的标准,如滤波器的性能参数、屏蔽效能等都是在频域中定义的。因此对系统的测试考核就需要把时域波形转换到频域或者反之。

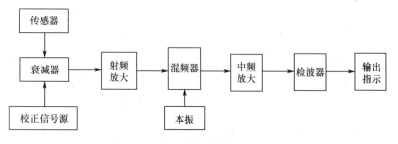

图 9 - 3　电磁干扰接收机原理框图

运用傅里叶变换,任何一个周期信号都可以表示为正弦和余弦信号的级数形式,其频率均为基波频率的整数倍。然而,电磁干扰的频率范围覆盖了从几十赫兹到几十吉赫兹的宽度,如果每次谐波的幅值都进行严格的傅里叶分析会需要很长时间,事实上不能满足实用要求。因此需要在允许的范围内做一些简化来加速计算的进程,其中典型的就是采用包络线表示。

9.2　电磁干扰中的共模和差模

9.2.1　差模信号和共模信号

了解差模信号和共模信号的含义和差别,对正确处理差模干扰和共模干扰至关重要。两线电缆,在它的终端接有负载阻抗。每一线对地的电压分别为 u_1 和 u_2,差模信号分量为 u_{DIFF},其电路如图 9 - 4 所示,波形如图 9 - 5 所示。纯差模信号大小相等,相位差是 180°,即

$$u_1 = -u_2 \qquad (9-1)$$

$$u_{DIFF} = u_1 - u_2 \qquad (9-2)$$

由于 u_1 和 u_2 对地是对称的,所以地线上没有电流流过,所有的差模电流 (i_{DIFF}) 全部流过负载。在以电缆传输信号时,差模信号是携带信息的"有用"信号,两个电压 ($u_1 + u_2$) 瞬时值之和总是等于零。对纯差模信号而言,它在每根导线上的电流是以相反方向在一对导线上传送的。如果这一对导线是均匀缠绕

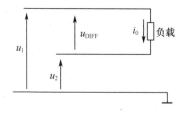

图 9 - 4　差模信号电路图

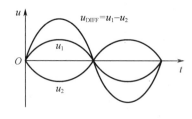

图 9 - 5　差模信号波形图

138

的,这些相反的电流就会产生大小相等、反向极化的磁场,使它的输出相互抵消,在无屏蔽双绞线系统中,不含噪声的差模信号不产生射频干扰。

对于共模信号,两线电缆,在它的终端接有负载阻抗。每一线对地的电压分别为 u_1 和 u_2,共模信号分量为 u_{COM},电缆和地之间存在的寄生电容是 C_p。纯共模信号大小相等,相位差为 $0°$,即

$$u_1 = u_2 = u_{COM} \qquad\qquad (9-3)$$

$$u_3 = 0 \qquad\qquad (9-4)$$

共模信号的电路如图 9-6 所示,其波形如图 9-7 所示。因为在负载两端没有电位差,所以没有电流流过负载,所有的共模电流都通过电缆和地之间的寄生电容流向地线。在以电缆传输信号时,因为共模信号不携带信息,所以它是"无用"的信号。两个电压 u_1 和 u_2 的瞬时值之和不等于零。相对而言,每根电缆上都有变化的电位差,而此变化的电位差就会从电缆上发射电磁波。

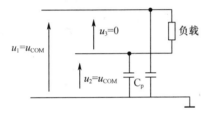

图 9-6 共模信号电路图

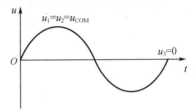

图 9-7 共模信号波形图

9.2.2 单相的共模干扰和差模干扰

在电磁干扰的研究中,通过系统输入/输出导线上的电流,人们无法完全清楚地解释实际的物理现象,为便于分析干扰的耦合机理,根据传导干扰传播耦合通道的不同人为地将传导干扰分为共模干扰和差模干扰。

对于交流电系统,共模干扰存在于电源任何一相对大地或中线对大地之间。共模干扰有时也称为纵模干扰、不对称干扰或接地干扰,是载流导体与大地之间的干扰。共模干扰是在设备内噪声电压的驱动下,经过大地与设备之间的寄生电容,在大地与电缆之间流动的噪声电流产生的。共模干扰主要是通过相线对地寄生电容,再由地形成的回路干扰,它主要是由较高的 du/dt 与寄生电容间的相互作用而产生的高频振荡;差模干扰存在于电源线与中线及相线与相线之间。差模干扰也称常模干扰、横模干扰或对称干扰,是载流导体之间的干扰。差模干扰主要是电路中其他部分产生的 EMI 通过传导或耦合的途径进入信号线回路,如高次谐波、自激振荡、电网干扰等。差模干扰主要是指相线之间的干扰直接通过相线与电源形成回路,它主要是由电力电子设备产生的脉动电流引起的。

由于差模干扰电流与正常的信号电流同时、同方向在回路中流动,所以它对信号的干扰是严重的。共模干扰揭示了干扰是由辐射或串扰耦合到电路中的,差模干扰则揭示了干扰是源于同一条电源电路。两条导线上的差模电流大小相等方向相反,这些是预期的或功能电流,即是导线上所需的有用电流,但传导干扰符合性测试中的差模电流不是50Hz电源线上的工作电流。共模电流大小相等方向相同,这些电流并不确定存在,也是不期望有的,它们对导线连接的电子器件的功能而言是不必要的,但是共模电流将出现在使用系统中。标准集总参数电路理论并没有预测到这些共模电流,它们通常称为位移电流。

通常情况下,传导干扰中的共模干扰以共模电流和共模电压的形式存在,而差模干扰以差模电流和差模电压的形式存在。事实上传导干扰的限制是以电压的形式来规定的,但可以反映传导干扰电流的情况,因为接收机测量的是干扰电流流过 LISN 的 50Ω 电阻上的电压,所以测量电压直接与通过相线和中线存在于产品中的干扰电流相关。针对共模电压和差模电压与相线和中线对地电压以及共模电流和差模电流与相线和中线电流之间的关系,目前的资料有两种定义方式,现将其详细叙述如下。

第一种定义方式,图 9-8 所示为此种定义方式的示意图,图中将流过相线和中线的共模电流定义为 $\dfrac{i_{CM1}}{2}$,而不是 i_{CM1},从而得出共模电流和差模电流与相线和中线电流的关系为

$$i_P = \frac{i_{CM1}}{2} + i_{DM1} \qquad (9-5)$$

$$i_N = \frac{i_{CM1}}{2} - i_{DM1} \qquad (9-6)$$

由以上两式可得下式:

$$i_{DM1} = \frac{i_P - i_N}{2} \qquad (9-7)$$

$$i_{CM1} = i_P + i_N \qquad (9-8)$$

该种定义方式将差模电压定义为两线之间的电位差,而将共模电压定义为两线对地电压的算术平均值,由图 9-8 可得差模电压和共模电压与相线和中线对地电压之间的关系如下:

$$u_P = u_{CM1} + \frac{u_{DM1}}{2} \qquad (9-9)$$

$$u_N = u_{CM1} - \frac{u_{DM1}}{2} \qquad (9-10)$$

140

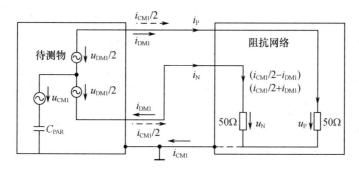

图 9 - 8 共模和差模定义示意图

由以上两式可得

$$u_{DM1} = u_P - u_N = 50 \times 2i_{DM1} = 100i_{DM1} \qquad (9-11)$$

$$u_{CM1} = \frac{u_P + u_N}{2} = 50 \times \frac{i_{CM1}}{2} = 25i_{CM1} \qquad (9-12)$$

在使用此种定义方式进行差模电压的预测、诊断和抑制时,LISN 的两个 50Ω 的电阻应该是串联在一起的,最终由 LISN 得出的差模电压应是 100Ω 上的电压。进行共模电压的预测、诊断和抑制时,使用此种定义方式的 LISN 共模等效电阻为两个 50Ω 的并联电阻,即 25Ω。

第二种定义方式,图 9 - 9 所示为第二种定义方式的示意图,图中将流过相线和中线的共模电流定义为 i_{CM},从而得出共模电流和差模电流与相线和中线电流的关系为

$$i_P = i_{CM2} + i_{DM2} \qquad (9-13)$$

$$i_N = i_{CM2} - i_{DM2} \qquad (9-14)$$

由以上两式可得下式:

$$i_{DM2} = \frac{i_P - i_N}{2} \qquad (9-15)$$

$$i_{CM2} = \frac{i_P + i_N}{2} \qquad (9-16)$$

该种定义方式将差模电压定义为两线之间电位差的 1/2,而将共模电压定义为两线对地电压的算术平均值,由图 9 - 9 可得差模电压和共模电压与相线和中线对地电压之间的关系如下

$$u_P = u_{CM2} + u_{DM2} \qquad (9-17)$$

$$u_N = u_{CM2} - u_{DM2} \qquad (9-18)$$

141

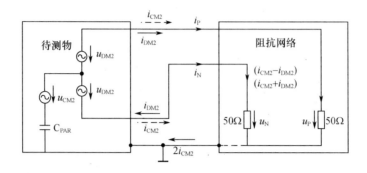

图 9 – 9   对地电压、电流与差模电压和共模电压、电流之间的关系

由以上两式可得

$$u_{DM2} = \frac{u_p - u_N}{2} = 50 i_{DM2} \qquad (9-19)$$

$$u_{CM2} = \frac{u_p + u_N}{2} = 50 i_{CM2} \qquad (9-20)$$

在使用此种定义方式进行差模电压和共模电压的预测、诊断和抑制时，LISN 的差模等效电阻和共模等效电阻均为 50Ω。

从图 9 – 8 及图 9 – 9 可知

$$i_{DM1} = i_{DM2} \qquad (9-21)$$

$$i_{CM1} = 2 i_{CM2} \qquad (9-22)$$

由式(9 – 11)、式(9 – 12)、式(9 – 19)和式(7 – 20)可得

$$u_{DM1} = 2 u_{DM2} \qquad (9-23)$$

$$u_{CM1} = u_{CM2} \qquad (9-24)$$

对于上述两种定义，如果以 LISN 相线或中线的 50Ω 上所测到的 u_{CM2} 和 u_{DM2} 作为共模电压和差模电压，则两种定义是完全统一的。需要注意的是，使用不同的定义，干扰传播途径及 LISN 的等效电路会有所不同。在使用第一种定义研究共模干扰时，需要将相线和中线的所有阻抗以及相线和中线对地之间的所有阻抗并联起来，此时 LISN 的共模等效电阻为 25Ω。研究差模干扰时，需要将相线和中线的所有阻抗串联起来，此时 LISN 的差模等效电阻为 100Ω。在使用第二种定义研究共模干扰时，只需利用相线或中线中的任一条线路与地之间的回路阻抗即可，无需将两条线路并联，此时 LISN 的共模等效电阻为 50Ω。研究差模干扰时，也只需利用相线或中线中的任一条线路的差模阻抗即可，无需将两条线

142

路串联,此时 LISN 的差模等效电阻也为 50Ω。

9.2.3　三相的共模干扰和差模干扰

对于直流和单相的交流电系统,共模和差模的定义是较清晰的并且也很好理解。对于三相系统而言,没有相应的共模和差模的定义,但是,针对三相系统,可以将"地环路"定义为共模干扰,而将"线–线"间的干扰定义为差模干扰。但由于三相系统在实际工作情况下的电流流通会有几种不同的方式,因此本书以图 9–10 为例详细阐述三相系统的共模和差模的具体含义,图 9–10 所示系统由三相整流桥、直流侧电容和开关管构成,在交流电源和整流桥之间接有三相LISN,三相 LISN 的作用和原理与单相的相同。该系统代表了典型的功率变换器的 EMI 发射情况,而且其分析结果适用于其他三相变换器系统。

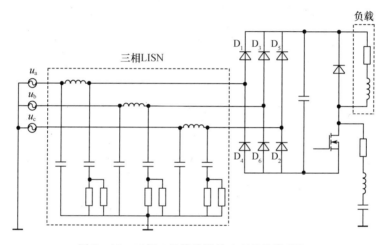

图 9–10　三相二极管整流的功率变换器系统

图 9–10 中的直流侧的共模电压(电流)和差模电压(电流)情况与前面所讨论的单相的共模电压(电流)和差模电压(电流)的定义情况相同,故此处不再讨论。但交流侧的情况比较复杂,本书将讨论交流侧所有可能出现的电流流通情况下的共模和差模传播路径。交流侧的电路导通情况共有三种情形,即三相二极管均不导通、两相导通和三相均导通。下面讨论每种情况下的共模和差模的流通路径。

图 9–11 为整流二极管没有导通相时的共模和差模传播路径图,实心的二极管表示开通,空心的表示关断。由图 9–11(a)可见,三相的整流二极管均未开通,交流侧没有相电流流通,此时负载电流是通过直流侧的电容来提供的。此时交流侧没有差模电流。对于共模噪声而言,共模电流基本上走低环路阻抗路径,受二极管导通和高频阻抗成分的影响,对于没有相电流流通的情况下,共模

电流流通路径与后端的开关管的开通和关断有关。当开关管关断时,共模电流单向地流过二极管中最正的一相,具体流通路径如图9－11(b)所示。其实此时的情况与单相混合模式类似,即存在非本质的差模干扰。

如果直流侧的电容电压低于交流侧的线电压,则二极管将有二相导通,这也是整流桥最常见的工作方式。在此情况下,差模电流在两个流通相之间流动,而且由于直流侧的电容存在等效串联电感,高频的电流流过等效串联电感将会降低直流侧的电压,因此即使在没有电源频率的电流流通时,也可能会有差模噪声电流流过导通相,所以在此情况下,每一相差模噪声电流的导通角会比电源频率电流的导通角大。

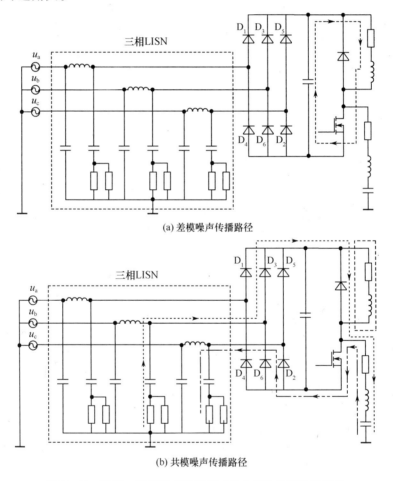

(a) 差模噪声传播路径

(b) 共模噪声传播路径

图9－11　整流二极管没有导通相时的共模和差模传播路径

对共模而言,共模噪声电流将平均地分配在两个导通相上,而且对于共模干扰,直流侧阻抗比 LISN 的阻抗小得多,所以在研究共模电流路径时,可以将直流侧的正电位点和负电位点看成一个等电位点,即对于共模噪声电流,直流侧相当于短路。三相变换器此时的共模和差模情况与三个单相变换器在一个电源周期内轮流导通时是等价的。具体的共模和差模电流的流通路径如图9-12所示。

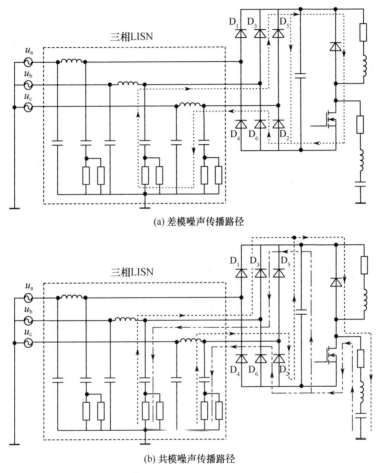

(a) 差模噪声传播路径

(b) 共模噪声传播路径

图9-12 整流二极管二相导通时的共模和差模传播路径

在二极管换相期间,三相整流桥均表现为低阻抗,因此三相均会导通,LISN的三个相均会流过差模噪声电流。尽管每一相的噪声电流均等于另两相的噪声电流之和,但每一瞬间的电流详细分配还与瞬态电路的寄生参数有关,差模的定义已经不适合于描述此种情况下的噪声模式了,可以将这种模式称为"交换模式"。对于三相二极管均导通的情况,三相 LISN 中均会流过共模噪声电流,如果有 X 电容(线-线间的电容)存在,共模电流将会平均地分配在三相中。具体的共模和差模电流的流通路径如图9-13所示。

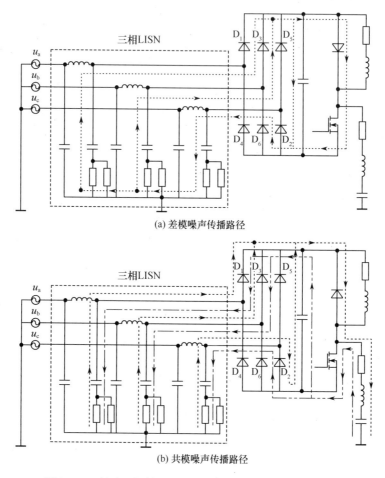

(a) 差模噪声传播路径

(b) 共模噪声传播路径

图 9 - 13　整流二极管三相均导通时的共模和差模传播路径

9.3　共模和差模的分离技术

在传导干扰的定义中可以看出一体化电机系统传导干扰包括共模和差模两种分量,两种分量的特性各异,产生的原因及传播途径不同,因而其抑制措施也不同。所以在进行滤波器的设计时必须知道不同的频段哪个分量占主导地位,从而改变滤波器影响该分量的元件值,因此必须将 LISN 所测量到的电压信号分离为共模电压和差模电压。然而目前多数设备所检测到的传导干扰强度是系统总体的干扰强度,不能把差模干扰和共模干扰成分分离出来,分别测量差模干扰和共模干扰分量的大小或者各自在系统干扰中所占的比例。所以研究在测试中如何把传导干扰的差模和共模分离出来显得非常有意义。

146

根据上面的分析,可以研究分离差模干扰和共模干扰分量的方法。分离的方法必须满足以下要求:保证测试信号的完整性和抑制信号的高倍衰减,在传导范围内的线性响应,阻抗匹配,无畸变以及无干扰的产生。在满足以上要求的条件下可采用以下三种方法:

　　(1) 定义求和分离法。该方法基于差模和共模电压信号与线电压和地线电压之间的关系,如图 9 - 14 所示。通过一个开关的转换来对线电压求和。根据定义可知共模电压即为线电位算术平均值,而差模电压为两线之间的电位差,可用以下两式表示,即

$$u_P + u_N = 2 \cdot u_{CM} \tag{9-25}$$

$$u_P - u_N = u_{DM} \tag{9-26}$$

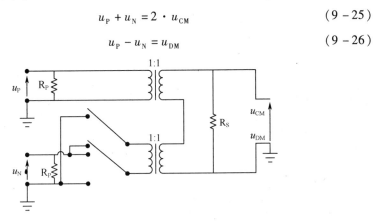

图 9 - 14　定义求和分离法

　　在这种方法中需要注意的一点是必须满足阻抗匹配的问题,按照标准要求输入/输出的阻抗均应为 50Ω。在实际运用中,转接开关中会存在很高的寄生电容,使得两条支路不平衡,势必会影响系统的测量精度,因而需要做成两个装置,一个用于差模测量,另一个用于共模测量。

　　为了满足阻抗匹配的要求,必须保证该装置的输入/输出阻抗均为 50Ω,根据变压器的归算理论,副边的阻抗只需乘以变比的平方即可直接归算到原边。根据图 9 - 14 可以得到以下关系式:

$$\frac{R_P\left(\dfrac{50R_S}{50+R_S}+\dfrac{50R_P}{50+R_P}\right)}{R_P+\dfrac{50R_S}{50+R_S}+\dfrac{50R_P}{50+R_P}}=50 \tag{9-27}$$

$$\frac{R_S\dfrac{100R_P}{50+R_P}}{R_S+\dfrac{100R_P}{50+R_P}}=50 \tag{9-28}$$

联立式(9-27)和式(9-28)可以解出 $R_P = R_S = 150\Omega$。

（2）途径差异分离法。该方法基于共模和差模噪声信号传播途径的不同来获取相应分量的信号,分离方法的原理如图9-15所示。共模信号的检测是通过变压器原边侧的电阻来检测的,而差模噪声信号并不流经此电阻形成回路。差模信号的检测通过变压器副边侧的电阻来检测,共模噪声信号在变压器原边绕组中形成的磁通是相互抵消的,不会在副边感应出信号。只有差模信号产生的磁通才能在副边感应出相应的信号。考虑到变压器的高频寄生参数特性,在原副边绕组之间存在寄生电容,会有部分共模噪声分量直接耦合到变压器副边,对差模噪声的检测结果产生影响。为此,还需要在变压器原边绕组与副边绕组之间加两层接地的铜箔屏蔽来抑制变压器高频寄生电容传输到变压器副边的共模噪声信号对差模信号检测结果的影响。

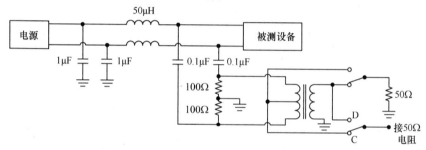

图9-15 途径差异分离法

（3）基于算法的 CM/DM 模态软件分离法。与硬分离技术相比,借助数值计算功能来实现模态信号软分离的技术近来亦有报道。如台湾 Lo 所提出的,将通过其中一模态硬件分离网络输出的 CM 或 DM 信号再输入到计算机中,然后根据 LISN 检测到的实际线上干扰信号和前置中单模分离网络得到的单模信号的组合计算,最终得到另一个模态干扰信号,系统结构如图9-16所示。

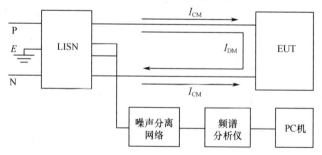

图9-16 基于算法的 CM/DM 模态软件分离法

虽然此方法可以实现软分离,但事实上由于算法中需要事先知道其中一个单模信号作为输入量。因此仍需要使用单模硬件分离网络做支撑(图9-16)。

所以它只能称为半模态软分离技术(Semi Software – Based Mode Separation Network),而并非完整的软分离方法。此外由于存在检测相位不确定因素,因此还存在一定的计算误差。但总体上该方法已经使干扰信号分离功能得到加强,并使后续的传导性 EM1 智能化处理成为可能。

9.4 软硬件结合的共模和差模分离技术

9.4.1 硬件方法检测共模噪声

前面章节详细阐述了共模干扰和差模干扰的定义,此处为了清晰地阐述本节所提出的分离技术,利用 LISN 来进行传导干扰测量的电路重绘如图 9 – 17 所示。由于所提出的分离方法会利用干扰电平的相量形式,因此,以下将 LISN 相线及中线电压与共模及差模电压的关系用相量形式表示,即

$$\dot{U}_{L} = \dot{U}_{CM} + \dot{U}_{DM} \qquad (9-29)$$

$$\dot{U}_{N} = \dot{U}_{CM} - \dot{U}_{DM} \qquad (9-30)$$

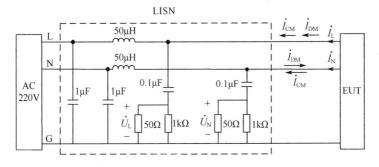

图 9 – 17　线路阻抗稳定网络

由式(9 – 29)及式(9 – 30)可看出,接收机从 LISN 所测到的噪声信号实际上是共模和差模信号的和或差。要从 LISN 的输出端分离出共模信号,需要接入能将差模抑制掉而将共模取出的电路拓扑,图 9 – 18 是能直接测量共模干扰而且又能与电磁兼容标准相比较的差模抑制网络。图 9 – 18(a)是差模抑制网络(DMRN)的电路原理图,其中接地的两个 50Ω 电阻表示 LISN 上的电阻,不属于分离网络。输入端分别与 LISN 的相线和中线干扰信号输出端相接,其输出信号接至接收机。图 9 – 18(b)为差模抑制网络的差模干扰信号的等效电路,差模信号加在差模抑制网络的输入端,两个 50Ω 的电阻串联其接点 A 接地。两个阻值相同的电阻 R_1 串联后与之并联,由电路理论可知,B 点因此虚地,其电位为零,故差模干扰信号经过差模抑制网络后理论上能被完全抑制掉。图 9 – 18(c)是

差模抑制网络的共模干扰信号的等效电路,理想情况下,差模抑制网络的输出端由接收机所测得的电压为共模信号的二倍而不存在差模信号,所以应将接收机所测的噪声电压结果减去6dB后才是真实的共模干扰电压。

为了满足电磁兼容标准所要求的输入/输出阻抗均为50Ω电阻的要求,必须保证差模抑制网络在计入LISN和接收机的50Ω阻抗后,它的输入/输出阻抗仍然都要为50Ω,根据上述要求,由图9-18(a)可得输入/输出阻抗均为50Ω情况下所满足的关系式,即

$$R_1 + \frac{(R_1 + 50) \times (R_2 + 50)}{(R_1 + 50) + (R_2 + 50)} = 50 \qquad (9-31)$$

$$R_2 + \frac{(R_1 + 50) \times (R_1 + 50)}{(R_1 + 50) + (R_1 + 50)} = 50 \qquad (9-32)$$

联立式(9-31)和式(9-32)可解出 $R_1 = R_2 = 16.7\Omega$。

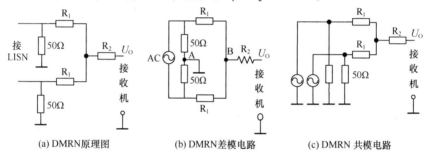

(a) DMRN原理图   (b) DMRN差模电路   (c) DMRN 共模电路

图9-18 差模抑制网络

9.4.2 软件方法计算差模噪声

在上节中已经通过差模抑制网络检测出共模信号,而相线和中线的传导干扰通过LISN可以直接测出,由式(9-29)、式(9-30)可知,如果通过某些算法将差模干扰表示成相线干扰、中线干扰及共模干扰的表达式,则可以通过软件方法将差模信号的干扰频谱绘出,通常的频谱仪都有相加减的功能,但如果用式(9-29)减去式(9-30)则频谱仪所测得的结果仅考虑了幅值而没有考虑到相角。因此本书提出如下的计算方法,先将式(9-29)和式(9-30)分别取模,可得下式:

$$|\dot{U}_L|^2 = |\dot{U}_{CM}|^2 + |\dot{U}_{DM}|^2 + 2|\dot{U}_{CM}||\dot{U}_{DM}|\cos\Delta\theta \qquad (9-33)$$

$$|\dot{U}_N|^2 = |\dot{U}_{CM}|^2 + |\dot{U}_{DM}|^2 - 2|\dot{U}_{CM}||\dot{U}_{DM}|\cos\Delta\theta \qquad (9-34)$$

式中:$\Delta\theta$ 为所测频段内每个频点对应的共模和差模之间的相位差。

将式(9-33)与式(9-34)相加后可得

$$|\dot{U}_{L}|^{2} + |\dot{U}_{N}|^{2} = 2(|\dot{U}_{CM}|^{2} + |\dot{U}_{DM}|^{2}) \qquad (9-35)$$

$|\dot{U}_{L}|$和$|\dot{U}_{N}|$可以从 LISN 输出端直接测到,$|\dot{U}_{CM}|$可以从所提出的分离网络中得到,所以从式(9-35)即可求出差模噪声对应每个频率的幅值。但式(9-27)的成立有一定的条件,即要尽量保证$|\dot{U}_{N}|$、$|\dot{U}_{L}|$和$|\dot{U}_{CM}|$相当于是同一时刻产生的,这样计算出来的$|\dot{U}_{DM}|$才有意义。由于接收机所测得的$|\dot{U}_{L}|$、$|\dot{U}_{N}|$和$|\dot{U}_{CM}|$的单位均为 dBμV,因此需将其单位转换为 μV 后才可利用式(9-35)。算出$|\dot{U}_{DM}|$的值后,为了与电磁兼容标准相比较,还需将$|\dot{U}_{DM}|$单位再转换为 dBμV,这样$|\dot{U}_{DM}|$的频谱才能与电磁兼容标准相比较,更有利于滤波器的设计。经过多次单位换算并利用式(9-35)得出求差模干扰频谱的公式如下:

$$|\dot{U}_{DM}| = 20\lg\sqrt{\frac{10^{\frac{|\dot{U}_{L}|}{10}} + 10^{\frac{|\dot{U}_{N}|}{10}}}{2} - 10^{\frac{|\dot{U}_{CM}|-6}{10}}} \qquad (9-36)$$

式中:$|\dot{U}_{L}|$、$|\dot{U}_{N}|$和$|\dot{U}_{CM}|$均为从接收机导出的对应不同频率的实际数据,单位为 dBμV。计算出的$|\dot{U}_{DM}|$的单位也为 dBμV。通过软件 OriginLab 即可绘出差模干扰电压对应不同频点的频谱图。

9.4.3 分离技术的性能评价

图 9-18 给出的差模抑制网络理想情况下(两个传输通道绝对对称)输出的电压为共模信号的二倍而不存在差模信号,但实际情况并非如此,因为两个传输通道不可能绝对对称,即每个通道对 LISN 输出电压的传递函数不会完全相同,假定 LISN 的 L 端的传递函数是$A_{L} < \theta_{L}$,N 端的传递函数是$A_{N} < \theta_{N}$,其中A_{L}和A_{N}分别为 L 端和 N 端的幅值,θ_{L}和θ_{N}分别为 L 端和 N 端的相角。从而差模抑制网络的输出端的电压可用下式表示,即

$$\dot{U}_{O} = \dot{U}_{L} + \dot{U}_{N} = A_{L}\angle\theta_{L} \cdot \dot{U}_{DM} - A_{N}\angle\theta_{N} \cdot \dot{U}_{DM} + A_{L}\angle\theta_{L} \cdot \dot{U}_{CM} + A_{N}\angle\theta_{N} \cdot \dot{U}_{CM}$$

$$(9-37)$$

通过上式,可以讨论两个传递函数幅值不同和相角不同对输出的影响,为简化问题的分析,首先考虑相角相同而幅值不同的情况,假定$A_{L} = 1$而$A_{N} = 0.99$,此时误差仅为 1%。则式(9-37)变为

$$\dot{U}_{O} = 0.01 \cdot \dot{U}_{DM} + 1.99 \cdot \dot{U}_{CM} \qquad (9-38)$$

传递函数幅值的不同对共模信号的影响是 1.99 对 2,而对差模信号的影响则由理想情况下的无限衰减变为仅衰减了 40dB。由此可见,传递函数的幅值仅

仅相差了 1% ,而差模抑制的情况就由通常所认为的衰减大于 50dB 而变为仅衰减 40dB。

传递函数的相位不同同样对输出有影响,假定幅值相同而相位仅差 1°,且为了简化问题的分析,在计算时可令 θ_L 为零,则差模抑制网络的输出端的差模电压可用下式表示,即

$$\dot{U}_{DMO} = A_L \angle \theta_L \cdot \dot{U}_{DM} - A_L \angle \left(\theta_L + \frac{\pi}{180}\right) \cdot \dot{U}_{DM}$$

$$\approx 0.0174 \dot{U}_{DM} \tag{9-39}$$

从上式看出相位差 1°时,差模信号仅能被衰减 35dB。

上述分析表明,欲提高差模抑制网络的性能,必须选择高精度的电阻,尽量使两通道的寄生参数保持平衡。为了满足上述要求,差模抑制网络的电阻要选用误差为 0.1% 的精密电阻。通过差模抑制网络分离出共模信号后,则差模信号可通过计算得到,在计算差模信号时需要一系列的单位换算,因此会带来计算误差。

9.4.4　分离技术的应用实例

对该系统产生的传导干扰信号进行分离,并根据分离结果设计相应滤波器参数。

图 9-19、图 9-20 分别为感应电机系统在实验过程中相线及中线产生的通过接收机测得的干扰频谱,由于该系统中电机功率大于 1000W,所以应遵守标准 GB4343.1—2009 的传导干扰限值,图 9-21 为 GB4343.1—2009 的干扰允许值曲线。

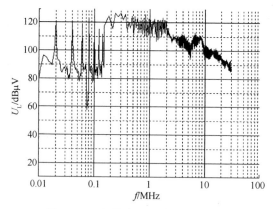

图 9-19　相线产生的传导电磁干扰

对比图 9-19、图 9-20 和图 9-21 可以看出,该系统相线的传导干扰在整个传导干扰频段内(150kHz ~ 30MHz)均未达标,而中线的干扰在 12.5MHz 以后

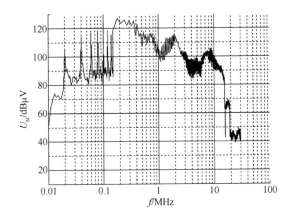

图 9 - 20 中线产生的传导电磁干扰

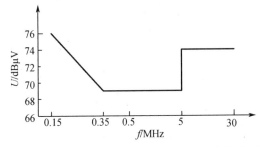

图 9 - 21 电动工具和类似器具的干扰允许值曲线图示

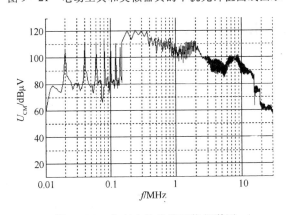

图 9 - 22 分离出的共模干扰频谱图

才满足标准,其他频段均超标。图 9 - 22 是该系统在 LISN 的 L 端和 N 端接入差模抑制网络后接收机测得的共模干扰频谱,该频谱图是已经减去 6dB 后通过软件 OriginLab 绘出的频谱。将图 9 - 19、图 9 - 20 的频谱图通过接收机软件 ER55CR 导出为数据形式,本书采用的接收机为意大利 AFJ 公司生产的 ER55CR 型号,然后利用 OriginLab 由式(9 - 36)可求出差模干扰的频谱图如图 9 - 23 所示。将

153

图 9 - 22 和图 9 - 23 的频谱分别与 GB4343.1—2009 的频谱相减,可以绘制出为达到电磁兼容标准,滤波器需要衰减的共模和差模的频谱图,分别如图 9 - 24 和图 9 - 25 所示。

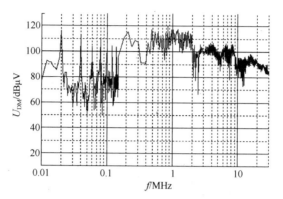

图 9 - 23　由软件得出的差模干扰频谱图

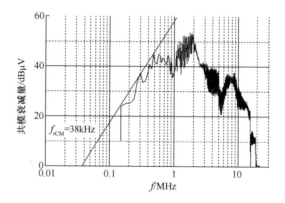

图 9 - 24　需要衰减的共模信号频谱图

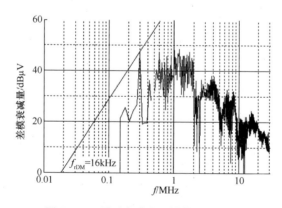

图 9 - 25　需要衰减的差模信号频谱图

154

图 9 - 26 所示为能同时衰减共模和差模干扰的 EMI 滤波器结构图。二阶 EMI 滤波器的衰减度是以每十倍频 40dB 的斜率增加的。由图 9 - 26(b) 和图 9 - 26(c) 可得共模和差模的转折频率如下

$$f_{rCM} = \frac{1}{2\pi \sqrt{\left(L_{CM} + \frac{1}{2}L_d \right) \cdot 2C_Y}} \qquad (9-40)$$

$$f_{rDM} = \frac{1}{2\pi \sqrt{\left(L_{Leakage} + 2L_d \right) \cdot C_X}} \qquad (9-41)$$

式中:L_{CM}、L_d、$L_{leakage}$、C_X 和 C_Y 分别为共模电感、差模电感、共模电感的漏电感、X 电容和 Y 电容。一般 $L_d \ll L_{CM}$,而 $L_{leakage}$ 通常为 L_{CM} 的 0.5% ~ 2% ,此处 $L_{leakage}$ 的值取为 1% L_{CM},因此如果滤波器转折频率已知,欲求滤波器的参数值,只要确定其中一个参数就可由式(9 - 40)和式(9 - 41)得出另一个参数值。

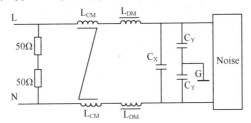

(a) 同时衰减共模和差模信号的滤波器结构

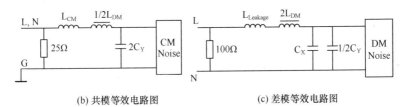

(b) 共模等效电路图　　　　　　(c) 差模等效电路图

图 9 - 26　滤波器结构图

本书先计算共模参数值,因为共模电感中的漏电感可作为差模电感来滤掉差模信号,如果仅用漏电感即可将差模信号抑制在标准之内,则可不用差模电感。在计算共模参数值中应先确定 C_Y 值,因为 C_Y 值会影响漏电流的值,而安规对漏电流有规定,根据安规对漏电流的要求可得出计算 Y 电容值的公式如下

$$C_Y = \frac{I_g}{U_m \times 2\pi f_m} \times 10^6 (nF) \qquad (9-42)$$

式中:U_m 为电网电压;f_m 为电网频率;I_g 为允许的接地漏电流;

根据国家对电子设备接地漏电流的规定,取 I_g 值为 0.25mA,经计算 $C_Y = 3.62nF$。

滤波器的转折频率可由图 9 - 24 和图 9 - 25 通过作图法求出,过图中一点画一条 40dB/dec 的斜线,且能将此点以外的点皆包含在这条斜线下,该斜线与频率轴的交点即是转折频率。由图求得 $f_{rCM} = 38kHz$,从而可得 $L_{CM} = 2.43mH$,$L_{leakage} = 1\% L_{CM} = 24\mu H$。同样的方法可得 $f_{rDM} = 16kHz$,一般取 $C_x = 0.47\mu F$,从而求得 $L_{DM} = 93\mu H$。

器件的参数值确定后,即可选择电容和电感。在选择器件时必须考虑滤波器的寄生参数对其性能的影响。对于电容的选择,应该尽量减小其寄生电感,一般认为在设计滤波器时,认为电容器的值越大,滤波效果越好,这是一种误解。电容越大对低频干扰的旁路效果虽然好,但是由于电容在较低的频率发生了谐振,阻抗开始随频率的升高而增加,因此对高频噪声的旁路效果变差。电容器很多时候并不能起到预期滤除噪声的效果,出现这种情况的一个原因是忽略了寄生电感对旁路效果的影响。由于陶瓷电容的串联电阻和自身的电感都很小,温度性能和电压性能也比较好,因此选用陶瓷电容器作为共模滤波电容。利用阻抗分析仪 Agilent 4395A 可以测出电容的阻抗特性并得出电容的寄生元件值及谐振频率点,图 9 - 27 和图 9 - 28 分别为 3.9nF 的共模陶瓷电容和 0.47μF 的差模陶瓷电容的阻抗特性。

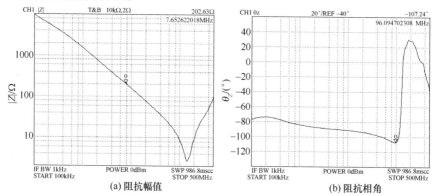

(a) 阻抗幅值   (b) 阻抗相角

图 9 - 27 测量的共模陶瓷电容的阻抗特性

由阻抗分析仪可进一步得到 3.9nF 的共模陶瓷电容的寄生元件的值:$R_{ESR} = 128m\Omega$,$L_{ESL} = 2.9nH$,$f = 47MHz$。0.47μF 的差模陶瓷电容的寄生元件的值:$R_{ESR} = 177.5m\Omega$,$L_{ESL} = 17.5nH$,$f = 17MHz$。由上述参数可知,电容值小的共模陶瓷电容谐振频率点高,可以满足传导干扰的频段范围。而对于电容值较大的差模电容,则谐振频率点较低,针对差模电容不能在整个传导干扰频段内呈现电容特性的缺点,选用寄生电感和引线电感均较小的穿心电容。

由于实际的电感线圈存在寄生电阻和寄生电容,电感的寄生电容与线圈的匝数、磁性材料、绕制的方法有关。电感上的寄生电容有两个来源:一个是绕组

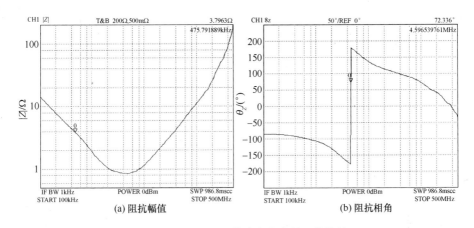

（a）阻抗幅值

（b）阻抗相角

图 9 - 28　测量的差模陶瓷电容的阻抗特性

每匝之间的电容；另一个是绕组导线与磁芯之间构成的电容。对于铁氧体磁芯，减小电感寄生电容的方法如下：①在磁芯上加一层介电常数较低的绝缘层，增加线圈与铁氧体之间的距离；②将线圈匝间距离拉开，减小绕组之间的寄生电容。采取以上措施后，利用阻抗分析仪对减小寄生电容的效果进行了测试，测试结果表明，在采取上面的措施之后，谐振点依次向高频段移动，寄生参数逐渐减小。

　　将所设计的滤波器接入感应电机系统的交流电源和 LISN 之间，接入滤波器后通过 LISN 测得的相线干扰频谱如图 9 - 29 所示，由图可见，传导干扰频段范围内干扰信号幅值均在电磁兼容标准 GB4343.1—2003 规定的范围内。在 0.15 ~ 2.5MHz 的频段范围内，除了频点 0.89MHz 和 2.3MHz 仅比规定的标准低 15dB 以外，其他频点的传导干扰比规定的标准要低 35dB 以上。

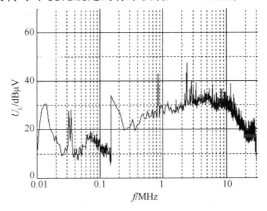

图 9 - 29　系统接入滤波器后的相线传导干扰频谱图

第10章　一体化电机系统干扰源的预测

随着开关管开关频率的不断提高,PWM驱动的电机系统的电磁干扰也日趋严重,其中主要以传导干扰为主。为了能有效抑制该系统的传导干扰并使其达到国家电磁兼容标准,对其进行深入的机理分析及量化预测显得尤为重要。机理分析有利于把握干扰源的干扰特点,而针对一些无法接入 LISN 进行测量的设备,对其产生的干扰如能进行准确的预测则意义重大。

对 PWM 驱动的电机系统进行传导干扰的预测主要是通过建立电路的等效模型来实现,准确有效的模型不仅能进行 EMI 的预测而且有利于滤波器的设计。目前预测应用中最基本的预测模式是干扰源加干扰耦合通道,对干扰源的建模主要有时域建模和频域建模两种方法。时域建模通常应用在简单的变换电路,一般只有一个开关管,即使这样,仿真时间也会很长。而目前使用频域法建立的等效电路基本上也都是针对开关电源,且干扰源的数学模型描述也比较简单。对三相整流加逆变的整体的传导干扰预测的定量分析还未见报道。因此本章补充了该项内容。

10.1　传导干扰源的数学模型分析

根据传导干扰传播耦合通道的不同,传导干扰可分为共模干扰和差模干扰。共模干扰在导线与地(机壳)之间传输,属于非对称性干扰;差模干扰在两导线之间传输,属于对称性干扰。由于共模和差模传导干扰耦合机理及抑制方法均不同,因此本书在对 PWM 变换器传导干扰机理进行分析时,将分别讨论整流桥和逆变桥的共模干扰和差模干扰的耦合机理。

10.1.1　整流桥产生的干扰源

在电力电子系统中,整流桥是最常用的设备,但由于其工作频率较低,故引起的传导干扰较小,导致其研究较为困难,然而在一些独立供电系统中,整流桥的传导干扰也会引起电磁兼容问题,本节的研究对象如图 10 - 1 所示,图中同时画出了整流桥输出侧的共模和差模电流方向,其中 C_p 代表系统对地的寄生电容,为共模电流提供通路。三相电源可表示为

$$\begin{cases} e_{\mathrm{a}} = \sqrt{2}U\sin\omega t \\ e_{\mathrm{b}} = \sqrt{2}U\sin\left(\omega t - \dfrac{2}{3}\pi\right) \\ e_{\mathrm{c}} = \sqrt{2}U\sin\left(\omega t - \dfrac{4}{3}\pi\right) \end{cases} \qquad (10-1)$$

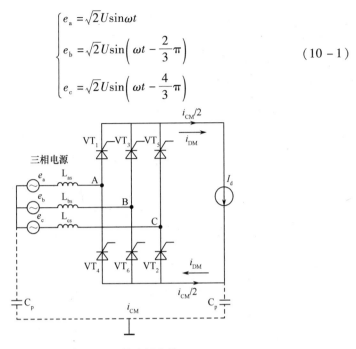

图 10 - 1　整流桥电路

在研究共模干扰时,为了保持线路对地阻抗的稳定性,并要保证预测结果能够与国家规定的标准相比较,所以按照标准 GJB152A—97 的要求在整流桥输出侧接入 LISN。由于后续内容经常用到 LISN,所以在此简单介绍一下 LISN 的原理及作用。单相 LISN 的电路原理图如图 10 - 2 所示,其中各参数取值如下:$L = 50\mu\mathrm{H}$,$C_1 = 0.1\mu\mathrm{F}$,$C_2 = 1\mu\mathrm{F}$,$R_1 = 1\mathrm{k}\Omega$,$R_2 = 50\Omega$。EUT 表示接被测设备,AC 表示接交流电源侧。

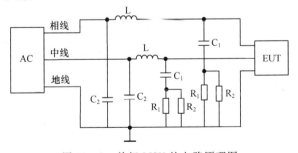

图 10 - 2　单相 LISN 的电路原理图

LISN 在电路中有三个基本作用:①在 10kHz ~ 30MHz 频率范围内,为相线与地线之间和中性线与地线之间提供 50Ω 的恒定阻抗,主要是由 C_1、R_1 和 R_2 这条支路来完成,其中 C_1 起隔断直流的作用,R_1 所起的作用是在 R_2 万一断路

时给 C_1 提供一个放电回路;②使频率为 50Hz 或 60Hz 的有用信号顺利通过,主要由 $50\mu H$ 的电感来完成,对于 50Hz 的电源频率,$50\mu H$ 的电感相当于短路;③给被测设备提供传导干扰通道并阻止电源侧的传导干扰,主要由 $50\mu H$ 的电感和电容 C_2 来完成,对于高频的电源噪声信号,$50\mu H$ 的电感相当于断路,而 C_2 可以使高频的电源噪声返回电源端,尽量使 LISN 所测得的噪声均是由被测设备产生的。

图 10 – 3 为整流桥接入 LISN 后的共模和差模等效电路图。由图 10 – 3(a)可以给出整流桥输出侧的共模和差模定义,即

$$u_{CM} = \frac{u^+ + u^-}{2} \qquad (10-2)$$

$$u_{DM} = u^+ - u^- \qquad (10-3)$$

其中图 10 – 3(a)中的 Z_0 为 LISN 的对地阻抗,此处代表整流桥输出正负极对地阻抗,一般为 50Ω。图 10 – 3(b)为共模等效电路,共模阻抗 $Z_{CM} = Z_0/2$。图 10 – 3(c)为差模等效电路,差模阻抗 $Z_{DM} = 2Z_0$。

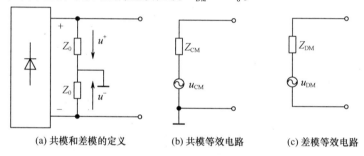

(a) 共模和差模的定义　　　(b) 共模等效电路　　　(c) 差模等效电路

图 10 – 3　整流桥接入 LISN 后的共模和差模等效电路图

根据整流桥晶闸管不同时刻的开关导通情况可以计算出该时刻的共模电压和差模电压。此处在分析整流桥的换相时,应考虑包括变压器漏感在内的交流侧电感的影响,由于电感对电流的变化起阻碍作用,电感电流不能突变,因此换相不能瞬间完成,而是会持续一段时间,持续的时间用电角度 γ 表示,称为换相重叠角。在此期间 u^+ 或 u^- 的值会发生变化。设整流桥的导通起始角为 α,电源角频率为 ω,三相电源相电压幅值为 $A = \sqrt{2}U$。则在 $0 \sim 2\pi$ 期间的共模和差模电压变化值如表 10 – 1 所列。

表 10 – 1　三相整流桥不同时刻共模和差模电压的表达式

导通管	时刻	u^+	u^-	u_{CM}	u_{DM}
$VT_{1,5,6}$	$\alpha \sim \alpha + \gamma$	$\dfrac{u_a + u_c}{2}$	u_b	$\dfrac{1}{4}A\sin\left(\omega t - \dfrac{2\pi}{3}\right)$	$\dfrac{3}{2}A\sin\left(\omega t + \dfrac{\pi}{3}\right)$
$VT_{1,6}$	$\alpha + \gamma \sim \alpha + \dfrac{\pi}{3}$	u_a	u_b	$-\dfrac{1}{2}A\sin\left(\omega t - \dfrac{4\pi}{3}\right)$	$\sqrt{3}A\sin\left(\omega t + \dfrac{\pi}{6}\right)$

导通管	时刻	u^+	u^-	u_{CM}	u_{DM}
$VT_{1,2,6}$	$\alpha + \dfrac{\pi}{3} \sim \alpha + \dfrac{\pi}{3} + \gamma$	u_a	$\dfrac{u_b + u_c}{2}$	$\dfrac{1}{4}A\sin\omega t$	$\dfrac{3}{2}A\sin\omega t$
$VT_{1,2}$	$\alpha + \dfrac{\pi}{3} + \gamma \sim \alpha + \dfrac{2\pi}{3}$	u_a	u_c	$-\dfrac{1}{2}A\sin\left(\omega t - \dfrac{2\pi}{3}\right)$	$\sqrt{3}A\sin\left(\omega t - \dfrac{\pi}{6}\right)$
$VT_{1,2,3}$	$\alpha + \dfrac{2\pi}{3} \sim \alpha + \dfrac{2\pi}{3} + \gamma$	$\dfrac{u_a + u_b}{2}$	u_c	$\dfrac{1}{4}A\sin\left(\omega t - \dfrac{4\pi}{3}\right)$	$\dfrac{3}{2}A\sin\left(\omega t - \dfrac{\pi}{3}\right)$
$VT_{2,3}$	$\alpha + \dfrac{2\pi}{3} + \gamma \sim \alpha + \pi$	u_b	u_c	$-\dfrac{1}{2}A\sin\omega t$	$\sqrt{3}A\sin\left(\omega t - \dfrac{\pi}{2}\right)$
$VT_{2,3,4}$	$\alpha + \pi \sim \alpha + \pi + \gamma$	u_b	$\dfrac{u_a + u_c}{2}$	$\dfrac{1}{4}A\sin\left(\omega t - \dfrac{2\pi}{3}\right)$	$-\dfrac{3}{2}A\sin\left(\omega t + \dfrac{\pi}{3}\right)$
$VT_{3,4}$	$\alpha + \pi + \gamma \sim \alpha + \dfrac{4\pi}{3}$	u_b	u_a	$-\dfrac{1}{2}A\sin\left(\omega t - \dfrac{4\pi}{3}\right)$	$-\sqrt{3}A\sin\left(\omega t + \dfrac{\pi}{6}\right)$
$VT_{3,4,5}$	$\alpha + \dfrac{4\pi}{3} \sim \alpha + \dfrac{4\pi}{3} + \gamma$	$\dfrac{u_b + u_c}{2}$	u_a	$\dfrac{1}{4}A\sin\omega t$	$-\dfrac{3}{2}A\sin\omega t$
$VT_{4,5}$	$\alpha + \dfrac{4\pi}{3} + \gamma \sim \alpha + \dfrac{5\pi}{3}$	u_c	u_a	$-\dfrac{1}{2}A\sin\left(\omega t - \dfrac{2\pi}{3}\right)$	$-\sqrt{3}A\sin\left(\omega t - \dfrac{\pi}{6}\right)$
$VT_{4,5,6}$	$\alpha + \dfrac{5\pi}{3} \sim \alpha + \dfrac{5\pi}{3} + \gamma$	u_c	$\dfrac{u_a + u_b}{2}$	$\dfrac{1}{4}A\sin\left(\omega t - \dfrac{4\pi}{3}\right)$	$-\dfrac{3}{2}A\sin\left(\omega t - \dfrac{\pi}{3}\right)$
$VT_{5,6}$	$\alpha + \dfrac{5\pi}{3} + \gamma \sim \alpha + 2\pi$	u_c	u_b	$-\dfrac{1}{2}A\sin\omega t$	$-\sqrt{3}A\sin\left(\omega t - \dfrac{\pi}{2}\right)$

在不考虑换相重叠角并认为是二极管整流的情况下，u^+ 和 u^- 的傅里叶级数展开式如下：

$$u^+ = \frac{3\sqrt{2}}{2\pi}U_{ab}\left[1 - \frac{1}{4}\sin(3\omega t) + \frac{2}{35}\sin(6\omega t) - \frac{1}{40}\sin(9\omega t) + \cdots\right] \quad (10-4)$$

$$u^- = \frac{-3\sqrt{2}}{2\pi}U_{ab}\left[1 - \frac{1}{4}\sin 3\left(\omega t + \frac{\pi}{3}\right) + \frac{2}{35}\sin 6\left(\omega t + \frac{\pi}{3}\right) - \frac{1}{40}\sin 9\left(\omega t + \frac{\pi}{3}\right) + \cdots\right]$$

$$(10-5)$$

根据式（10-2）、式（10-3）、式（10-4）和式（10-5）可得出共模和差模电压源的傅里叶级数表达式，即

$$u_{SCM1} = -\frac{3\sqrt{2}}{8\pi}U_{ab}\sin(3\omega t) - \frac{3\sqrt{2}}{80\pi}U_{ab}\sin(9\omega t) - \cdots \quad (10-6)$$

$$u_{SDM1} = \frac{3\sqrt{2}}{2\pi} U_{ab} \left[2 + \frac{4}{35}\cos 6\omega t - \frac{4}{143}\cos 12\omega t + \frac{4}{323}\cos 18\omega t - \cdots \right] \quad (10-7)$$

由式(10-6)可见,整流桥输出的共模电压中仅含有 3 的倍数次谐波,并且不存在偶次项,即在理想情况下,三相整流桥系统中的共模干扰仅包含 3 的奇数次谐波,随着谐波次数的增大,幅值迅速减小。由式(10-7)可见,整流桥输出的差模干扰仅含有 6 的倍数次谐波,随着谐波次数的增大,幅值也是迅速减小。

10.1.2 逆变桥产生的干扰源

1. 逆变桥输出的共模电压和差模电压的建立

图 10-4 给出了三相逆变桥电路拓扑,图中标出了逆变桥输出的共模和差模电流路径。在 PWM 逆变器中,共模电压定义为逆变桥输出中点对参考地的电位差,据此定义,三相逆变桥的共模电压可以认为是当输出接电机负载,且其三相绕组星形连接时,星形连接的中点对参考地的电位差。当逆变桥不带电机负载时,也可以人为地设置一个星形连接负载,得到共模电压。由上述定义可见,在分析共模电压前必须先选取参考点,参考点选的不同则共模电压的表达式会有差异,本书以直流母线中点 M 为参考点。

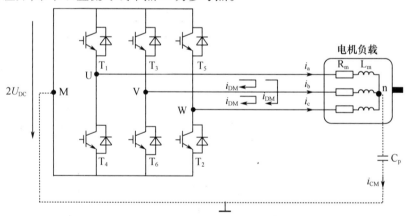

图 10-4　三相逆变桥电路拓扑

由图 10-4,根据基尔霍夫电压定律可得以下等式,即

$$\begin{cases} u_{UM} - u_{CM} = R_m i_a + L_m \dfrac{di_a}{dt} \\[2mm] u_{VM} - u_{CM} = R_m i_b + L_m \dfrac{di_b}{dt} \\[2mm] u_{WM} - u_{CM} = R_m i_c + L_m \dfrac{di_c}{dt} \end{cases} \quad (10-8)$$

式中:u_{UM}、u_{VM}、u_{WM}为逆变桥每一相的输出电压;i_a、i_b、i_c为逆变桥每一相的输出电流;R_M、L_M分别表示电机每相绕组的电阻、电感;u_{CM}为逆变桥产生的共模电压。

将式(10-8)的三个方程相加可得

$$u_{UM} + u_{VM} + u_{WM} - 3u_{CM} = \left(R_m + L_m \frac{d}{dt} \right)(i_a + i_b + i_c) \qquad (10-9)$$

因为$i_a + i_b + i_c = 0$,所以由式(10-9)可得

$$u_{CM} = \frac{u_{UM} + u_{VM} + u_{WM}}{3} \qquad (10-10)$$

三相逆变桥输出的差模电压应为输出侧的线电压,以 A、B 两相为例,则差模电压的表达式如下:

$$u_{DM} = u_{UM} - u_{VM} \qquad (10-11)$$

根据三相两电平 PWM 功率变换器开关管的 8 种开关状态,由式(10-10)和式(10-11)可计算出每种开关状态下的共模和差模电压如表 10-2 所列。其中:"0"表示某桥臂的开关器件上桥臂截止,下桥臂导通;"1"表示上桥臂导通,下桥臂截止。

表 10-2　电压源型 PWM 功率变换器各开关状态所产生的共模和差模电压

状态编号	状态	u_{UM}	u_{VM}	u_{WM}	u_{CM}	u_{DM}
S_0	0 0 0	$-\dfrac{U_{DC}}{2}$	$-\dfrac{U_{DC}}{2}$	$-\dfrac{U_{DC}}{2}$	$-\dfrac{U_{DC}}{2}$	0
S_1	0 0 1	$-\dfrac{U_{DC}}{2}$	$-\dfrac{U_{DC}}{2}$	$\dfrac{U_{DC}}{2}$	$-\dfrac{U_{DC}}{6}$	0
S_2	0 1 1	$-\dfrac{U_{DC}}{2}$	$\dfrac{U_{DC}}{2}$	$\dfrac{U_{DC}}{2}$	$\dfrac{U_{DC}}{6}$	$-U_{DC}$
S_3	0 1 0	$-\dfrac{U_{DC}}{2}$	$\dfrac{U_{DC}}{2}$	$-\dfrac{U_{DC}}{2}$	$-\dfrac{U_{DC}}{6}$	$-U_{DC}$
S_4	1 1 0	$\dfrac{U_{DC}}{2}$	$\dfrac{U_{DC}}{2}$	$-\dfrac{U_{DC}}{2}$	$\dfrac{U_{DC}}{6}$	0
S_5	1 0 0	$\dfrac{U_{DC}}{2}$	$-\dfrac{U_{DC}}{2}$	$-\dfrac{U_{DC}}{2}$	$-\dfrac{U_{DC}}{6}$	U_{DC}
S_6	1 0 1	$\dfrac{U_{DC}}{2}$	$-\dfrac{U_{DC}}{2}$	$\dfrac{U_{DC}}{2}$	$\dfrac{U_{DC}}{6}$	U_{DC}
S_7	1 1 1	$\dfrac{U_{DC}}{2}$	$\dfrac{U_{DC}}{2}$	$\dfrac{U_{DC}}{2}$	$\dfrac{U_{DC}}{2}$	0

由表 10-2 可见,逆变桥输出侧的共模和差模电压值随着功率管开关状态的变化而改变,本书须将表中共模和差模电压用解析表达式表示出来,故引入了双重傅里叶积分法,双重傅里叶积分最早由 Bennett 和 Black 在通信系统中创

立,后来 Bowes 将其用到开关电源谐波的计算中,将其引入到三相 PWM 逆变器的共模和差模干扰源的建模中。下面简单介绍一下双重傅里叶积分的原理。

2. 双重傅里叶积分原理

双重傅里叶积分法的基本原理是假设有两个独立周期性的时变函数 $x(t)$ 和 $y(t)$,且

$$x(t) = \cos(\omega_c t + \theta_c) \qquad (10-12)$$

$$y(t) = \begin{cases} \dfrac{2}{\pi}\omega_0 t - 1 & \omega_0 t = 0 \sim \pi \\[2mm] -\dfrac{2}{\pi}\omega_0 t + 3 & \omega_0 t = \pi \sim 2\pi \end{cases} \qquad (10-13)$$

式中:$\omega_c = 2\pi f_c$;$\omega_0 = 2\pi f_0$,且 $\omega_0 < \omega_c$。其中:ω_c 为载波角频率;f_c 为载波频率;θ_c 为载波的初始角度;ω_0 为调制波角频率;f_0 为调制波频率。

若认为两个时变分量 $x(t)$ 和 $y(t)$ 是独立周期性的,则对于由这两个变量共同作用的函数 $f(x,y)$,其谐波分量可以表达为

$$f(x,y) = \frac{A_{00}}{2} + \sum_{n=1}^{\infty} A_{0n}\sin(\omega_{0n}t + \varphi_n) + \sum_{m=1}^{\infty} A_{m0}\sin(\omega_{cm}t + \varphi_m)$$

$$+ \sum_{m=1}^{\infty}\sum_{n=1}^{\infty} A_{mn}\sin\left[(\omega_{cm} + \omega_{0n})t + \varphi_{mn}\right] \qquad (10-14)$$

式中:$\omega_{0n} = n\omega_0$ 为调制波的第 n 次谐波;$\omega_{cm} = m\omega_c$ 为载波的第 m 次谐波;A_{00} 为直流分量的幅值;A_{0n} 和 φ_n 分别为调制波的谐波分量的幅值和相角;A_{m0} 和 φ_m 分别为载波谐波分量的幅值和相角;A_{mn} 和 φ_{mn} 分别为载波边带谐波的幅值和相角。

上述推导过程均设 $\theta_c = 0$,$\theta_0 = 0$。将式(10-14)写成傅里叶级数的形式,如下式:

$$f(x,y) = \frac{a_{00}}{2} + \sum_{n=1}^{\infty}\left[a_{0n}\cos\omega_{0n}t + b_{0n}\sin\omega_{0n}t\right] +$$

$$\sum_{m=1}^{\infty}\left[a_{m0}\cos\omega_{cm}t + b_{m0}\sin\omega_{cm}t\right] +$$

$$\sum_{m=1}^{\infty}\sum_{n=1}^{\infty}\left[a_{mn}\cos(\omega_{cm}t + \omega_{0n}t) + b_{mn}\sin(\omega_{cm}t + \omega_{0n}t)\right]$$

$$(10-15)$$

由式(10-14)和式(10-15)可得

$$A_{00} = a_{00} \qquad (10-16)$$

164

$$A_{0n}\sin(\omega_{0n} + \varphi_n) = a_{0n}\cos\omega_{0n}t + b_{0n}\sin\omega_{0n}t \tag{10-17}$$

$$A_{m0}\sin(\omega_{cm} + \varphi_m) = a_{m0}\cos\omega_{cm}t + b_{m0}\sin\omega_{cm}t \tag{10-18}$$

$$A_{mn}\sin\left[(\omega_{cm} + \omega_{0n})t + \varphi_{mn}\right] = a_{mn}\cos(\omega_{cm} + \omega_{0n})t + b_{mn}\sin(\omega_{cm} + \omega_{0n})t \tag{10-19}$$

上述式子中 a_{mn} 和 b_{mn} 的计算公式如下:

$$a_{mn} = \frac{1}{T_x T_y}\int_{-\frac{T_y}{2}}^{\frac{T_y}{2}}\int_{-\frac{T_x}{2}}^{\frac{T_x}{2}} f(x,y)\cos(mx + ny)\,\mathrm{d}x\mathrm{d}y \tag{10-20}$$

$$b_{mn} = \frac{1}{T_x T_y}\int_{-\frac{T_y}{2}}^{\frac{T_y}{2}}\int_{-\frac{T_x}{2}}^{\frac{T_x}{2}} f(x,y)\sin(mx + ny)\,\mathrm{d}x\mathrm{d}y \tag{10-21}$$

式中:T_x 和 T_y 分别为函数 $x(t)$ 和 $y(t)$ 的周期。为了应用上的方便,可以利用欧拉公式把双重傅里叶级数的三角函数形式转换为复指数形式:

$$f(x,y) = \sum_{m=-\infty}^{\infty}\sum_{n=-\infty}^{\infty} c_{mn}\mathrm{e}^{\mathrm{j}(\omega_{cm}t + \omega_{0n}t)} \tag{10-22}$$

式中

$$c_{mn} = a_{mn} + jb_{mn} = \frac{1}{T_x T_y}\int_{-\frac{T_y}{2}}^{\frac{T_y}{2}}\int_{-\frac{T_x}{2}}^{\frac{T_x}{2}} f(x,y)\mathrm{e}^{\mathrm{j}(mx + ny)}\,\mathrm{d}x\mathrm{d}y \tag{10-23}$$

由傅里叶系数 c_{mn} 组成的级数式(10-12),就为函数 $f(x,y)$ 的复指数形式的双重傅里叶级数。其存在的条件

$$\int_{-\frac{T_y}{2}}^{\frac{T_y}{2}}\int_{-\frac{T_x}{2}}^{\frac{T_x}{2}} |f(x,y)|\,\mathrm{d}x\mathrm{d}y \tag{10-24}$$

存在,且傅里叶级数式(10-12)收敛,则在 $f(x,y)$ 连续处,它的值就可用式(10-12)表示出来。

3. 逆变桥输出侧干扰源模型

图 10-4 中三相逆变桥的 PWM 调制方式采用正弦脉宽调制方式,正弦脉宽调制方式有三种采样方法:自然采样法、对称规则采样法和不对称规则采样法。自然采样法生成 SPWM 波的方法是在正弦波和三角波的自然交点时刻控制电力电子器件的通断。但这种方法要求解复杂的超越方程,在采用微机控制时需花费大量的计算时间,难以在实施控制中在线计算,因而在工程上实际应用不多。对称规则采样法是一种应用较广泛的工程实用方法,其效果接近自然采样法,但计算量却比自然采样法小得多。对称规则采样法是以每个三角波的对称轴(顶点对称轴或底点对称轴)所对应的时间作为采样时刻。过三角波的对称轴与正弦波的交点,做平行横轴的平行线,该平行线与三角波的两个腰的交点

作为 SPWM 波"开"和"关"的时刻,原理图如图 10 - 5 所示。

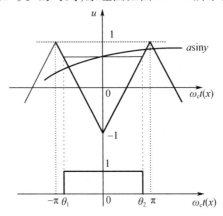

图 10 - 5 对称规则采样法的原理图

对称规则采样法每个载波周期只采样一次,而不对称规则采样法则在一个采样周期内采样两次,既在三角波的顶点对称轴位置采样,又在三角波的底点对称轴位置采样。不同的调制方式及不同的采样法会使双重傅里叶积分的内积分限有所差异,进而使得噪声源的频谱成分有所不同。此处使用对称规则采样法,下面将详细说明对称规则采样法的积分限的确定过程。

针对 SPWM 调制方法,数学上可以将 PWM 载波和调制波分别用式(10 - 12)和式(10 - 13)来描述,各项含义与式(10 - 12)和式(10 - 13)均相同,对于两电平逆变器,在开关的导通区间,双变量调制函数为 $f(x,y) = 2U_{DC}$。则式(10 - 23)变为

$$c_{mn} = \frac{1}{T_x T_y} \int_{y_1}^{y_2} \int_{\theta_1}^{\theta_2} 2U_{DC} e^{j(mx+ny)} dxdy \qquad (10 - 25)$$

根据函数 $x(t)$ 和 $y(t)$ 的表达式可知 $T_x = 2\pi$,$T_y = 2\pi$,外积分限为 $y_1 = -\pi$,$y_2 = \pi$。下面计算内积分限,图 10 - 5 为本书采用的对称规则采样法的原理图,根据三角形相似法可得

$$\frac{\theta_2}{\pi} = \frac{1 + a\sin y}{2} \qquad (10 - 26)$$

因此

$$\theta_2 = \frac{\pi}{2}(1 + a\sin y) \qquad (10 - 27)$$

同理可得

$$\theta_1 = -\frac{\pi}{2}(1 + a\sin y) \qquad (10 - 28)$$

166

式中:a 为调制比,将 T_x、T_y、θ_1 和 θ_2 的表达式代入式(2-24)可得

$$c_{mn} = \frac{1}{4\pi^2}\int_{-\pi}^{\pi}\int_{-\frac{\pi}{2}(1+a\sin y)}^{\frac{\pi}{2}(1+a\sin y)}2U_{DC}\,e^{j(mx+ny)}\,dxdy \qquad (10-29)$$

式(10-29)的积分结果经整理后可得

$$c_{mn} = \frac{4U_{DC}}{m\pi}J_n\left(ma\,\frac{\pi}{2}\right)\sin\left[(m+n)\frac{\pi}{2}\right] \qquad (10-30)$$

其中 J_n 为 n 阶贝塞尔函数,表达式为

$$J_n(z) = \sum_{m=1}^{\infty}(-1)^m\frac{z^{n+2m}}{2^{n+2m}\cdot m!\cdot(n+m)!} \qquad (10-31)$$

以下分别设 $\theta_0 = 0$、$-2\pi/3$ 和 $2\pi/3$,进而可获得三相桥臂对直流母线中点的相电压,则逆变桥输出侧的共模电压可表示为

$$u_{SCM2} = \frac{4U_{DC}}{\pi}\sum_{m=1}^{\infty}\sum_{n=-\infty}^{\infty}\frac{1}{m}J_{3n}\left(ma\,\frac{\pi}{2}\right)\sin\left[(m+3n)\frac{\pi}{2}\right]\cdot\cos(m\omega_c t + 3n\omega_0 t)$$

$$(10-32)$$

输出侧 a、b 相间的差模电压可表示为

$$u_{SDM2} = -\frac{8U_{DC}}{\pi}\sum_{m=1}^{\infty}\sum_{n=-\infty}^{\infty}\frac{1}{m}J_n\left(ma\,\frac{\pi}{2}\right)\sin\left[(m+n)\frac{\pi}{2}\right]\cdot$$

$$\sin\frac{n\pi}{3}\sin\left[m\omega_c t + n\left(\omega_0 t - \frac{\pi}{3}\right)\right] \qquad (10-33)$$

10.2　等效电路的建立

传导干扰预测主要是通过建立等效电路来实现的,而建立等效电路最基本的模式是干扰源 + 干扰耦合通道。10.1 节已经分析出整流桥和逆变桥各自产生的共模和差模干扰源的数学关系式,因此可以用等效干扰源代替系统中的非线性环节,系统中的共模和差模干扰的频谱就是不同干扰源作用下系统中的共模和差模干扰的叠加。本节主要分析共模干扰和差模干扰的主要传播通道,确立传播通道的寄生参数,建立三相变换器的整体等效电路。

10.2.1　共模等效电路

10.1 节已推导出整流桥和逆变桥的共模干扰源的数学表达式,因此可以用等效共模干扰源代替系统中的非线性环节,再根据共模干扰的传播途径利用电缆和电机的高频模型及对地的寄生参数建立共模等效电路,具体参见第 8 章。

由于等效电路主要是由电阻、电感和电容等线性元件构成的,因此符合叠加原理,而傅里叶变换有线性性质,所以系统的共模干扰频谱就是不同共模干扰源作用下的频谱叠加。

图 10 - 6 给出了三相变换器感应电机系统中的共模电流的流通路径,由图可见,共模干扰主要是通过各相线、对地寄生电容,再由地形成回路干扰。图 10 - 6 的系统在建立共模干扰流通路径时必须考虑整流桥和逆变桥的散热片对地的寄生电容以及电机对机壳的寄生电容,其中电机对机壳的寄生电容在电机绕组模型中已经表示出来了,此处只需考虑整流桥和逆变桥的散热片对地的寄生电容即可,图 10 - 7 为散热片对地的寄生电容的阻抗测试结果。从而得到由整流桥共模干扰源和逆变桥共模干扰源共同作用时的系统的共模等效电路图如图 10 - 8 所示。图中:u_{SCM1} 和 u_{SCM2} 分别代表整流桥共模干扰源和逆变桥共模干扰源;R_{c1}、L_{c1} 和 C_{c1} 表示电机电缆的参数;R_{c2}、L_{c2} 和 C_{c2} 表示电源电缆的参数;R_w、L_w 和 C_w 以及 R_g、L_g 和 C_g 代表电机的参数;C_p 表示散热片对地的寄生电容,由阻抗分析仪测量得到。图中 M 点表示直流母线中性点,LISN 表示两个 50Ω 的电阻并联。

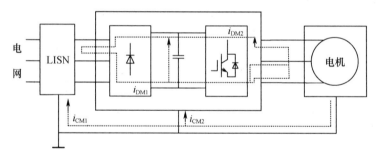

图 10 - 6 三相变换器驱动的感应电机系统

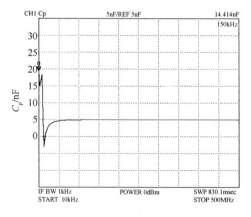

图 10 - 7 散热片对地的寄生电容的测试结果

168

由图 10 - 8 可见,可以应用叠加原理分别计算出不同干扰源产生的共模电压,然后进行简单的叠加即可得到总的干扰。在讨论总的干扰发射时,先考虑整流桥产生的共模干扰源单独作用下的干扰分析。根据电路的叠加原理,整流桥产生的共模干扰源 u_{SCM1} 单独作用时,应将逆变桥产生的共模干扰源 u_{SCM2} 视为短路,则图 10 - 8 可简化为图 10 - 9。

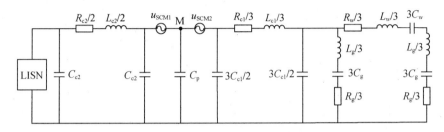

图 10 - 8　三相变换器驱动的感应电机系统的共模等效电路

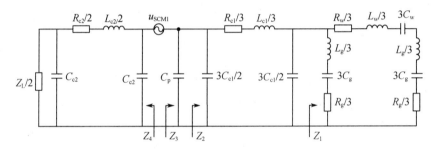

图 10 - 9　整流桥共模干扰源单独作用时的共模等效电路

根据无源器件的串并联的关系,从图 10 - 9 可分别得出阻抗 Z_1、Z_2、Z_3 和 Z_4 的表达式如下:

$$Z_1 = \frac{1}{3} \frac{\left[R_w + R_g + j\omega(L_g + L_w) + \dfrac{1}{j\omega(C_w + C_g)} \right]\left(j\omega L_g + R_g + \dfrac{1}{j\omega C_g} \right)}{(R_w + 2R_g) + j\omega(2L_g + L_w) + \dfrac{C_w + 2C_g}{j\omega C_g(C_w + C_g)}}$$

(10 - 34)

$$Z_2 = \frac{\dfrac{2Z_1}{3j\omega C_{c1}Z_1 + 2} + \dfrac{4}{3}R_{c1} + \dfrac{4}{3}j\omega L_{c1}}{\dfrac{3j\omega C_{c1}Z_1}{3j\omega C_{c1}Z_1 + 2} + 2j\omega C_{c1}R_{c1} - 2\omega^2 L_{c1}C_{c1} + 1}$$

(10 - 35)

$$Z_3 = \frac{Z_2}{1 + j\omega C_p Z_2}$$

(10 - 36)

169

$$Z_4 = \frac{Z_L + \frac{3}{2}(R_{c2} + j\omega L_{c2})(2 + j\omega C_{c2}Z_L)}{2 + j\omega C_{c2}Z_L + j\omega C_{c2}Z_L + \frac{3}{2}j\omega C_{c2}(R_{c2} + j\omega L_{c2})(2 + j\omega C_{c2}Z_L)}$$

$$(10-37)$$

由电路的基尔霍夫电压定律可得到整流桥共模干扰源单独作用时落在 LISN 上的共模电压为

$$U_{CM1}(\omega) = \left| \frac{\dfrac{Z_4 Z_L}{Z_3 + Z_4}}{\dfrac{3}{2}(R_{c2} + j\omega L_{c2})(2 + j\omega C_{c2}Z_L) + Z_L} \right| \cdot U_{SCM1}(\omega) \qquad (10-38)$$

将各参数代入式(10-38),即可计算出由整流桥共模干扰源产生的共模电压。

下面考虑逆变桥产生的共模干扰源单独作用下的干扰分析。根据电路的叠加原理,逆变桥产生的共模干扰源 u_{SCM2} 单独作用时,应将整流桥产生的共模干扰源 u_{SCM1} 视为短路,则图 10-8 可简化为图 10-10。图 10-10 中阻抗 Z_1、Z_2 和 Z_4 的表达式与图 10-9 的阻抗表达式相同,从图 10-10 可见,此处只需给出阻抗 Z_5 的表达式:

$$Z_5 = \frac{Z_4}{1 + j\omega C_p Z_4} \qquad (10-39)$$

由电路的基尔霍夫电压定律可得到逆变桥共模干扰源单独作用时落在 LISN 上的共模电压为

$$U_{CM2}(\omega) = \left| \frac{\dfrac{Z_5 Z_L}{Z_2 + Z_5}}{\dfrac{3}{2}(R_{c2} + j\omega L_{c2})(2 + j\omega C_{c2}Z_L) + Z_L} \right| \cdot U_{SCM2}(\omega) \qquad (10-40)$$

将各参数代入式(10-40)中,即可计算出由逆变桥共模干扰源产生的共模电压。前面已经讨论过,干扰源的作用符合叠加原理,因此由系统产生的总的共模干扰电压为

$$U_{CM}(\omega) = U_{CM1}(\omega) + U_{CM2}(\omega) \qquad (10-41)$$

但上述公式中的单位均为 V,将其转换为电磁干扰测量标准规定的单位 dBμV 后可得下式:

$$U_{CMdB} = 120 + 20\log|U_{CM}(\omega)| \qquad (10-42)$$

利用公式(10-42)即可计算出能够与标准相比较的系统总的传导干扰。

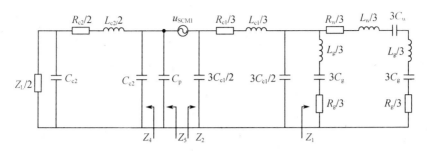

图 10 - 10 逆变桥共模干扰源单独作用时的共模等效电路

10.2.2 差模等效电路

前面已推导出了整流桥和逆变桥的差模干扰源的数学模型,因此可以用等效差模干扰源代替系统中的非线性环节,再根据差模干扰的传播途径利用电缆和电机的高频模型建立差模等效电路。系统中的差模干扰频谱就是不同差模干扰源作用下系统中的差模干扰的叠加。图 10 - 6 给出了三相变换器感应电机系统中的差模电流的流通路径,由图可见,差模干扰是指相线之间的干扰直接通过相线与电源形成回路。在建立差模干扰等效电路时,必须考虑直流侧电容的寄生电感,该值可由阻抗分析仪测出。图 10 - 11 和图 10 - 12 分别为电容的阻抗测试曲线和电容的寄生电感的测量值。

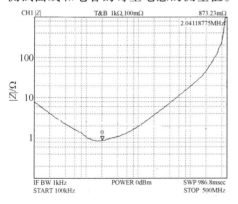

图 10 - 11 电容的阻抗测试曲线图

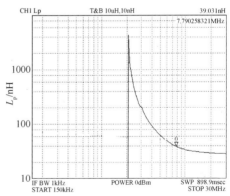

图 10 - 12 电容的寄生电感的测试结果

由图 10 - 6 可以看出整流桥侧的差模信号是通过两条电源线形成回路的,而逆变桥侧的差模电流信号则是由一相流出而由两相流回的,因此差模等效电路中由电缆模型形成的差模电缆阻抗与共模完全不同,而且在同一个差模等效电路中,由于整流侧和逆变侧的差模电流的流通路径不同,所以整流侧和逆变侧的差模电缆阻抗也会有所不同。图 10 - 13 和图 10 - 14 分别根据不同的差模流通路径给出了整流桥侧和逆变桥侧的差模电缆参数模型。

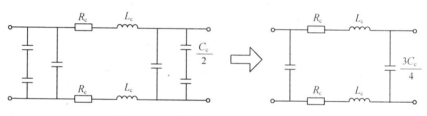

图 10 - 13 整流桥侧的电缆的差模参数

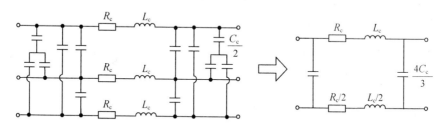

图 10 - 14 逆变桥侧的电缆的差模参数

图 10 - 15 为根据电机绕组的高频模型以及差模电流的流通路径得到的电机差模模型参数。下面分析由整流桥差模干扰源和逆变桥差模干扰源分别单独作用时的系统差模干扰情况。先讨论整流桥产生的差模干扰源单独作用下的干扰分析。图 10 - 16 给出了整流桥差模干扰源单独作用时的差模等效电路,图中 L_p 表示直流侧电容的寄生电感,u_{SDM1} 代表整流桥差模干扰源,其他符号的含义与图 10 - 8 相同。各阻抗表达式如下:

$$Z_{\text{d1}} = \frac{3}{2} \frac{\left(R_{\text{g}} + j\omega L_{\text{g}} + \dfrac{1}{j\omega C_{\text{g}}}\right)\left[R_{\text{g}} + R_{\text{w}} + j\omega(L_{\text{g}} + L_{\text{w}}) + \dfrac{C_{\text{w}} + C_{\text{g}}}{j\omega C_{\text{w}} C_{\text{g}}}\right]}{(2R_{\text{g}} + R_{\text{w}}) + j\omega(2L_{\text{g}} + L_{\text{w}}) + \dfrac{3}{2j\omega C_{\text{g}}}\left(2 + \dfrac{C_{\text{w}}}{C_{\text{g}}}\right)}$$

$$(10 - 43)$$

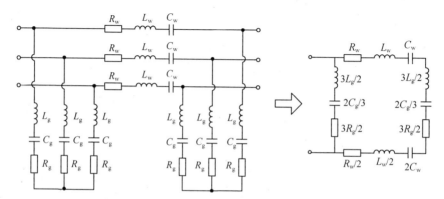

图 10 - 15 电机的差模模型参数

$$Z_{d2} = \frac{3}{2} \frac{R_{c1} + j\omega L_{c1} + \dfrac{2Z_{d1}}{3 + 4j\omega C_{c1}Z_{d1}}}{1 + 2j\omega C_{c1}(R_{c1} + j\omega L_{c1}) + \dfrac{4j\omega C_{c1}Z_{d1}}{3 + 4j\omega C_{c1}Z_{d1}}} \qquad (10-44)$$

$$Z_{d3} = 4 \frac{R_{c2} + j\omega L_{c2} + \dfrac{Z_L}{1 + \dfrac{3}{2}j\omega C_{c2}Z_L}}{2 + 3j\omega C_{c2}(R_{c2} + j\omega L_{c2}) + \dfrac{3j\omega C_{c2}Z_L}{1 + \dfrac{3}{2}j\omega C_{c2}Z_L}} \qquad (10-45)$$

$$Z_{d4} = \frac{j\omega L_p Z_{d3}}{Z_{d3} + j\omega L_p} \qquad (10-46)$$

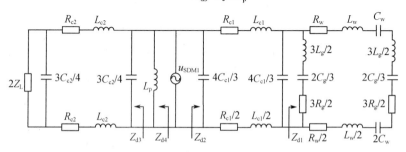

图 10 – 16   整流桥差模干扰源单独作用时的差模等效电路

由电路的基尔霍夫电压定律可得到整流桥差模干扰源单独作用时落在 LISN 上的差模电压为

$$U_{DM1}(\omega) = \left| \frac{4Z_L Z_{d3}}{2(R_{c2} + j\omega L_{c2})(2 + 3j\omega C_{c2}Z_L) + 4Z_L} \cdot \frac{j\omega L_p - Z_{d4}}{j\omega L_p Z_{d4}} \right| \cdot U_{SDM1}(\omega)$$

$$(10-47)$$

将各参数代入式(10 – 47),即可计算出由整流桥差模干扰源产生的差模电压。

下面讨论逆变桥产生的差模干扰源单独作用下的干扰分析。图 10 – 17 给出了逆变桥差模干扰源单独作用时的差模等效电路,图中各符号的含义与图 10 – 16 相同,各阻抗表达式上文已经给出,因此由电路的基尔霍夫电压定律可得到逆变桥差模干扰源单独作用在 LISN 上产生的差模电压为

$$U_{DM2}(\omega) = \left| \frac{4Z_L}{2(R_{c2} + j\omega L_{c2})(2 + 3j\omega C_{c2}Z_L) + 4Z_L} \cdot \frac{Z_{d4}}{Z_{d2} + Z_{d4}} \right| \cdot U_{SDM2}(\omega)$$

$$(10-48)$$

将各参数代入上式,即可计算出由逆变桥差模干扰源产生的差模电压。

因此由系统产生的总的差模干扰电压为

$$U_{DM}(\omega) = U_{DM1}(\omega) + U_{DM2}(\omega) \qquad (10-49)$$

转换为电磁干扰测量标准规定的单位 dBμV 后可得下式

$$U_{DMdB} = 120 + 20\log|U_{DM}(\omega)| \qquad (10-50)$$

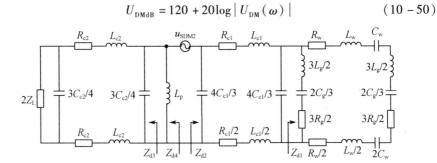

图 10 - 17　逆变桥差模干扰源单独作用时的差模等效电路

10.3　实　验　验　证

在实验室里建立了三相整流 - 逆变 - 电机系统,对其传导干扰进行了测试。系统参数如下:IPM 型号为 PS21867(30A/600V);逆变桥开关频率为 10kHz;调制比 a 为 0.8;电机型号为 Y2 - 90S - 4;整流桥型号为 MDS30A/1600V。

对上述实验系统,按前面章节介绍的高频模型参数的求取方法可得参数的计算结果如下:$R_w = 66\Omega$,$L_w = 6.37\mu H$,$C_w = 54.67pF$,$R_g = 34.68\Omega$,$L_g = 4.83\mu H$,$C_g = 154.68pF$,$R_{c1} = R_2 = 11m\Omega$,$L_{c1} = L_{c2} = 15.7\mu H$,$C_{c1} = C_{c2} = 15.7\mu H$,$C_p = 16nF$。

10.3.1　整流桥产生的共模和差模干扰源验证

1. 共模干扰源的验证

图 10 - 18 为整流桥侧共模电压的仿真结果,由图可见,其谐波次数为 $3(2n+1)$,其中 $n = 0,1,2,\cdots$,幅值逐渐衰减。图 10 - 19 为通过公式(10 - 6)计算出的整流桥侧共模电压的频谱。

对此图 10 - 18(b)和图 10 - 19 可知,计算值与仿真结果完全一致,从而证明了公式(10 - 6)的正确性。图 10 - 20 为通过实验测得的整流桥侧的共模电压的时域波形,对比图 10 - 20 与图 10 - 18(a)可知,实验结果与仿真波形一致。

2. 差模干扰源的验证

图 10 - 21 为整流桥侧差模电压的仿真结果,由图可见,其谐波次数为 $6n$,

174

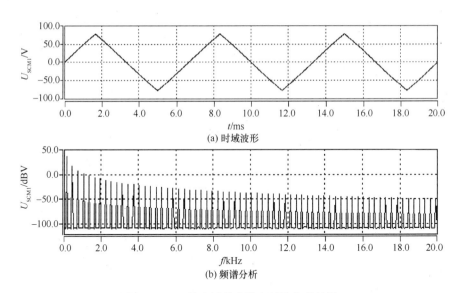

(a) 时域波形

(b) 频谱分析

图 10 − 18　整流桥侧共模电压的仿真结果

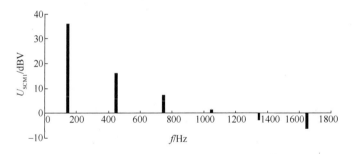

图 10 − 19　由共模干扰源的数学模型计算出的频谱

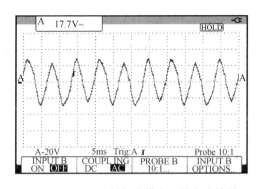

图 10 − 20　整流桥侧共模电压的实验结果

其中 $n = 1, 2, \cdots$,幅值逐渐衰减。图 10 − 22 为通过公式(10 − 7)计算出的整流桥侧差模电压的频谱。

对比图 10 − 21(b)和图 10 − 22 可知,计算值与仿真的频谱结果完全一致,

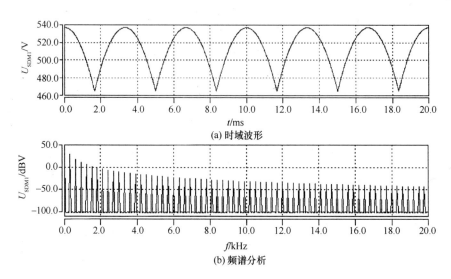

(a) 时域波形

(b) 频谱分析

图 10-21　整流桥侧差模电压的仿真结果

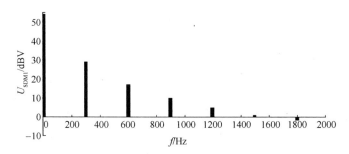

图 10-22　由差模干扰源的数学模型计算出的频谱幅值

从而证明了公式(10-7)的正确性。图 10-23 为通过实验测得的整流桥侧的差模电压的时域波形,对比图 10-21(a)与图 10-23 可知,实验结果与仿真波形一致。

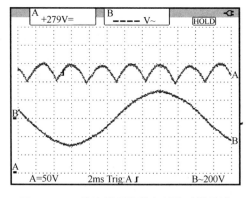

图 10-23　整流桥侧差模电压的时域波形

10.3.2 逆变桥产生的共模和差模干扰源验证

1. 共模干扰源的验证

图 10 – 24 为逆变桥侧共模电压的仿真结果,图 10 – 25 为计算出的逆变桥侧共模电压的频谱。对比图 10 – 24(b)和图 10 – 25 可知,计算值与仿真结果一致。图 10 – 26 为通过实验测得的逆变桥侧的共模电压时域波形,其形状与图 10 – 24(a)的波形形状相同。

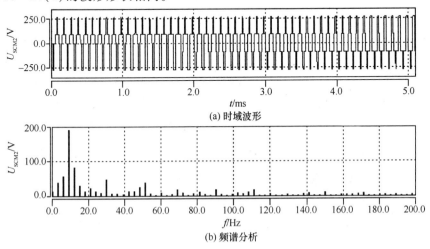

(a) 时域波形

(b) 频谱分析

图 10 – 24   逆变桥侧共模电压的仿真结果

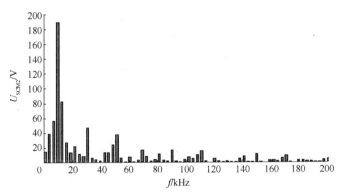

图 10 – 25   由共模干扰源的数学模型计算出的频谱

2. 差模干扰源的验证

图 10 – 27 为逆变桥侧差模电压的仿真结果,图 10 – 28 为计算出的逆变桥侧差模电压的频谱。对比图 10 – 27(b)和图 10 – 28 可知,计算值与仿真结果一致。图 10 – 29 为通过实验测得的逆变桥侧的差模电压时域波形,其形状与图 10 – 27(a)的波形形状相同。

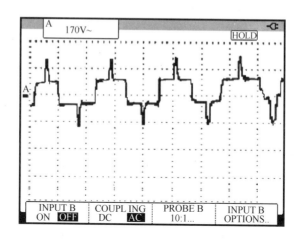

图 10 - 26　逆变桥侧共模电压的时域波形

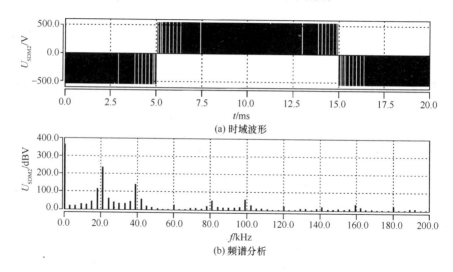

(a) 时域波形

(b) 频谱分析

图 10 - 27　逆变桥侧差模电压的仿真结果

10.3.3　系统的共模和差模干扰的验证

　　图 10 - 30 为系统产生的共模干扰电压的实际测量结果和计算结果,图中曲线 1 表示通过 LISN 由接收机所测得的实际的共模干扰电压,而曲线 2 表示通过共模等效电路计算所得到的共模干扰电压,是预测的结果。从图 10 - 30 可以看出,在低频情况下预测的干扰电压比实测的干扰电压高,而在高频段情况下实际测量值却比预测的值大。这是因为预测模型中的耦合通道是按照系统最坏的工作情况来建立的,故低频情况下预测的结果比实测的结果高。而高频段实际测量值比预测值大的主要原因是所建立的共模和差模的等效电路的耦合通道可能

178

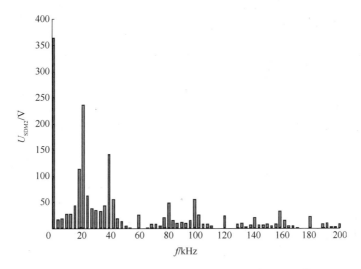

图 10 - 28   由差模干扰源的数学模型计算出的频谱

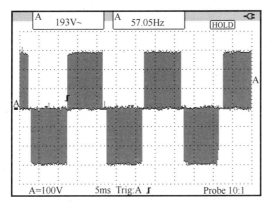

图 10 - 29   逆变桥侧差模电压的实验结果

不完全准确,具体表现在两个方面:一方面是可能存在未预料到的耦合通道,系统实际工作时干扰的耦合途径可能会比理论上所分析的耦合通道多;另一方面是所建立的耦合通道的高频寄生参数和实际的耦合通道的寄生参数存在误差。但由图 10 - 30 能够看出,预测值和实测值在整个频段还是比较吻合的,这说明所建立的共模干扰源模型及共模等效电路有一定的参考价值。

图 10 - 31 为系统产生的差模干扰电压的实际测量结果和计算结果,图中曲线 1 表示通过 LISN 由接收机所测得的实际的差模干扰电压,而曲线 2 表示通过差模等效电路计算所得到的差模干扰电压,是预测的结果。从图 10 - 31 可以看出,在低频情况下预测的差模干扰电压比实测的差模干扰电压高,而在高频段情况下实际测量值却比预测的值大,此情况和共模相似。其具体原因和共模干扰

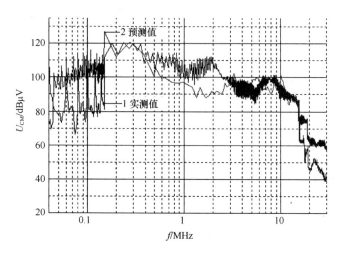

图 10 − 30　共模干扰电压的实测值和计算值

情况完全相似。从图 10 − 31 能够看出,预测值和实测值在整个频段吻合较好,这说明所建立的差模干扰源模型及差模等效电路有一定的参考价值。

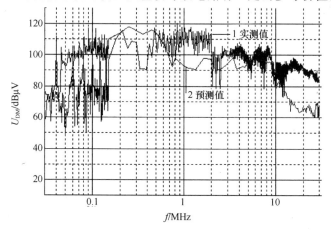

图 10 − 31　差模干扰电压的实测值和计算值

180

第 11 章　PWM 驱动电机系统
干扰源的抑制

由于 EMI 的形成必须同时具备干扰源、传播途径和敏感设备这三个要素，所以各国学者围绕这三个要素对 PWM 电机系统传导 EMI 问题开展了广泛研究，并取得了一定的成就。目前学术界普遍认为电磁噪声能量是伴随着功率半导体器件开关过程产生的，并且这些能量会借助系统中的各种元器件及媒质，通过电磁场以电压、电流的形式耦合到敏感设备(电路)形成电磁干扰。因此，抑制系统传导方法可以归纳为基于减小干扰源发射强度的 EMI 抑制技术和基于切断传导传播途径的 EMI 抑制技术。

目前，通过消除或减小 PWM 功率变换器干扰源的发射强度，达到抑制系统传导 EMI 发射强度的具有代表性的方法归纳起来有三种：改变电路拓扑、改进控制策略和优化驱动电路。

11.1　改变电路拓扑

电路拓扑改进的思路主要是通过对称结构来消除变换器输出的共模电压，并且由于开关器件上电压变化率减半而使得装置输入侧传导干扰水平降低。

通过改进电路拓扑来消除共模电压的概念最先应用到三相变换器。美国威斯康辛大学的 A. L. Julian、T. N. Lipo 和 C. Oriti 则根据"电路平衡"原理提出了一种用于消除三相逆变桥输出共模电压的三相四桥臂功率变换器方案，使三相系统电路的对地电位对称，并调整开关顺序尽可能地使四桥臂输出相电压之和为零，从而达到共模电压完全为零。其实验电路的拓扑结构如图 11 - 1 所示。与传统三桥臂功率变换器相比，它的共模 EMI 可以减小约 50%，但不足之处是增加了变换器的成本和体积，并且当采用 SPWM 控制策略时，为了避免零状态的出现，其调制比仅能达到 0.66，这不但影响了直流母线电压的利用率，同时还会使差模电压发生畸变。当采用空间矢量控制策略时，虽然调制比没有上述限制，但是却产生了严重的开关损耗和谐波失真。

M. D. Manjrekar 和 A. Rao 等学者提出了一种通过添加辅助零状态开关，以消除因零开关状态而产生共模电压的方案，电路结构如图 11 - 2 所示。这种辅

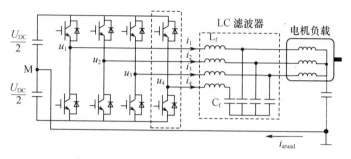

图 11 - 1   四桥臂结构逆变器

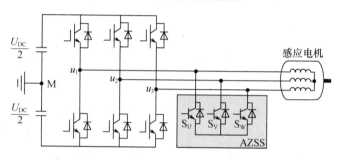

图 11 - 2   辅助零状态合成器结构图

助零状态合成器方法虽然在经济方面很有吸引力,并且还可以消除感应电机侧共模电压,但是两电平功率变换器不对称开关动作所产生的共模电压仍然存在,并且该辅助电路所能提供用于控制开关合成零状态的自由度少,另外为了避免因功率变换器上桥臂和辅助零状态合成器开关同时导通而出现短路现象,需要对辅助零状态合成器的调制策略进行精心设计,这增加了设计难度。

  与传统的功率变换相比,尽管三相四桥臂和辅助零状态合成器这两种方法都能够消除或降低系统的共模电压,但它们所采用的调制策略都会使系统电压利用率下降。为此,Haoran Zhang 等学者提出了一种用于消除电机共模电压和轴电流的双桥功率变换器,拓扑结构如图 11 - 3 所示。它是通过控制双桥功率变换器产生标准的三相双绕组感应电动机平衡激励,并通过平衡激励(磁系统)实现抵消共模电压,达到消除轴电压、轴电流及充分减小漏电流和 EMI 发射强度的目的。与传统逆变器相比,该方法需要增加一个功率变换器及相应的驱动设备,这使得逆变器的体积和成本都成倍增加,并且该方法的最大不足之处是它只能应用于特殊结构的感应电机,从而限制了该方法的应用。

  为了消除 PWM 电机驱动系统共模电流,A. Consoli 等学者基于共模电压补偿技术,提出了一种应用于由两个或多个功率变换器组成的多驱动系统的公共直流母线共模电流抑制技术,拓扑结构如图 11 - 4 所示。该方法是在两个功率变换器做适当连接的基础上,通过控制两个变换器状态序列而使共模电压同步

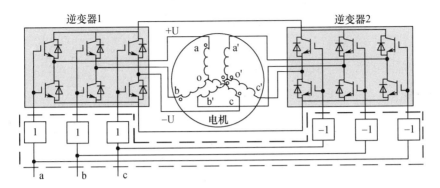

图 11 - 3　双桥功率变换器驱动电路

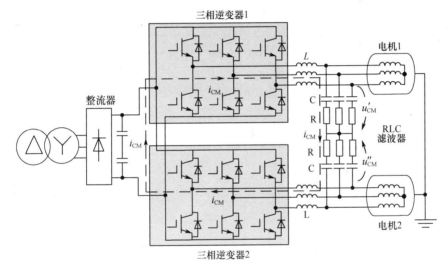

图 11 - 4　多驱动系统公共直流母线共模电流抑制系统

变化的新 PWM 调制策略。由于是通过两个 RLC 滤波器的连接,所以可以将其视为六线系统。依据这种电路上的平衡对称,在两个驱动系统中可以获得一个理论上的零共模电压。但该方案只能应用于由两个或多个功率变换器组成的多驱动系统中。

针对 BUCK 变换器和单相逆变器进行电路拓扑改进以减少共模干扰,图 11 - 5 给出了改变拓扑后的 BUCK 变换器结构图。从图可见该变换器增加了一个开关管,并且将电感分开使用。两个开关管使用同一个逻辑控制信号。当两个开关管开通时,直流电源电压加到电感终端,u_{ch1} 的电位为 $+U_{DC}/2$,而 u_{ch2} 的电位为 $-U_{DC}/2$,则共模电压为

$$u_{CM} = \frac{u_{ch1} + u_{ch2}}{2} \qquad (11-1)$$

183

而此时 $u_{\mathrm{ch1}} + u_{\mathrm{ch2}}$ 为零；当两个开关管均关断时，只要两个开关管能平均地分担电源电压，则 u_{ch1} 和 u_{ch2} 均为零，所以共模电压也为零，理想情况下可以完全消除共模电压。但实际上，由于两个开关管的所有参数不可能完全一样，因此在关断时不一定能均压，而在开通时可能会由于驱动信号的不同步以及管子自身的差异而使得开通和关断时的速度有差异，进而影响了共模电压的消除效果，针对此种情况，可以采用增加缓冲电路来解决上述问题。

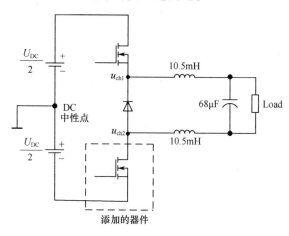

图 11 - 5　降低共模电压的 BUCK 变换器拓扑

图 11 - 6 所示为改变电路拓扑的单相逆变器的原理图，增加了两个开关管 S_5 和 S_6，被称为双向器件。在任意瞬间单相逆变器的共模电压为

$$u_{\mathrm{CM}} = \frac{u_1 + u_2}{2} \tag{11-2}$$

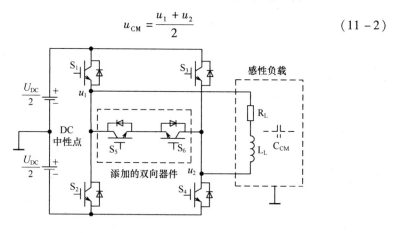

图 11 - 6　改进的单相逆变器的原理图

由该公式可见，只有开关管 S_1、S_3 和 S_2、S_4 开通时，负载才存在共模电压，也就是逆变器处于续流状态时存在共模电压。在添加了开关管 S_5 和 S_6 后，通过

对 S_5 和 S_6 的开关控制,使续流状态变为零状态,即消除了共模电压。对所有开关管的具体控制策略如下:在 S_1、S_4 开通时,即开通 S_6,此时关断 S_5,主要是通过 S_5 来实行电压阻断功能;当 S_1、S_4 关断时,感性负载电流流过 S_6 和 S_5 的续流二极管,此时如果 S_1 和 S_4 能均压,则输出的共模电压为零;当 S_2 和 S_3 开通时,关断 S_6,开通 S_5,其他过程与正半周过程类似。但此电路拓扑存在和图 11 - 5 一样的问题,即如果开关管均压不好则影响共模电压的消除效果,也需增加缓冲电路。

11.2 改进控制策略

对单开关管的变换器,可以通过对正激变换器采用开关频率调制技术来减小电磁干扰,具体思路是将电磁干扰能量从开关频率及其整数倍的单频点扩散到其边带上分布,进而降低电磁干扰强度。该方法特别有利于 PWM 频率已处在标准规定的射频范围内的变换器的 EMC 认证。

由于两电平 PWM 调制策略将不可避免地使功率变换器的输出含有共模电压,为此一些学者基于改进逆变器控制方式或策略,提出了一些可以消除或减小共模电压的新调制策略。如台北学者 Yen - Shin Lai 所提出的空间矢量调制技术,该方法是利用矢量状态的不同组合会对功率变换器输出共模电压产生影响的特点,采用两个相反方向矢量"回扫"的方法来取代零矢量的作用,以降低系统共模电压,实现了抑制传导 EMI 的目的,但该方法会增加功率变换器输出电压的谐波。而 A. M. De Broe 等学者提出了整流侧与逆变侧开关同步变化的空间矢量调制方法,它能够避免产生与直流母线电压大小相同的共模电压脉冲,但其他共模电压脉冲仍然存在,所以该方法并没有真正地消除共模电压,只是起到限制电机侧的共模电流的作用。韩国学者 Hyeoun - Dong Lee 对全控型三相整流/逆变器的空间矢量调制方式进行了改动,它是依据非零矢量位置的移动会减小系统输出共模电压脉冲数量和作用时间这一原理,实现了共模电压的减小的,同样该方法并没有真正地消除共模电压。另外该学者提出了通过检测整流器滤波电容钳位中点电位的过零点极性,并选用两个不同零矢量的方法。该方法虽然可以将功率变换器输出的共模电压降低到传统 SVPWM 方式的 2/3,但需要增加检测直流母线电压中点电位变化的硬件电路。M. Zigliotto 等学者提出了以随机开关频率调制(Random Pulse Width Modulation,RPWM)方式实现电磁干扰能量在频域范围内分布平均化的抑制技术。从时域角度看,该方法只是改变了干扰出现的时间,并没有减小电磁干扰发射强度的峰值,还是不能从根本上消除电磁干扰。

11.3 优化驱动电路

功率变换器产生 EMI 的主要原因是功率半导体器件高频开关动作所引起的 du/dt 和 di/dt 过大,电压和电流变化率的大小直接影响着系统 EMI 的发射强度。解决此类问题的常规方法是采用缓冲电路,虽然客观上该方法在一定程度上减小了 du/dt 和 di/dt,但事实上它只是消除了器件开关时的振荡现象,这对系统 EMI 问题具有改善作用,但效果不是很明显,而且缓冲电路体积很大。

另一种解决方法是通过适当的栅极驱动电路来减少 EMI。性能好的栅极驱动电路应满足电磁干扰小、开关速度快且开关损耗低的特点,但这些彼此冲突的要求使得栅极驱动电路的设计存在一定的难度。国外一些学者近年来已在栅极驱动电路的设计方面做了一些研究工作。最早提出的传统栅极驱动电路是在栅极串入一个大电阻,从而减小开通与关断时的电流及电压变化率,但由此会导致较长的开关延迟和较大的开关损耗。为了分别控制开通与关断时的 du/dt 和 di/dt,传统的栅极驱动方法后来发展成为不对称的开关驱动策略,即在栅极开通与关断时采用不同的栅极电阻。这种不对称的栅极驱动策略有两种方式:一种是开通与关断时的栅极电阻值均取得较大,这种驱动方式电磁干扰小,但开关损耗大;另一种是开通与关断时的栅极电阻值均取得较小,这种驱动方式开关速度快,开关损耗小,但开关管开通时会有电流过冲及振荡,关断时会有电压过冲及振荡,而且电压及电流的变化率都很大,故电磁干扰大。

有文献提出独立控制漏源电压和漏极电流斜率的二阶驱动思想,但二阶驱动控制策略中控制信号的产生均依赖于对 u_{ds}、du_d/dt 或 di_d/dt 的检测。由于通过对 u_{ds}、du_d/dt 或 di_d/dt 的检测来生成控制信号存在两种缺点:一是在开关管的开、关期间,经历变化的第一个变量是栅极电压,通过对 u_{ds}、du_d/dt 或 di_d/dt 的检测来产生控制信号会降低开关速度;二是对 u_{ds}、du_d/dt 或 di_d/dt 的检测需要高压器件,故此种驱动电路不易实现。

总之,近年来在栅极驱动技术方面的研究有了迅速发展,利用栅极驱动电路的优化已可以灵活地控制 du/dt,但每一种方法都存在一定的缺陷,因此基于控制 du/dt 和 di/dt 的抑制技术在实际应用中受到了一定的限制,尚需要做进一步研究。

根据 7.1.2 节对 IGBT 开通暂态过程的分析可知,在集电极电流上升之前有一段时间的延迟,在电流上升的末端和电压下降的尾端是反向恢复时期,据此,可以把典型的 IGBT 的开通波形分为三段对开通特性分别加以控制。所以,这里以 IGBT 为例,说明分段控制门极驱动电路的分析与设计思路,主要目的是优化驱动电路,减小干扰源的发射。

IGBT 的开通波形分为三段,其分段驱动的控制波形可用图 11 - 7 表示。功率拓扑电路以三相硬开关逆变桥为研究对象。第一阶段取延时阶段,为了减小延迟时间,提高开关速度,在此阶段设计了一个大门极电流注入电路,尽快提高门极充电电压以达到门槛电压,缩短延迟时间。通过门极电压检测电路一旦检测到门极与发射极之间的电压超过门槛电压,立即切断门极附加的大电流注入。第二阶段可从集电极电流开始上升的瞬间计起,直到 IGBT 的 Miller 效应出现为止,包括由续流二极管引起的电压过冲和反向恢复产生的振荡。为了对 di/dt 进行抑制驱动电路在此时由门极电压检测信号进行切换,更换一个较大的电阻减小门极充电速率以控制开通时的 di/dt。IGBT 的开通过程和 MOSFET 是类似的,集电极电流都是由门极电压控制的。第三阶段从 Miller 效应出现开始直到 IGBT 完全饱和导通为止。为了降低 Miller 效应的影响,一旦出现 Miller 效应,就应该加大门极注入电流的速率,驱动电路需要再次切换,减小电压拖尾时间,因而也就降低了开通损耗和开通时间。分段驱动的信号波形可以通过高速比较器配以相应的数字电路来实现。

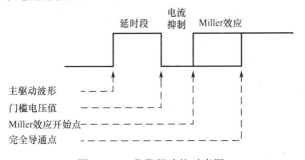

图 11 - 7 分段驱动的时序图

根据对偶原理可知关断时的情况分析和上面类似。由上面的分析和图 11 -7 的时序图可设计出门极驱动电路,其原理图如图 11 - 8 所示。对于开通时的暂态特性的情况控制,在延时阶段和 Miller 效应的拖尾阶段,由 Q_1 和 Q_{12} 以及阻值较小的电阻 R_{on2} 用于加速门极充电电流的速率和减小 IGBT 的开通时间;在电流上升阶段采用 Q_{11} 和较大的电阻 R_{on1},来限制门极充电电流来控制开通时的 di/dt。对关断时的暂态特性情况的控制,由两路驱动电路并联运行进行快速放电,而在 IGBT 两端的电压开始上升时,关断 Q_{22},门极电荷经由 R_{off1} 和 Q_{21} 放电,由此可以抑制关断时 IGBT 的电压上升率 du/dt。

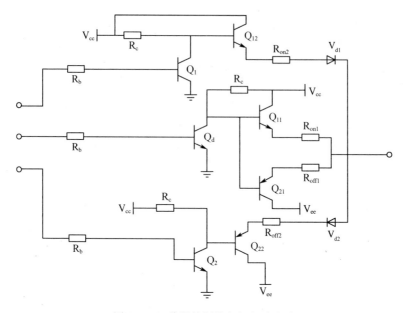

图 11 - 8 分段控制的门极驱动电路

第 12 章 电机系统 EMI 滤波器的设计

在一体化电机系统的电磁干扰研究过程中,不论是研究测试技术和设备,还是建立高频电路模型、分析干扰机理,其最终目的都是为降低系统传导干扰强度提供参考,以便采取相应的有效措施来抑制系统传导干扰。根据前面的分析,很容易找出一体化电机系统主要的传导干扰源及其传播途径。在非直流电机的系统中,干扰源主要为电力电子器件的开关动作引起的电量跳变,电机本体只为干扰提供传播途径;而在直流电机系统中除了电力电子器件引起的干扰以外,电机本身的换向器也是直流电机系统的主要传导干扰源。之所以一体化电机系统的传导干扰比其他的电力电子装置的干扰更为严重,其中一个很重要的原因是一体化电机系统传导干扰的传播途径更为丰富,电机的引入加剧了干扰的强度。在一体化电机系统中除了电力电子器件与散热片和驱动器机壳之间的分布参数为干扰提供传播途径之外,电机的绕组与电机壳体本身之间更是存在着大量的分布参数。为此使得一体化电机系统传导干扰的传播途径显得更为纷乱复杂。

本章将从传播途径入手采取措施,对一体化电机系统的传导干扰进行抑制。在传播途径方面,采用滤波的方式来阻碍干扰的传播,首先要分析不同结构类型滤波器的特点,然后从有源滤波和无源滤波两方面进行分析和设计。

12.1 滤波器概述

通过正确的屏蔽和接地系统的设计,一个电力电子系统的电磁干扰可以得到十分有效的抑制。但是,有时电磁干扰的电平可能仍旧高于标准允许的电平,这时,对于辐射干扰,除了进一步加强屏蔽以外,别无它法;而对于传导干扰,滤波是十分有效的方法。滤波技术是抑制电气、电子设备传导电磁干扰,提高电气、电子设备传导抗扰度水平的主要手段,也是保证设备整体或局部屏蔽效能的重要辅助措施。滤波的实质是将信号频谱划分成有用频率分量和干扰频率分量两个频段,并剔除干扰频率分量部分。

12.1.1 滤波器的类型

1. 滤波器的工作原理

在一定的通频带内,滤波器的衰减很小,能量可以很容易地通过,在此通频带之外则衰减很大,抑制了能量的传输。因此,凡与需要传输的信号频率不同的干扰,都可以采用滤波器加以抑制。滤波器将有用信号的频谱和干扰的频谱隔离得越完善,抑制电磁干扰的效果越好。

2. 滤波器的类型

滤波器的类型有多种划分的方法。根据滤波原理可分为反射式滤波器和吸收式滤波器;根据结构形式可分为 Butterworth、Tchebycheff、Butterworth – Thompson、Elliptic 等类型;根据工作条件可分为有源滤波器和无源滤波器;根据频率特性可分为低通、高通、带通、带阻滤波器;根据使用场合可分为电源滤波器、信号滤波器、控制线滤波器、防电磁脉冲滤波器、防电磁信息泄露专用滤波器、印制电路板专用微型滤波器等;根据用途可分为信号选择滤波器和 EMI 滤波器两大类,如图 12 – 1 所示。信号选择滤波器是指能有效去除不需要的信号分量,同时对被选择信号的幅度、相位影响最小的滤波器;电磁干扰滤波器是以能够有效抑制电磁干扰为目标的滤波器。

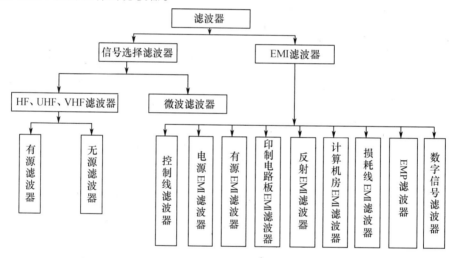

图 12 – 1　滤波器按用途分类

3. EMI 滤波器的特点

应当指出,在 EMC 兼容设计中所讨论的滤波器与通信及信号处理中所讨论的信号滤波器相比,虽然它们的基本原理相同,但是,它们具有下列完全不同的特点,必须在设计中予以足够的注意:

(1)滤波器中用的 L、C 元件,通常需要处理和承受相当大的无功电流和无功电压,即它们必须具有足够大的无功功率容量。

(2)信号处理中用的滤波器,通常总是按阻抗完全匹配状态设计的,所以可以保证得到预想的滤波特性。但是,在 EMC 设计中,很难做到这点,有时滤波器还不得不在失配状态下运行,因此,必须认真考虑它们的失配特性,以保证它们在 0.15~30MHz 范围内,能得到足够好的滤波特性。

(3) 在 EMC 设计中,滤波器主要是用来抑制因瞬态噪声或高频噪声造成的 EMI,所以,对滤波器所用的 L、C 元件寄生参数的控制,要求比较苛刻。因而,对 EMI 滤波器的制作与安装均必须认真对待。

(4) EMI 滤波器虽然是抗电磁干扰的重要元件,但是,使用时必须仔细了解其特性,并正确使用,否则,不但收不到应有的效果,而且有时还会导致新的噪声。例如,如果滤波器与端阻抗严重失配,则可能产生"振铃";如使用不当,还可能使滤波器对某一频率产生谐振。若滤波器本身缺乏良好的屏蔽或接地不当,还可能给电路引进新的噪声。特别是用于电源中的 EMI 滤波器,由于它流过较大的功率流,上述因不正确使用造成的后果可能会十分严重。即使它们用于信号电路中,虽能抑制干扰,但同时会对有用信号带来一定的畸变。所以,采用滤波器时,必须慎重,不可滥用。

12.1.2 滤波器的特性

描述滤波器特性的技术指标包括插入损耗、频率特性、阻抗特性、额定电压、额定电流、外形尺寸、工作环境、可靠性、体积和重量等。下面介绍其中几个主要特性。

1. 插入损耗

对于任何电子、电气系统而言,对干扰的抑制能力是衡量 EMI 滤波器最重要的技术指标。通常用插入损耗来说明 EMI 滤波器的性质,在保证有用信号可以无衰减通过的前提下接入 EMI 滤波器,最大限度地衰减或阻断通过滤波网络的 EMI 噪声。插入损耗实际上是两个系统间的对比,即通过系统中没有接入滤波器和接入滤波器后由噪声源端传递给负载端的功率之比来表达,单位用分贝(dB)表示,其数学表达式为

$$IL = 10\lg\left(\frac{P_1}{P_2}\right) \qquad (12-1)$$

式中:P_1 为系统中没有接入滤波器噪声源端传递给负载端的功率;P_2 为系统中接入滤波器噪声源端传递给负载端的功率。

由于实际上插入损耗都是通过实验测量得到的,而不是传递函数的形式,因此在设计滤波器时使用以传输功率之比定义的插入损耗为设计指标不太方便。因而对式(12-1)做一个变换即可得到以电压衰减表示插入损耗的传递函数形式,即

$$IL = 20\lg\left[\frac{U_0}{U_m} \cdot \frac{R_2}{R_1 + R_2}\right] \qquad (12-2)$$

式中:U_0、U_m 分别为滤波器接入电路前、后负载端的电压;R_1、R_2 分别为噪声源

和负载的阻抗。

通常情况下测试插入损耗时图 12 - 2 中是能得到满足条件 $R_1 = R_2 = R$ 的，由此式(12 - 2)可进一步简化为

$$\text{IL} = 20\lg\left(\frac{U_0}{2 \times U_m}\right) \tag{12 - 3}$$

为便于设计，滤波器线路网络是根据插入损耗的要求来确定网络参数的，可以把插入损耗近似表示为滤波器接入后电路前后两端的电压分贝数，即

$$\text{IL} = 20\lg(U_1/U_2) \tag{12 - 4}$$

式中：U_1、U_2 分别为滤波器输入/输出电压。

为了进行网络分析，可以把滤波器定义成图 12 - 3 所示的滤波网络，图中电量之间的关系可以用阻抗参数方程描述如下

$$\begin{cases} U_1 = Z_{11} \cdot I_1 + Z_{12} \cdot I_2 \\ U_2 = Z_{21} \cdot I_1 + Z_{22} \cdot I_2 \end{cases} \tag{12 - 5}$$

式中：Z_{11}、Z_{21} 分别为开路输入阻抗和开路输出传输阻抗；Z_{22}、Z_{12} 分别为开路输出阻抗和开路输入传输阻抗。

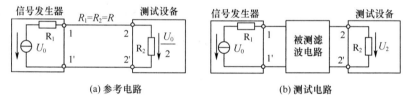

(a) 参考电路   (b) 测试电路

图 12 - 2   插入损耗的定义

图 12 - 3   滤波网络

由滤波器插入损耗的多种数学表示形式可知，插入损耗实际上指的是滤波器接入电路前后的电量衰减比，因而分析滤波网络时传输参数方程更常用一些，它能更直观地反映滤波网络输入/输出电压、电流的关系，即

$$\begin{cases} U_1 = A_{11} \cdot U_2 - A_{12} \cdot I_2 \\ I_1 = A_{21} \cdot U_2 - A_{22} \cdot I_2 \end{cases} \tag{12 - 6}$$

联立式(12 - 5)和式(12 - 6)可得阻抗参数和传输参数之间的关系。据此可得插入损耗以阻抗形式和传输参数形式可分别表示为：

$$IL = 20\lg \frac{(Z_{11} + Z_{g})(Z_{L} + Z_{22}) - Z_{12} \cdot Z_{21}}{(Z_{g} + Z_{L}) \cdot Z_{21}} \qquad (12-7)$$

$$IL = 20\lg \frac{A_{11} \cdot Z_{L} + A_{12} + A_{21} \cdot Z_{g} \cdot Z_{L} + A_{22} \cdot Z_{g}}{Z_{g} + Z_{L}} \qquad (12-8)$$

式中:Z_g、Z_L 分别为信号源阻抗和负载阻抗。滤波器的插入损耗频率特性曲线通常在 $dB - \lg\omega$ 坐标系中画出。

滤波器的结构、噪声源阻抗和负载阻抗、工作电流、工作环境温度等都直接影响滤波器的插入损耗。这就意味着,虽然滤波器的结构和参数确定了,但它的滤波效果会根据不同的应用系统而发生变化。按 CISPR17 标准中的规定,一般滤波器产品说明书中给出的插入损耗曲线是在 50Ω 系统内测量得到的。由于阻抗不匹配,通常要在算得的插入损耗上加上一个较宽的安全范围,即滤波器的插入损耗往往被过分规定了,所以实际使用时滤波器所表现出的插入损耗与它的给出值存在着较大的差异。

2. 频率特性

滤波器的插入损耗随频率的变化即频率特性。信号无衰减地通过滤波器的频率范围称为通带,而受到很大衰减的频率范围称为阻带。根据频率特性,可把滤波器大体上分为四种:低通滤波器、高通滤波器、带通滤波器和带阻滤波器等。表 12-1 给出了这四种滤波器的频率特性曲线。滤波器的频率特性又可用中心频率、截止频率、最低使用频率和最高使用频率等参数反映。

表 12-1　滤波器的频率特性

必须注意,滤波器产品说明书给出的插入损耗曲线,都是按照有关标准规定的,在源阻抗等于负载阻抗且都等于 50Ω 时测得的。实际应用中,EMI 滤波器输入端和输出端的阻抗不一定等于 50Ω,所以,这时 EM1 滤波器对干扰信号的实际衰减与产品说明书给出的插入损耗衰减不一定相同,有可能相差甚远。

3. 阻抗特性

滤波器的输入阻抗、输出阻抗直接影响滤波器的插入损耗特性。在许多使用场合,出现滤波器的实际滤波特性与生产厂家给出的技术指标不符的现象,这主要是由滤波器的阻抗特性决定的。因此,在设计、选用、测试滤波器时,阻抗特性是一个重要技术指标。使用 EMI 滤波器时,遵循输入、输出端最大限度失配的原则,以求获得最佳抑制效果。相反地,信号选择滤波器需要考虑阻抗匹配,以防止信号衰减。

4. 额定电流

额定电流是滤波器工作时,不降低滤波器插入损耗性能的最大使用电流。一般情况下,额定电流越大,滤波器的体积、重量和成本越大;使用温度越高,工作频率越高,其允许的工作电流越小。

5. 额定电压

额定电压是指输入滤波器的最高允许电压值。若输入滤波器的电压过高,则会使滤波器内部的元件损坏。

6. 电磁兼容性

EMI 滤波器一般是用于消除不希望有的电磁干扰的,其本身不会存在干扰问题,但其抗干扰性能的高低,直接影响设备的整体抗干扰性能。抗干扰性能突出体现在滤波器对电快速脉冲群、浪涌、传导干扰的承受能力和抑制能力。

7. 安全性能

滤波器的安全性能,如耐压、漏电流、绝缘、温升等性能,应满足相应的国家标准。

8. 可靠性

可靠性也是选择滤波器的重要指标。一般来说,滤波器的可靠性不会影响其电路性能,但影响其电磁兼容性。因此,只有在电磁兼容性测试或者实际使用过程中,才会发现问题。

9. 体积与重量

滤波器的体积与重量取决于滤波器的插入损耗、额定电流等指标。一般情况下,额定电流越大,其体积与重量越大;插入损耗越高,要求滤波器的级数越多,同时使滤波器的体积与重量增加。

12.1.3　滤波器的安装

滤波器对电磁干扰的抑制作用不仅取决于滤波器本身的设计和它的实际工作条件,而且在很大程度上还取决于滤波器的安装。滤波器的安装正确与否对其插入损耗特性影响很大,只有正确安装,才能达到预期的效果。安装滤波器时应考虑如下几个问题:

(1)安装位置。滤波器安装在干扰源一侧还是安装在受干扰对象一侧,取决于干扰的入侵途径。一个干扰源干扰多个敏感设备时,应在干扰源一侧接入一个滤波器;反之,如果将滤波器接入敏感设备一侧,将需要多个滤波器。类似地,如果只有一个敏感设备和多个干扰源,那么滤波器应安装在敏感设备一侧。此外,将滤波器接入干扰源一侧,可以使传导干扰限制在干扰源的局部。为了抑制来自电源线上的辐射干扰和传导干扰,应在设备或者屏蔽体的入口处安装滤波器。

(2)输入端引线与输出端引线的屏蔽隔离。滤波器的输入端引线和输出端引线之间必须屏蔽隔离,引线应尽量短且不能交叉,以避免输入端引线与输出端引线间的耦合干扰。否则,输入端引线与输出端引线之间的耦合将通过杂散电容器直接影响滤波器的滤波效果。

(3)高频接地。滤波器应加屏蔽,其屏蔽体应与金属设备壳体良好搭接。若设备壳体是非金属材料,则滤波器屏蔽体应与滤波器地相连,并与设备地良好搭接。否则,高频接地阻抗将直接降低高频滤波效果。当滤波电容与地线阻抗谐振时,将产生很强的电磁干扰。因此,滤波器的安装位置应尽量接近金属设备壳体的接地点,滤波器的接地线应尽量短。

(4)搭接方法。一般将滤波器的屏蔽体外壳直接安装在设备的金属外壳上,以降低连接电阻。为了保证在任何情况下均有良好的接触,最好采用焊接、螺帽压紧等搭接方法。

(5)电源线滤波器应安装在敏感设备或者屏蔽体的入口处,并对屏蔽器加以屏蔽。

12.2　EMI 滤波器

尽管单纯从 EMC 角度出发,降低干扰源对外发射电磁干扰强度是能够减小系统 EMI 的,但会受到开关损耗增大、抑制幅度有限、控制策略繁杂及电压利用率降低等不利因素的限制。为此各国学者相继提出了一些用于切断 EMI 传播途径的 EMI 滤波器结构,并且实验表明经过正确设计的滤波器是能够使系统EMI 发射强度减小到 EMC 标准限值以下的,是电气设备和系统实现电磁兼容的重要手段。与谐波滤波器一样,EMI 滤波器也可以划分为无源 EMI 滤波器和有源 EMI 滤波器两种。

12.2.1 无源 EMI 滤波

无源 EMI 滤波通常由电阻、电感、电容等元器件组成,无源滤波器是通过在电路中接入由无源器件组成的电路拓扑(通常为低通)以改变噪声信号的流经途径,从而使得高频噪声能量得以储存在无源的储能元件中,有选择地阻止有用频带以外的其余成分通过,完成滤波作用的。也可以由损耗材料(如铁氧体材料)组成,把不希望的频率成分吸收掉,以达到滤波的目的。而有源滤波器的原理是通过检测噪声信号再辅以有源器件组成的电路向原系统注入相位相反的信号以降低或消除原有系统向电网注入的噪声信号的。

滤波器品种繁多,在这里仅从抑制干扰的角度讨论电磁干扰滤波器。与常规滤波器相比,电磁干扰滤波器的显著特点是电磁干扰滤波器往往工作在阻抗不匹配的条件下,源阻抗和负载阻抗均随频率变化而变化;干扰的电平变化幅度大,有可能使电磁干扰滤波器出现饱和效应,干扰的频率范围由几赫兹至上千亿赫兹,即存在难以实现全频段范围滤波及与此有关的滤波困难。分析和设计电磁干扰滤波器时必须要注意到这些特点。

在滤波器的分类方法中,从不同的角度还可以有不同的分类方法。按滤波原理可分为反射式滤波器和吸收式滤波器;按滤波器的频率特性可分为低通滤波器、高通滤波器、带通滤波器和带阻滤波器。如图 12 – 4 所示为基本的无源 EMI 滤波电路,按照不同的拓扑结构,可以将无源 EMI 滤波器分为 LC 型、T 型、π 型和多级滤波器四种类型。它们都属于反射型滤波器。其中,由于图 12 – 4(a)、(b)、(c)所示的三种滤波器比较简单,其频率特性不够理想,所以,通常采用图 12 – 4(d)所示的多级滤波器网络以便得到比较好的滤波效果。

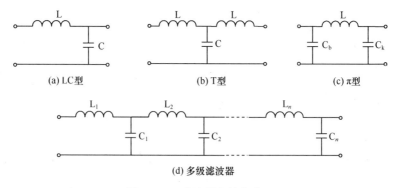

(a) LC型　　　　(b) T型　　　　(c) π型

(d) 多级滤波器

图 12 – 4　滤波器的结构类型

目前最为常见的是 EMI 电源滤波器,其结构如图 12-5 所示。由于它只能抑制 EMI 噪声,而对 PWM 电机驱动系统的其他负面效应无抑制作用,为此各国学者又相继提出了一些兼顾其他功能的无源 EMI 滤波器。如 A. V. Jouanne 等学者所提出的共模变压器方案,结构如图 12-6 所示。该方案是从消除电动机侧共模 EMI 电流的角度进行设计的,它是在共模扼流圈的基础上,再在同一磁芯上缠绕一个终端连接阻尼电阻的第四绕组,以此抑制共模 EMI 电流的振荡,达到消除电机端共模电压带来的其他负面效应的目的的。这种方法虽然对电机侧共模 EMI 电流的抑制效果较好,但只能降低共模电压的 du/dt,而对共模电压的抑制效果并不明显。

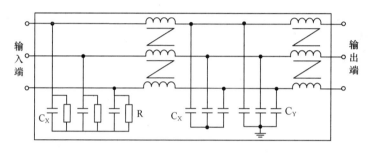

图 12-5　典型三相 EMI 电源滤波器

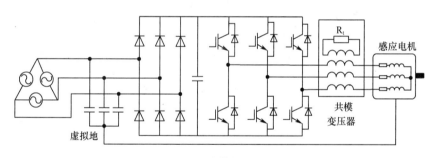

图 12-6　共模变压器方案

D. A. Rendusara 等学者提出了改进型二阶 RLC 低通功率变换器输出滤波器,结构如图 12-7 所示。它与原型滤波器相比,其重要区别就是通过导线把以星型形式连接的阻容电路中性点"n′"与变换器直流母线钳位中点"M"接在一起。该滤波器的优点是可以同时减小电机侧的传导差模 EMI 电流和传导共模 EMI 电流,并且如果参数设计合理,还可以使 R_f、L_f 和 C_f 的值很小,而将其安装在功率变换器机壳内。它可以使电机端的过电压、对地共模 EMI 电流以及轴电压显著减小,并且该滤波器的尺寸、损耗以及成本都较低。但其缺点是如果系统的工作状况发生变化,则需要调节无源元件的参数,以确保能够有效地消除电机侧随载波频率变化的共模电压,因此在实际工程应用中难以实现。

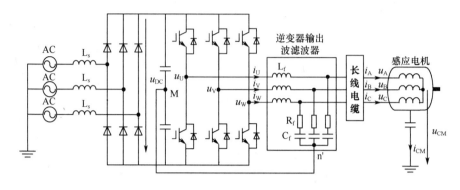

图 12 - 7　改进型二阶无源低通滤波器

12.2.2　有源 EMI 滤波

有源滤波器是将检测环节检测到的 EMI 电流或电压反向回馈回系统,以此抵消系统所产生的 EMI 电流或电压,达到消除 EMI 的目的。与无源 EMI 滤波器相比较,有源滤波器是利用有源电路来消除 EMI 噪声能量的。它克服了无源 EMI 滤波补偿值固定,难以对谐波进行动态补偿的缺点,因此有源 EMI 滤波器不仅滤波效果较好,而且还具有结构紧凑、体积较小、易于集成化和模块化的优点,因此适应当前电力电子设备的发展趋势,备受研究者和使用者的关注,已成为一个新的研究热点。

相对无源滤波器而言,有源滤波器的优点是不需要大体积(由于主电路上的基波电压和电流大)的储能元件来滤除纹波能量。图 12 - 8 展示了反馈式有源滤波器的四种结构。图中:Z_n 和 Z_s 分别为噪声源的阻抗和阻抗网络接收机的检测阻抗;i_n 为噪声源;i_s、v_s 分别为返回到接收机检测阻抗上的电流和电压;i_c、v_c 分别为有源滤波器补偿的电流和电压。

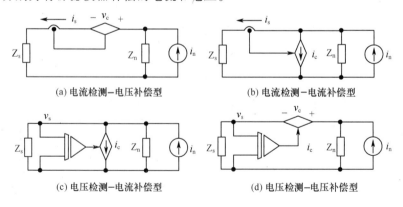

(a) 电流检测—电压补偿型　　　　　(b) 电流检测—电流补偿型

(c) 电压检测—电流补偿型　　　　　(d) 电压检测—电压补偿型

图 12 - 8　反馈式有源滤波器结构示意图

由图 12-8 可以推算出各种滤波器结构的插入损耗。根据式(12-1)插入损耗的最基本定义可知有源滤波器的插入损耗可以表示为

$$IL = 20\lg(v_s/v_s') \qquad (12-9)$$

式中:v_s 和 v_s' 分别为在接入滤波器前后接收机检测阻抗上的电压降。

由图 12-8(a)可得以下方程:

$$\begin{cases} v_s = i_n \dfrac{Z_s Z_n}{Z_s + Z_n} \\ Z_s i_s + A i_s = (i_n - i_s) Z_n \\ v_s' = i_s Z_s \end{cases} \qquad (12-10)$$

整理式(12-9)和式(12-10)可得图 12-8(a)的插入损耗表达式如下:

$$IL = 20\lg\left(1 + \frac{A}{Z_s + Z_n}\right) \qquad (12-11)$$

同理可推得图 12-8 中余下三种滤波器的插入损耗如下:

$$IL = 20\lg\left(1 + \frac{Z_n A}{Z_s + Z_n}\right) \qquad (12-12)$$

$$IL = 20\lg\left(1 + \frac{A}{Z_s // Z_n}\right) \qquad (12-13)$$

$$IL = 20\lg\left(1 + \frac{Z_s A}{Z_s + Z_n}\right) \qquad (12-14)$$

式(12-10)至式(12-14)中所有的 A 都表示有源滤波器的增益。

式(12-11)至式(12-14)中可以看出,图 12-8 中的四种滤波器也有各自对应的场合,不同的情况需要不同类型的滤波器,否则将发挥不出其特长,甚至会对系统噪声进行放大,起到相反的作用。式(12-11)表明图 12-8(a)所示的滤波器(检测电流进行电压补偿的方式)在滤波器增益远远大于噪声源阻抗与测试系统阻抗之和时效果最佳;式(12-12)表明图 12-8(b)所示的滤波器(检测电流进行电流补偿的方式)在噪声源阻抗远远大于阻抗网络的阻抗时效果最佳;式(12-13)表明图 12-8(c)所示的滤波器(检测电压进行电流补偿的方式)在滤波器增益远远大于噪声源阻抗和测试系统的并联阻抗时效果最佳;式(12-14)表明图 12-8(d)所示的滤波器(检测电压进行电压补偿的方式)在噪声源阻抗远远小于阻抗网络的阻抗时效果最佳。

有源滤波器不能影响原有系统的正常运行,不论什么情况,有源滤波器只能消除系统产生的高频噪声而不应改变低频或工频时的运行情况。尤其是作为抑制电磁干扰的有源滤波器,应减小在低频工作时对系统传输特性的影响,以免改

变了系统的传输特性。图 12 - 8 中干扰测试系统中检测阻抗上的压降可以用一个理想的电压源来代替,如图 12 - 9 所示,其改变主要是由于输入阻抗的变化(接入滤波器前后)改变了系统的阻抗分布情况,其变化值可近似写为

$$\Delta Z_n = Z_{in} - Z_n \tag{12 - 15}$$

式中:Z_{in} 表示整个系统的输入阻抗;Z_n 表示在未加滤波器时的输入阻抗。

根据式(12 - 15)可以计算出图 12 - 8(a)、(b)、(c)、(d)四种情况下电机系统输入阻抗的变化分别为 A、AZ_n、$-\dfrac{AZ_n^2}{1 + AZ_n}$ 和 $-\dfrac{AZ_n}{1 + A}$。由此可见图 12 - 8(a)和图 12 - 8(b)都增加了系统的共模阻抗,适用于共模电流噪声和漏电流的抑制;图 12 - 8(c)和图 12 - 8(d)降低了系统的共模阻抗,使入阻抗变小。当滤波器的增益足够大时,系统的输入阻抗趋近于零,这样在工频时就相当于短路了,因而此种滤波器的增益不能设计得太高,可以把补偿电路或者检测器设计为一个高通滤波器,然后再用于差模滤波则不会影响系统的正常运行了。

有源滤波器除了反馈型外还有一种类型——前馈型有源滤波器,一般来说前馈型滤波器中放大器的增益为单位值,利用检测的信号取一等幅值反相位的信号来抵消噪声,所以常用的结构形式只有电流检测 - 电流补偿和电压检测 - 电压补偿两种。如图 12 - 10 所示为前馈式有源滤波器的结构示意图,可与图 12 - 9 中的(b)和(d)对应。根据图 12 - 10(a)所示的电路结构可得以下方程组

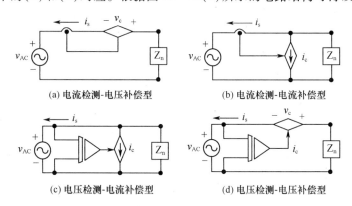

(a) 电流检测-电压补偿型　　　　　(b) 电流检测-电流补偿型

(c) 电压检测-电流补偿型　　　　　(d) 电压检测-电压补偿型

图 12 - 9　工频时反馈滤波器的运行

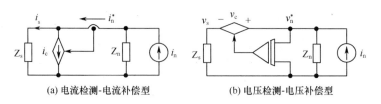

(a) 电流检测-电流补偿型　　　　　(b) 电压检测-电压补偿型

图 12 - 10　前馈式有源滤波器结构示意图

$$\begin{cases} v'_s = i_n \dfrac{Z_n \cdot Z_s}{Z_n + Z_z} \\[2mm] v_s = i_s \cdot Z_s = (i_n - i^*_n) \\[2mm] i_s - i_c = i^*_n \\[2mm] i_c = -A \cdot i^*_n \end{cases} \qquad (12-16)$$

由式(12-12)和式(12-9)整理可得图 12-10(a)所示有源滤波器的插入损耗为

$$IL = 20\lg \frac{Z_n + Z_s - AZ_s}{(1+A)(Z_n + Z_s)} \qquad (12-17)$$

同理可得图 12-10(b)所示有源滤波器的插入损耗为

$$IL = 20\lg \frac{Z_n + Z_s - AZ_n}{(1+A)(Z_n + Z_s)} \qquad (12-18)$$

综合上述的情况分析可知,电压补偿滤波器的设计思想通常是检测电压或电流信号,提供给滤波器,并在被保护器件前串联一个受控电压源,从而阻止噪声电流流入到要消除噪声电流的设备中的。电流补偿滤波器的设计思想是检测电压或电流信号,通过滤波器在被保护器件旁并联一个受控电流源,来改变噪声电流的运行路径的。电压、电流补偿原理可分别用图 12-11(a)和图 12-11(b)来表示。

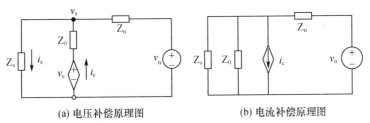

(a) 电压补偿原理图   (b) 电流补偿原理图

图 12-11　补偿原理拓扑示意图

目前应用于 PWM 电机驱动系统中的有源滤波器主要是用于消除传导 EMI 中的共模分量的。如 Isao Takahashi 针对减小电机侧共模电流问题所提出的典型有源 EMI 滤波器。该方法是先对电网侧输入/输出的共模电流进行采样,而后再借助于射极跟随器反向抽取逆变器输出的共模电流。它由共模电流互感器和互补高频晶体管组成,电路结构如图 12-12 所示。由于需要将晶体管直接接到系统直流母线上,所以该滤波器不能应用于高电压系统。另外该方案只能抑制 PWM 电机驱动系统的共模 EMI 电流,而对功率变换器输出端的共模 EMI 电压没有任何抑制作用,因此功率变换器所引起的其他负面效应仍然存在。

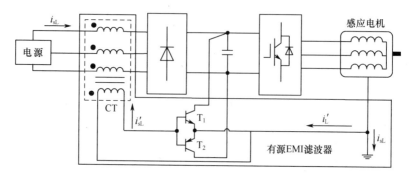

图 12 - 12　有源 EMI 滤波器

日本学者 Satoshi Ogasawara 则从消除 PWM 功率变换器产生的共模电压角度提出了一种有源共模噪声消除器(ACC)方案,系统结构如图 12 - 13 所示。该噪声消除器连接在功率变换器的输出端,它由共模电压检测电路、互补推挽电路和共模变压器这三部分组成。该噪声消除器可以通过滤除加载在感应电机端的共模电压,实现减小轴电压、轴电流和共模电流,达到抑制感应系统电机侧传导共模 EMI 发射强度的目的,但由于共模电压检测的星接电容器是与电机绕组呈并联关系的,所以该滤波器存在高低频特性难以兼顾的问题。

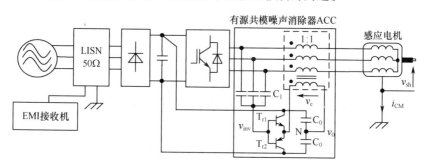

图 12 - 13　有源共模噪声消除器结构

在此之后,Satoshi Ogasawara 等学者又在 π 型无源 EMI 滤波器和有源共模噪声消除器相结合的基础上,给出了改进型有源 EMI 滤波器,系统结构如图 12 - 14 所示。该滤波器能够在消除感应电机端共模电压的同时抑制 PWM 功率变换系统的谐波。但 Satoshi Ogasawara 所提出的这两种方法都采用了射极跟随器直接连到系统直流母线上这一方案,因而存在着互补晶体管额定电压必须大于直流母线电压的要求,因此,与 Isao Takahashi 所提出的有源滤波器一样,这两种滤波器不能应用于高电压系统中。

Y. Q. Xiang 提出了一种用于降低感应电机轴电流的有源共模电压补偿器(ACCom),电路拓扑结构如图 12 - 15 所示。由于用于消除感应电机端共模电

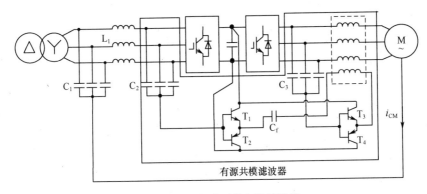

图 12 - 14　改进型的有源滤波器

压的反向补偿电压是通过一个多电平功率变换器产生的,所以该有源共模电压补偿器可以应用于高电压系统。但由于其电路过于复杂,而且四个串联电容的电压平衡问题又难以解决,同时该补偿器的成本和体积都相对较大,所以限制了该补偿器在实际中的应用。

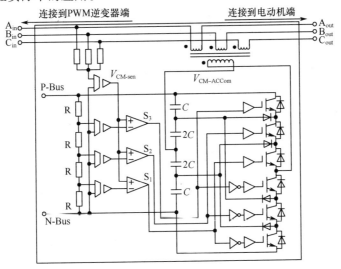

图 12 - 15　有源共模电压补偿器的结构

12.3　一体化电机系统有源滤波器的设计

12.3.1　抑制传导干扰的有源滤波器拓扑结构分析

　　上一节的分析指出了不同拓扑结构的滤波器作用不一样,适用的场合也不一样,其电路结构的选择需要根据实际的系统情况来进行。由前面章节介绍的机理分析可知一体化电机系统传导干扰的主要成分是共模电流噪声,而且传导干扰的频率范围被定义在 150kHz ~ 30MHz 之内。频率如此之高的噪声信号如果采用有源滤波器来补偿差模噪声难度比较大,不仅会增加系统的成本,而且效果也不好,所以对于一体化电机系统的传导干扰抑制问题,用有源滤波的方式来抑制电机系统的共模噪声比较合适,既不影响系统本身在工频时的正常运行,又能有效抑制系统的传导干扰强度。

根据对一体化电机系统传导干扰机理的分析可知,传导干扰主要由两种原因造成,针对不同的原因,在所设计的滤波器中采取不同的措施。如图 12 – 16 所示,滤波器的设计可以分两步来进行。

逆变器后传导干扰的主要成分是逆变器生成的高频共模电压脉冲作用在电机上引起的漏电流,所以可以通过消除共模电压来抑制漏电流。这可以通过由推挽型射极跟随器(晶体管 T_3 和 T_4 组成)、共模变压器和一个共模电压检测器组成的共模电压消除器来完成,如图 12 – 16 所示。巧妙地利用共模变压器绕组同名端的连接关系使得变压器副边产生的感应电势和逆变器生成的共模电压相互抵消。因为共模信号都是对地而言的,三绕组的副边可以等效为一相绕组,所以可以把三相四绕组变压器简化成单相系统,其简化过程如下。

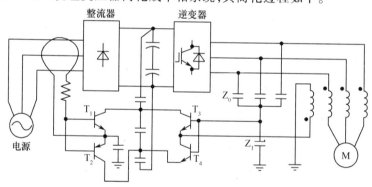

图 12 – 16　有源滤波器结构

在拉普拉斯领域,根据图 12 – 17(a),在零初始状态下共模变压器的电阻参数方程可以表示为式(12 – 19),即

$$
\begin{bmatrix} U_1(s) \\ U_2(s) \end{bmatrix} = \begin{bmatrix} L_1 s + 2M_{11}s & \beta M_{21}s \\ 3M_{12}s & \beta L_2 s \end{bmatrix} \begin{bmatrix} I_1(s) \\ I_2(s) \end{bmatrix} \qquad (12 - 19)
$$

式中: $M_{11} = kL_1$; $M_{12} = M_{21} = k\sqrt{L_1 L_2}$,其中 k 为耦合系数。

根据式(12 – 19),在分析原副边电量关系时可以把三相四绕组共模变压器等效为两绕组来进行。图 12 – 17(a)的等效电路可表示成图 12 – 17(b),共模电压消除器的补偿原理可用图 12 –18 表示。

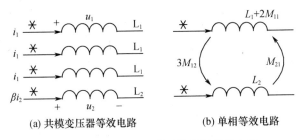

(a) 共模变压器等效电路　　　　(b) 单相等效电路

图 12 - 17　共模变压器及其单相等效电路

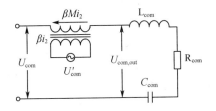

图 12 - 18　有源滤波的共模电压消除原理图

为简化模型,忽略晶体管的基极和发射极之间的导通压降,根据图 12 - 16 至图 12 - 18 可得

$$
\begin{cases}
U'_{\text{com}} = \beta I_2(s) L_2 s \\
U_{\text{com}} = \dfrac{Z_0(s)}{3}\left[I_2(s) + \dfrac{U'_{\text{com}}}{Z_1(s)} \right] + U'_{\text{com}} \\
U_{\text{com}} = U_{\text{com,out}} + \beta M_{21} I_2(s) s
\end{cases}
\tag{12-20}
$$

由式(12 - 20)可推得共模电压有源滤波器的插入损耗为

$$
\text{IL}(s) = \frac{U_{\text{com,out}}}{U_{\text{com}}} = \frac{\beta(\gamma L_2 + 3 L_2 - 3 M_{21})s + Z_0}{\beta(\gamma L_2 + 3 L_2)s + Z_0}
\tag{12-21}
$$

式中 : $\gamma = Z_0 / Z_1$。

随着共模电压的消除,在电机上产生的漏电流大大减小,传导干扰的主要成分就是逆变器产生的漏电流。此电流可以通过由共模变压器和推挽电路组成的有源滤波器来进行补偿,如图 12 - 16 所示。通过有源滤波器向主电路注入反相电流来补偿传导电流,补偿原理如图 12 - 19 所示。与共模电压补偿器的分析类似,通过变压器绕组归算理论可以把共模变压器简化为一个等效的电路模型如图 12 - 20 所示。

根据图 12 - 20 可以得到以下关系方程,即

$$
\begin{cases}
i_{\text{gm}}(s) = i_{\text{g}}(s) + i_{\text{b}}(s) \\
i_{\text{gm}}(s) s L_{\text{CM}} = - N^2 R_{\text{in}} \cdot i_{\text{b}}(s)
\end{cases}
\tag{12-22}
$$

式中 : N 为共模变压器原、副边绕组的匝数比; r_{in} 为推挽晶体管放大电路的输入

205

阻抗；L_{CM} 为不考虑漏电流检测共模变压器副边绕组时原边的感抗。

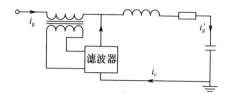 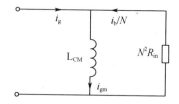

图 12 - 19 　有源滤波的漏电流补偿原理图　　图 12 - 20 　共模变压器的简化模型

根据式(12 - 22)可以得知共模电流 i_g 和推挽放大器基极电流 i_b 关系的频域表达式,即

$$\frac{i_b(s)}{i_g(s)} = -N\frac{s}{s+\omega_p}, \omega_p = \frac{N^2 R_{in}}{L_{CM}} \qquad (12 - 23)$$

如果晶体管 T_1 和 T_2 的带宽为 ω_b,其传递函数用一阶系统表示,可以推出需要注入的补偿电流 i_c 为

$$i_C(s) = \frac{\beta_0}{1+s/\omega_b}i_b(s) = \frac{-N\beta_0}{1+s/\omega_b}\frac{s}{s+\omega_p}i_g(s) \qquad (12 - 24)$$

式中：β_0 为晶体管的交流电流增益。

从图 12 - 19 可以看出,注入电网的传导电流 i_g 是滤波器注入电流 i_c 和 PWM 系统漏电流 i'_g 的和,由此可以整理出 i_g 和 i'_g 的关系也就是有源滤波器的插入损耗,即

$$\frac{i_g(s)}{i'_g(s)} = \frac{(1+s/\omega_b)(1+s/\omega_p)}{1+((1+N\beta_0)/\omega_p+1/\omega_b)s+s^2/\omega_b\omega_p} \qquad (12 - 25)$$

上式表明了有源滤波的补偿效果也即插入损耗。假设所有元件都是理想的,则上述方程可以变为

$$i_g/i'_g = 1/(1+N\beta_0) \qquad (12 - 26)$$

12.3.2 　滤波器的参数设计

在设计补偿滤波器的过程中,电流补偿部分要仔细选取和设计适当参数的晶体管和共模变压器,尤其是晶体管,要求宽频带、高增益和低损耗。另外,要从漏电流检测共模变压器的结构工艺上采取措施,尽量减小绕组中的杂散电容。根据经验,漏电流检测共模变压器的变比一般取 10 效果比较好。

共模电压滤波器中的共模电压检测阻抗 Z_0 采用电阻和电容串联以避免谐振。假设电阻为 R_{z0},电容为 C_{z0},那么式(12 - 25)可改为式(12 - 27),即

$$\text{IL}(s) = \frac{\left[(\gamma + 3)\beta L_2 - 3\beta M_{21}\right] C_{Z0} s^2 + R_Z C_Z s + 1}{(3 + \gamma)\beta L_2 C_{Z0} s^2 + R_{Z0} C_{Z0} s + 1} \qquad (12-27)$$

在共模电压的抑制方法的设计过程中,需要使其插入损耗的传递函数 IL(s)具有低通特性,因此由上式可得

$$(\gamma + 3)\beta L_2 - 3\beta M = 0 \qquad (12-28)$$

L_1 和 L_2 之间的关系用下式表示,即

$$n = \sqrt{L_2/L_1} \qquad (12-29)$$

由于逆变器产生的共模电压的主要频率都集中在开关频率及其整数倍上,因而共模电压滤波器的谐振频率必须远小于逆变器的开关频率。根据式(12-27)可得其谐振频率为

$$\omega_0 = 2\pi f_0 = \frac{1}{\sqrt{(3+\gamma)\beta L_2 C_Z}} \ll 2\pi f_s \qquad (12-30)$$

根据经验与实验,取 $C_z = 180\text{pF}$。其电感电阻可用下式计算,即

$$L_2 \gg \frac{1}{(3+\gamma)\beta C_Z (2\pi f_s)^2} \qquad (12-31)$$

$$L_1 = L_2/n^2 R_Z = 2\varsigma \sqrt{(3+\gamma)\beta L_2/C_Z} \qquad (12-32)$$

式中:ς 为阻尼系数。为了减小晶体管承受电压的值,检测电路对共模电压的检测比例取为 1:4,即 $\gamma = Z_0/Z_1 = 9$。

12.4 一体化电机系统电磁干扰无源滤波器的设计

12.4.1 一体化电机系统的阻抗特性

根据 12.2 节的分析可知,在一体化电机系统中干扰源的阻抗和负载阻抗的情况直接影响到相应结构滤波器的插入损耗,在传导干扰中共模和差模分量产生的机理和传播途径各不相同,因而在设计滤波器时也要考虑到两种分量的差别。在此先分析一体化电机系统的阻抗特性对滤波器参数设计的影响。为了设计和分析的方便,需要把电机系统的阻抗分为共模阻抗和差模阻抗两种情况。

在共模滤波的情况下,为了简化分析,设共模滤波器仅为共模电感,干扰源共模分量为理想情况,那么共模电感加在电机系统输入端对共模噪声的等效电

路可以表示成如图 12 - 21(a)所示的情况。由此可得滤波电感加入前后干扰噪声注入的情况可以用以下两式表示,即

$$V_{CNoise} = \frac{R_{CLoad}Z_s}{R_{CLoad} + Z_s}I_{EMI} \qquad (12-33)$$

$$V_{wCNoise} = \frac{R_{CLoad}Z_s}{R_{CLoad} + Z_s + Z_f}I_{EMI} \qquad (12-34)$$

式中:R_{CLoad} 为阻抗网络的共模阻抗;Z_f 为共模滤波电感的阻抗;Z_s 为电机系统的共模阻抗。

据式(12 - 33)可知当 $|R_{CLoad} + Z_f + Z_s| < |R_{CLoad} + Z_s|$ 时,共模电感反而放大了一体化电机系统的共模噪声。当频率足够高时,$Z_f \gg R_{CLoad}$ 和 $Z_f \gg Z_s$,共模电感占据主导地位才能有效地抑制共模噪声。在工程实际中共模滤波器通常不只是由一个共模电感组成,结构会更复杂,但是如果与电机系统噪声源的共模阻抗不匹配,一样有可能放大系统的共模噪声(在某些频率段)。

由式(12 - 33)和式(12 - 34)可知共模电感加入前后共模噪声电压的衰减倍数为

$$A_{CNoise} = 1 + Z_f/(Z_s + R_{CLoad}) \qquad (12-35)$$

上式可进一步写成

$$|R_{CLoad} + Z_s| = |Z_f|/|A_{CNoise} - 1| \qquad (12-36)$$

通常情况下 A_{CNoise}、Z_s 均为复数,在固定的频率点上(或者很小的频率范围内),A_{CNoise}、Z_f 的值基本一定,式(12 - 36)表示 Z_s 的轨迹为一个圆,由此可以确定电机系统在该频率点上共模阻抗的范围为

$$\left\| \frac{Z_f}{A_{CNoise}} \right| - R_{CLoad} \right| \leqslant Z_s \leqslant \left| \frac{Z_f}{A_{CNoise}} \right| + R_{CLoad} (当 A_{Cnoise} \gg 1) \qquad (12-37)$$

对差模分量滤波进行设计时,首先要分析电机系统的差模阻抗对滤波器插入损耗的影响,为了简化分析,在此假设差模滤波器仅由一个电容组成,而且只对差模干扰噪声起作用,那么电机系统的差模阻抗特性分析可用图 12 - 21(b)所示的等效电路来分析。由图可得滤波电容加入前后干扰噪声注入的情况可以用以下两式表示,即

$$V_{DNoise} = \frac{R_{DLoad}Z_s}{R_{DLoad} + Z_s}I_{EMI} \qquad (12-38)$$

$$V_{wDNoise} = \frac{R_{DLoad}Z_fZ_s}{R_{DLoad}(Z_f + Z_s) + Z_fZ_s}I_{EMI} \qquad (12-39)$$

式中:Z_f 为差模电容的阻抗。由式(12 - 38)和式(12 - 39)可得滤波电容加入后

差模噪声的衰减倍数为

$$A_{\mathrm{DNoise}} = \left| 1 + \frac{R_{\mathrm{DLoad}}Z_{\mathrm{s}}}{Z_{\mathrm{f}}(R_{\mathrm{DLoad}} + Z_{\mathrm{s}})} \right| \qquad (12-40)$$

通常情况下,在传导噪声所关心的频率范围内,电机系统的差模阻抗要远小于阻抗网络的差模阻抗,即 $Z_{\mathrm{s}} \ll R_{\mathrm{DLoad}}$。此时上式可以写为

$$A_{\mathrm{DNoise}} = \left| 1 + Z_{\mathrm{s}}/Z_{\mathrm{f}} \right| \qquad (12-41)$$

由此可以看出当 $-2 < Z_{\mathrm{s}}/Z_{\mathrm{f}} < 0$ 时,滤波电容对差模噪声将起到放大的作用。在工程实际中差模电磁干扰滤波器的电路拓扑结构往往比这要复杂,然而如果设计的滤波器与电机系统的差模阻抗不匹配,则会和上面的分析一样将某些频率段的差模噪声放大。由式(12-41)可知在所关心的频率点上电机系统差模噪声源阻抗范围为

$$\left| Z_{\mathrm{f}} \right| \times \left| \left| A_{\mathrm{DNoise}} \right| - 1 \right| \leq Z_{\mathrm{sD}} \leq \left| Z_{\mathrm{f}} \right| \times \left| \left| A_{\mathrm{DNoise}} \right| + 1 \right| \qquad (12-42)$$

根据上面的分析可知,要想有效抑制电磁干扰信号,所设计的滤波器必须与噪声源(电机系统)的阻抗相匹配。共模电感的阻抗必须远远高于噪声源的共模阻抗,电容的阻抗必须远远低于噪声源的差模阻抗。尤其是对不知噪声源阻抗相角的一体化电机系统。

在知道了相应频率范围的电机系统噪声源阻抗的范围后,就可以设计电磁干扰滤波器的拓扑结构和相应参数了。

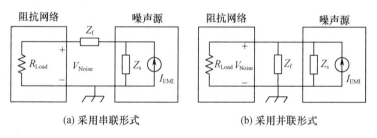

(a) 采用串联形式　　　　　　　　(b) 采用并联形式

图 12-21　电机系统滤波等效电路图

12.4.2　无源滤波器参数设计

上一节已经分析了一体化电机系统的传导噪声源阻抗对滤波器衰减倍数的影响。根据测试结果找出需要抑制的频率点(或段),然后利用上面的方法确定电机系统传导噪声源的阻抗范围。与上面分析的思想一样,滤波器的参数设计也需要分别从差模和共模两个方面来进行,然后再将其合在一起。忽略噪声源阻抗的相角并简化为一电阻,然后按以下步骤来进行:

(1)测试一体化电机系统的共模和差模干扰噪声;

（2）测试所关心频率点或其频率小邻域的共模和差模阻抗范围,按照最恶劣的情况来考虑;

（3）测试滤波器的效果。

1. 共模滤波器参数的设计

根据共模噪声频谱测试结果及电磁兼容标准要求确定需要衰减的幅度以及该处的频率范围。在此频率点（或频率段）内测试电机系统共模噪声的源阻抗。由前面的分析可以知道,一般来说电源的共模阻抗要远远小于电机系统的共模阻抗,因此根据12.2.1节的理论分析,滤波器的拓扑结构选用 CL 型的低通滤波器效果较好。

滤波器的剪切频率 f_{CCut} 可由需要衰减的最大幅度 A_{CNoise} 和该处的频率 F_0 来确定,即

$$f_{CCut} = F_0 / \sqrt{A_{CNoise}} \qquad (12-43)$$

在选择共模电感值时,应该参考该频率点处噪声源的最大共模阻抗,滤波电感值应该大于最大共模源阻抗。确定了电感值之后可以根据下式来确定共模滤波器中的 Y 电容值 C,即

$$f_{CCut} = 1/2\pi \sqrt{LC} \qquad (12-44)$$

确定了滤波器的参数值以后,需要再次验证所设计的滤波器能否满足系统所要求的衰减倍数（与滤波器的插入损耗相对应）。在加入滤波器后系统所测干扰强度的衰减倍数为

$$A_{CNoise}^a = \left| \frac{R_{CLoad}(Z_1 + Z_L + Z_s)}{Z_1(R_{CLoad} + Z_s)} \right| \qquad (12-45)$$

式中: $Z_1 = R_{CLoad} // Z_{CY}$ 为 Y 电容与测试阻抗网络（LISN）共模阻抗的并联值; $Z_L = j\omega L_C$ 为共模滤波电感的阻抗值。假设上面所计算的衰减倍数不符合要求,则需要根据上面的计算方法重新设计滤波器的参数值,直到满足要求为止。

2. 差模滤波器参数的设计

差模滤波器的参数设计方法和共模滤波器的设计方法类似,必须通过测试知道所关心频率点处需要衰减的幅度,以及该频率处的电机系统噪声源的差模阻抗范围。滤波器的电路拓扑结构选用 LC 型的。参数值的计算表达式和共模滤波器的一样。

12.4.3 无源滤波器高频特性及其改善

从前面所建立的高频模型可以知道,实际上电感电容到了一定的频率后,其杂散参数会影响器件本身的性能。所以电磁干扰无源滤波器在高频情况时其滤

波特性也会发生变化。如果不加区分(不考虑其高频特性)地随便使用电感电容就可能因为元器件在某些频率点产生的谐振而引起问题,在设计滤波器时需要注意这一点。为此先分析一阶 LC 滤波器的模型中高频参数对滤波器性能(插入损耗)的影响。为了分析滤波器高频参数的影响,除了高频杂散参数外,其他电路参数都应尽可能地选择理想值,以尽可能地减小其他参数对滤波器性能的影响。因此滤波器的负载选择 10kΩ 的电阻,而噪声源阻抗设为 0.1Ω,这样噪声源阻抗和负载阻抗对滤波器性能就不会有太大的影响。

如图 12 - 22(a)所示为理想情况下滤波器(不考虑滤波器的高频参数)的性能 - 插入损耗曲线,有两个极点,即

$$F_{P1} = 1/(2\pi \sqrt{LC}) \qquad (12-46)$$

$$F_{P1} = 1/(2\pi \sqrt{5 \times 10^{-5} \times 10^{-5}}) = 7.1\text{kHz} \qquad (12-47)$$

图 12 - 22(b)为仅考虑滤波电容高频参数(只考虑寄生电感 L_C,设为 30nH)的滤波器插入损耗随频率变化的曲线,曲线中有两个零点和两个极点,两个零点位于

$$F_{Z1} = 1/(2\pi \sqrt{L_C C}) \qquad (12-48)$$

$$F_{Z1} = 1/(2\pi \sqrt{10^{-5} \times 3 \times 10^{-8}}) = 291\text{kHz} \qquad (12-49)$$

图 12 - 22(c)为考虑了电感的寄生电容 C_L(假设为 20pF)和电容的寄生电感后滤波器插入损耗随频率变化的曲线,该曲线有四个零点和四个极点,另外两个零点的位置为

$$F_{Z2} = 1/(2\pi \sqrt{LC_L}) \qquad (12-50)$$

$$F_{Z2} = 1/(2\pi \sqrt{5 \times 10^{-5} \times 2 \times 10^{-11}}) = 5.03\text{MHz} \qquad (12-51)$$

另外两个极点的位置为

$$F_{P2} = 1/(2\pi \sqrt{L_C C_L}) \qquad (12-52)$$

$$F_{P2} = 1/(2\pi \sqrt{3 \times 10^{-8} \times 2 \times 10^{-11}}) = 206\text{MHz} \qquad (12-53)$$

图 12 - 22(d)为考虑了滤波器阻尼电阻后插入损耗随频率变化的曲线,在此曲线中显示了电阻的阻尼效果。因此考虑到高频参数的影响后一阶 LC 滤波器实际上就是一个凹口滤波器。当频率超过 225MHz 以后没有任何衰减效果。

根据上面的分析及图解可以看出,滤波的高频杂散参数对滤波器的高频滤波性能有很大影响,有时甚至会起到相反的作用。对于无源滤波器的高频

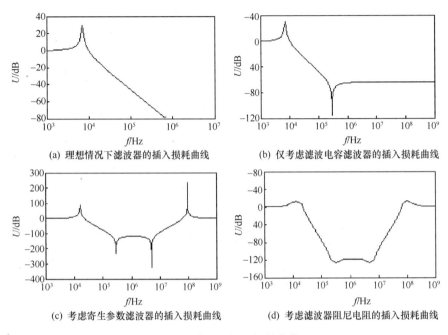

(a) 理想情况下滤波器的插入损耗曲线   (b) 仅考虑滤波电容滤波器的插入损耗曲线

(c) 考虑寄生参数滤波器的插入损耗曲线   (d) 考虑滤波器阻尼电阻的插入损耗曲线

图 12 - 22   LC 插入损耗曲线

参数影响,可以从这几个方面考虑:电感电容间的感性耦合,滤波电感和地之间、电容间的寄生电感之间以及引线之间的感性耦合。例如一个 π 型滤波器其拓扑结构和寄生参数间的耦合电路图(只分析其差模滤波的部分)如图 12 - 23 所示。

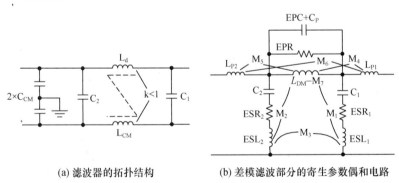

(a) 滤波器的拓扑结构   (b) 差模滤波部分的寄生参数偶和电路

图 12 - 23   滤波器及其差模部分的寄生耦合

在图 12 - 23 中差模电感由共模电感的漏感代替,很容易和其他元件产生耦合。图中:ESL、ESR、C 是电容高频模型参数;L_{p1} 和 L_{p2} 是输入、输出的引线电感;L_{dm}、EPC 和 EPR 是差模电感的参数;M_1 和 M_2 是差模电感和电容产生的互感;M_4 和 M_5 是差模电感与引线回路之间的互感;C_p 是输入和输出引线间的寄生电容;M_6 是输入、输出引线间的互感;M_7 是差模电感和地平面之间的互感。由于两滤波电容之间的电流差别比较大,其互感 M_3(两电容引线间的互感)对滤波器性能的影响很大,尤其是在其他感性耦合控制较好和两电容 C_1、C_2 很近的情况下。所有的这些耦合都会影响滤波器的性能,在设计时务必要引起重视。下面就如何减小这些耦合作一些分析。

(1)减小 M_1 和 M_2 的办法:共模电感的绕线方法如图 12 - 24(a)所示,当两绕组和电容对称时电感和电容间的互感会大大减小,另外需要注意应将电感和电容保持适当的距离,在可能的情况下对电容采取屏蔽来减小。

(2)减小 M_3 的方法:除了让两个电容保持一定的距离和屏蔽电容以外,很重要的一点就是尽可能地减小电容管脚的长度。

(3)减小 M_4、M_5 和 M_6 的办法:电感线圈在采用上述绕线方法的同时应尽可能地减小输入/输出回路的面积。

(4)M_7 和 C_p 是在电感和地平面(或者是地线)之间形成的,所以要注意不要在电感线圈下面布置地线,输入/输出引线与地线之间保持一定的距离可以减小其容性耦合。

在两级滤波器中尤其要注意两电感之间的互感,它直接影响电磁干扰滤波器的低频性能。前后两级电感之间的互感相当于和它们间的电容串联,作用类似于电容的寄生电感。此时要注意在放置时保持两个电感相互垂直,尽量减小其互感效应。同时注意有针对性地选择其绕组的绕线方法来决定其互感的正负。

在电感的互感等参数得到有效的控制以后,无源滤波器中电容自身的寄生参数将决定着滤波器的高频性能。其实对电容高频参数的影响一样也可以进行控制。对电容自身的电阻和电感可以利用图 12 - 24(b)中的网络理论来消除或者减小,对两端口网络可以通过等效来简化为最右边的形式,如果把图中的阻抗 Z_1 等效为电容自身的电感(ESL)或者是电感加电阻(ESL + ESR),那么电容自身的寄生参数控制思想可以用图 12 - 25 所示的电路网络等效过程来表示。

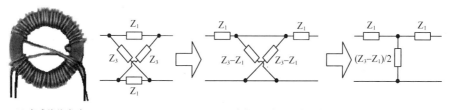

(a)电感绕线方式　　　　　　　(b)减小ESL和ESR的网络理论

图 12 - 24　滤波器高频参数控制方法

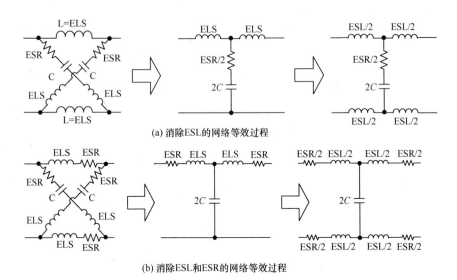

(a) 消除ESL的网络等效过程

(b) 消除ESL和ESR的网络等效过程

图 12 – 25　消除电容寄生电感和电阻的思想

参 考 文 献

[1] 周志敏,纪爱华. 电磁兼容技术[M]. 北京:电子工业出版社,2007.

[2] Paul C R. Introduction to electromagnetic compatibility[M]. New York:John Wiley & Sons,Inc. 1992.

[3] 马伟明. 电力电子系统中的电磁兼容[M]. 武汉:武汉水利电力大学出版社,2000.

[4] 周开基,赵刚. 电磁兼容性原理[M]. 哈尔滨:哈尔滨工程大学出版社,2003.

[5] Clayton R P. 电磁兼容导论[M]. 闻映红,译. 北京:机械工业出版社,2006.

[6] Mark I M,Edward M N. 电磁兼容的测试方法与技术[M]. 游百强,周建华,译. 北京:机械工业出版社, 2008.

[7] 刘鹏程,邱扬. 电磁兼容原理及技术[M]. 北京:高等教育出版社,1993.

[8] 周旭. 电子设备防干扰原理与技术[M]. 北京:国防工业出版社,2005.

[9] 白同云,吕晓德. 电磁兼容设计[M]. 北京:北京邮电大学出版社,2001.

[10] 路宏敏. 工程电磁兼容[M]. 西安:西安电子科技大学出版社,2003.

[11] David A W. 电磁兼容原理与应用[M]. 杨自佑,王字王,译. 北京:机械工业出版社,2006.

[12] 钱照明,程肇基. 电磁兼容设计基础及干扰抑制技术[M]. 杭州:浙江大学出版社,2000.

[13] 高攸纲. 电磁兼容总论[M]. 北京:北京邮电大学出版社,2001.

[14] 马伟明,张磊,孟进. 独立电力系统及其电力电子装置的电磁兼容[M]. 北京:科学出版社,2007.

[15] 国防科学技术工业委员会.电磁干扰和电磁兼容性名词术语:GJB72—85[S]. 北京:中国标准出版社,1985.

[16] 中国国家标准化管理委员会.10kHz~30MHz 无源无线电干扰滤波器和抑制元件特性的测量方法: GB/T 7343—1987[S].北京:中国标准出版社,1988:6 - 8.

[17] Jouanne A V,Rendusara A D,Prasad E N. Filtering techniques to minimize the effect of long motor leads on PWM inverter - fed AC motor drive systems[J]. IEEE Transactions on Industry Applications, 1996, 32(4):919 - 926.

[18] Murai Y, Kubota T. Leakage current reduction for a high - frequency carrier inverter feeding an induction machine[J]. IEEE Transactionson Industry Applications, 1992, 28(4):858 - 863.

[19] Yamada M K, Swamy M, Kume T. Common - mode current attenuation techniques for use with PWM drives[J]. IEEE Transactions on Power Electronics, 2005, 16(2):248 - 255.

[20] Christopher M J, Tang L. Transient effects of PWM ASDs on standard squirrel cage induction motors[C]. Proceedings of the 1995 IEEE Industry Applications 30th IAS Annual Meeting, Orlando, USA, 2005: 2689 - 2695.

[21] 钱照明,陈恒林. 电力电子装置电磁兼容研究最新进展[J]. 电工技术学报.2007,22(7):1 - 11.

[22] 姜艳姝,刘宇,徐殿国,等. PWM 变频器输出共模电压及其抑制技术的研究[J]. 中国电机工程学报,2005,25(9):47 - 53.

[23] Keller C, Feser K. Fast emission measurement in time domain[J]. IEEE Transactions on Electromagnetic Compatibility, 2007, 49(4):816 - 824.

［24］ 张向明,赵治华,孟进,等. 大功率电磁装置短时变频磁场辐射测试系统［J］. 电工技术学报,2010, 25(9):8－13.

［25］ 万健如,孙洋建,禹华军. 高压变频器共模电压仿真研究［J］. 中国电机工程学报,2003,9(23): 57－62.

［26］ Saïd A, Kamal Al－Haddad. A modeling technique to analyze the impact of inverter supply voltage and cable length on industrial motor－drives［J］. IEEE Transactions on Power Electronics, 2008, 23(2):753－762.

［27］ 马伟明,孟进,赵志华,等. 传导电磁干扰的精确定量预测方法［J］. 中国科学 E 辑:技术科学,2009, 39(7):1237－1246.

［28］ Zhong E, Lipo T A, Jaeschke J R. Analytical estimation and reduction of conducted EMI emissions in high power PWM inverter drives［C］. Proceedings of the 1996 27th Annual IEEE Power Electronics Specialists Conference, Maggiore, Italy, 1996:1169－1175.

［29］ Redl R. Power electronics and electromagnetic compatibility［C］. Proceedings of the 1996 27th Annual IEEE Power Electronics Specialists Conference, Maggiore, Italy, 1996:15－21.

［30］ Richard M, Daithi P. The effect of switching frequency modulation on the differential－mode conducted interference of the boost power－factor correction converter［J］. IEEE Transactions on Electromagnetic Compatibility, 2007, 49(3):526－536.

［31］ Teulings W, Scjanen J L, Roudet J. A new technique for spectral analysis of conducted noise of SMPS including interconnercts［C］. Proceedings of the 1997 28th Annual IEEE Power Electronics Specialists Conference,USA,1997:1516－1521.

［32］ Zhang D B, Chen D, Sable D. Non－intrinsic differential mode noise caused by ground current in an off－line power supply［C］. Proceedings of the 1998 29th Annual IEEE Power Electronics Specialists Conference, Fukuoka, JPN,1998:1131－1133.

［33］ Qu S, Chen D Y. Mixed－mode EMI noise and its implications to filter design in offline switching power supplies［C］. Proceedings of the 15th Annual IEEE Applied Power Electronics Conference and Exposition, New Orleans, USA, 2000:707－713.

［34］ Qu S, Chen D. Mixed－mode EMI noise and its implications to filter design in offline switching power supplies［J］. IEEE Transactions on Power Electronics, 2002, 17(4):502－507.

［35］ Wang F, Rosado S, Boroyevich D. Open modular power electronics building blocks for utility power system controller applications［C］. Proceedings of the 2003 34th Annual IEEE Power Electronics Specialists Conference, Acapulco, United States, 2003:1792－1797.

［36］ Ericsen T, Hingorani N, Khersonsky Y. Power electronics and future marine electrical systems［C］. Proceedings of the IEEE Industry Applications Society 51th Annual Petroelum and Chemical Industry Conference,San Francisco, United States,2004:163－171.

［37］ Ericsen T. Power electronic building blocks－a systematic approach to power electronics［C］. Proceedings of the 2000 Power Engineering Society Summer Meeting, Seattle, United States, 2000:1216－1218.

［38］ Chen H L, Qian Z M, Zeng Z H. Modeling of parasitic inductive couplings in a pi－shaped common mode EMI filter［J］. IEEE Transactions on Electromagnetic Compatibility, 2008, 50(1):71－79.

［39］ P'erez A, M S'anchez A, Regu'e J. Characterization of power－line filters and electronic equipment for prediction of conducted emissions［J］. IEEE Transactions on Electromagnetic Compatibility, 2008,50(3): 577－585.

［40］冯利民,钱照明. 电源去耦方式对数字电路板级 EMC 性能的影响[J]. 电工技术学报,2007,22(4):
　　14 - 20.

［41］Dong S Z, Ferreira J A, Anne R. Common - mode DC - bus filter designfor variable - speed drive system
　　via transfer ratio measurements[J]. IEEE Transactions on Power Electronics, 2009, 24(2):518 - 524.

［42］Qiu X H, Zhao Y, Li S J. An conducted eletromagnetic interferenc noise source modeling method using
　　Hilbert transform[C]. International Conference on Microwave and Millimeter Wave Technology, Nanjing,
　　2008:860 - 863.

［43］赵治华,李建轩,马伟明. 设备滤波器与系统干扰谐振特性关系研究[J]. 电力电子技术,2007,
　　41(12):20 - 23.

［44］Chen W J, Zhang W P, Yang X. An experimental study of common - and differential - mode active EMI
　　filter compensation characteristics [J]. IEEE Transactions on Electromagnetic Compatibility, 2009,
　　51(3):683 - 426.

［45］陈玮,应建平,钱照明. 功率变流器磁场耦合抑制及电容器 ESL 抵消技术[J]. 电力电子技术,2007,
　　41(12):57 - 59.

［46］Hirofumi A, Shunsuke T. A passive EMI filter for eliminating both bearing current and ground leakage cur-
　　rent from an inverter - drivern motor [J]. IEEE Transactions on Power Eletronics, 2006, 21 (5):
　　1459 - 1469.

［47］Xie H, Wang J, Fan R. SPICE models for prediction of disturbances induced by nonuniform fields on shiel-
　　ded cables[J]. IEEE Transactions on Electromagnetic Compatibility,2011, 53(1):185 - 192.

［48］Gulez K, Adam A. High - frequency common - mode modeling of permanent magnet synchronous motors
　　[J]. IEEE Transactions on Electromagnetic Compatibility, 2008, 50(2):423 - 426.

［49］赵阳,陈昊,尹海平. 电力电子中的传导性 EMI 噪声源测量与分析[J]. 南京师范大学学报,2007,
　　7(2):1 - 5.

［50］张向明,赵治华,孟进,等. 考虑测量带宽影响的电磁干扰频谱 FFT 计算[J]. 中国电机工程学报,
　　2010,30(36):117 - 122.

［51］潘启军,孟进,李毅,等. 带交流励磁双变流器的双馈电机电磁干扰研究[J]. 中国电机工程学报,
　　2010,30(15):80 - 86.

［52］陈恒林,凌光,黄华高. Boost 变流器门极驱动电路的 EMI 发射及抑制[J]. 电工技术学报,2010,
　　25(5):98 - 102.

［53］咸哲龙,钟玉林,孙旭东. 用于传导电磁干扰分析的接地回路模型与参数[J]. 中国电机工程学报,
　　2005,25(7):156 - 160.

［54］和军平,陈斌,姜建国. 开关电源共模传导干扰模型的研究[J]. 中国电机工程学报,2005,25(8):
　　50 - 55.

［55］孟进,马伟明,潘启军,等. 基于部分电感模型的回路耦合干扰分析[J]. 中国电机工程学报,2007,
　　27(36):52 - 56.

［56］Hamed B B, Torres F, Reineix A. A complete time - domain diode modeling:application to off - chip and
　　on - chip protection devices[J]. IEEE Transactions on Electromagnetic Compatibility,2011, 53 (2):
　　349 - 365.

［57］单潮龙,马伟明. 挂接三相逆变器的直流电网共模传导干扰研究[J]. 中国电机工程学报,2003,
　　23(4):134 - 139.

［58］Liu X, Cui X, Qi L. Time - domain finite - element method for the transient response of multiconductor transmission lines excited by an electromagnetic field[J]. IEEE Transactions on Electromagnetic Compatibility,2011, 53(2):462 – 474.

[59] Ahmet M H, Emre U. Performance analysis of reduced – common – mode voltage PWM methods and comparison with standard PWM methods for three – phase voltage – source inverters[J]. IEEE Transactions on Power Electronics, 2009, 24(1):241 – 252.

[60] Marcelo L H, Jürgen B, Hans E. A novel three – phase CM/DM conducted emission separator[J]. IEEE Transactions on Industrial Electronics, 2009, 56(9):3693 – 3703.

[61] Meng J, Ma W M. Identification of essential coupling path models for conducted EMI prediction in switching power converters[J]. IEEE Transactions on Power Electronics, 2006, 25(6):1795 – 1803.

[62] 张磊,马伟明. 三相可控整流桥系统共模干扰研究[J]. 中国电机工程学报,2005,25(2):40 – 43.

[63] Zhang L, Ma W M, Meng J. Prediction of the DM conducted EMI in PWM rectifier system[C]. Proceedings of the 17th International Zurich Symposium on Electromagnetic Compatibility, Singapore, 2006:545 – 548.

[64] 安群涛,姜保军,孙力,等. 感应电机传导干扰频段∏型共模等效模型[J]. 中国电机工程学报, 2009,29(36):73 – 79.

[65] 黄华高,陈玮,陈恒林,等. 构造稳定节点的功率变流器共模干扰抑制技术[J]. 电工电能新技术, 2011,30(2):18 – 20.

[66] 孟进,马伟明,张磊,等. 开关电源变换器传导干扰分析及建模方法[J]. 中国电机工程学报,2005, 25(5):49 – 54.

[67] 孟进,马伟明,张磊,等. 变换器传导电磁干扰集中等效模型参数估计方法[J]. 电工技术学报, 2005,20(6):25 – 29.

[68] 孟进,马伟明,张磊,等. 考虑 PWM 调制策略的逆变器共模和差模干扰源模型[J]. 电工技术学报, 2007, 22(12):92 – 97.

[69] 孟进,张磊,马伟明,等. 一种简化传导干扰模型的巨变灵敏度方法[J]. 电力电子技术,2007, 41(12):33 – 35.

[70] 孟进,马伟明,张磊,等. PWM 变频驱动系统传导干扰的高频模型[J]. 中国电机工程学报,2008, 28(15):141 – 146.

[71] 裴学军,康勇,熊健,等. PWM 逆变器共模传导电磁干扰的预测[J]. 中国电机工程学报,2004, 24(8):83 – 88.

[72] 孙亚秀,孙睿峰,陈炳才. 三相 PWM 变换器传导干扰的预测分析[J]. 电机与控制学报,2011, 15(5):42 – 48.

[73] Heldwein M L, Nussbaumer T, Kolar J W. Common mode modelling and filter design for a three – phase buck – type pulse width modulated rectifier system[J]. IET Power Electron,2010, 3(2):209 – 218.

[74] Chahine I, Kadi M, Gaboriaud E. Characterization and modeling of the susceptibility of integrated circuits to conducted electromagnetic disturbances up to 1GHz[J]. IEEE Transactions on Electromagnetic Compatibility, 2008, 50(2):285 – 293.

[75] Huang X D, Lai J S, Pepa E. Analytical evaluation of modulation effection three – phase inverter differential mode noise prediction[C]. Proceedings of the 19th Annual IEEE Applied Power Electronics Conference and Exposition, Anaheim, United States, 2004:681 – 687.

[76] Christian S, Wolfgang F. Parasitic modes on printed circuit boards and their effects on EMC and signal integrity[J]. IEEE Transactions on Electromagnetic Compatibility, 2006, 43(4):416 – 425.

[77] Yan F, Todd H B. Analysis of radiated emissions from a printed circuit board using expert system algorithms[J]. IEEE Transactions on Electromagnetic Compatibility, 2007, 49(1):68 - 75.

[78] 冯利民,钱照明. 数字电路 PCB 板辐射 EMI 的研究[J]. 电力电子技术, 2007,41(12):2 - 5.

[79] Yang L Y, Lu B, Dong W. Modeling and Characterization of a 1kW CCM PFC converter for conducted EMI prediction[C]. Proceedings of the 19th Annual IEEE Applied Power Electronics Conference and Exposition, Anaheim, United States. 2004:763 - 769.

[80] Yang L Y. Modeling and characterization of a PFC converter in the medium and high frequency ranges for predicting the conducted EMI[D]. USA: Virginia Polytechnic Institute and State University,2005:79 - 83.

[81] 曾翔君,陈集明,杨旭. 基于局部元等效电路原理对混合封装电力电子集成模块内互感耦合的研究[J]. 中国电机工程学报,2004,24(7):133 - 139.

[82] Zhu H, Hefner A R, Lai J S. Characterization of power electronics system interconnect parasitics using time domain reflectometry[J]. IEEE Transactions on Power Electronics, 1999, 14(4):622 - 628.

[83] Ran L, Gokani S, Clare J. Conducted electromagnetic emissions in induction motor drive systems, part I time domain analysis and identification of dominant modes[J]. IEEE Transactions on Power Electronics, 1998, 13(6):757 - 766.

[84] C'ecile L, Sonia B, Sicard E. Modeling the electromagnetic emission of a microcontroller using a single model[J]. IEEE Transactions on Electromagnetic Compatibility, 2008, 50(1):22 - 34.

[85] Zhong E, Lipo T A. Improvement in EMC performance of inverter - fed motor drives[J]. IEEE Transactions on Industry Applications, 1995, 31(6):1247 - 1256.

[86] Brehaut S, Le Bunetel J C, Magnon D. A conducted EMI model for an industrial power supply full bridge [C]. Proceedings of the 2004 35th Annual IEEE Power Electronics Specialists Conference, Aachen, Germany,2004:3227 - 3231.

[87] Zhang D P, Chen D Y, Sable D. New method to characterize EMI filters[C]. Proceedings of the 1998 13th Annual Applied Power Electronics Conference and Exposition, Anaheim, USA,1998:929 - 933.

[88] Wang S, Lee F C, Odendaal W G. Using scattering parameters to characterize EMI filters[C]. Proceedings of the 2004 35th Annual IEEE Power Electronics Specialists Conference, Aachen, Germany, 2004: 297 - 303.

[89] Liu Q, Shen W, Wang F. Experimental evaluation of IGBTS for characterizing and modeling conducted EMI emission in PWM inverters[C]. Proceedings of the 2003 IEEE 34th Annual Power Electronics Specialists Conference, Acapulco, United States, 2003:1951 - 1956.

[90] He J P, Jiang J G, Huang J J. Model of EMI coupling paths for an off - line power converter[C]. Proceedings of the 19th Annual IEEE Applied Power Electronics Conference and Exposition, Anaheim, United States, 2004:708 - 713.

[91] Zhu H, Lai J S, Hefner A R. Modeling - based examination of conducted EMI emissions from hard and soft - switching PWM inverters[J]. IEEE Transactions on Industry Applications, 2001, 37(5):1383 - 1393.

[92] Dong W. Analysis and evaluation of soft - switching inverter techniques in electric vehicle applications [D]. Virginia: Virginia Polytechnic Institute and State University,2003:140 - 181.

[93] Serporta C, Tine G, Vitale G. Conducted EMI in power converters feeding AC motors experimental investigation and modeling[C]. Proceedings of the 2000 IEEE International Symposium on Industrial Electronics, Puebla, Mexico,2000:359 - 364.

[94] Okyere P F, Heinemann L. Computer - aided analysis and reduction of conducted EMI in switched - mode

power converter[C]. Proceedings of the 1998 13th Annual Applied Power Electronics Conference and Exposition, Anaheim, USA, 1998:924 – 928.

[95] Grandi G, Casadei D, Reggiani U. Analysis of common and differential mode HF current components in PWM inverter – fed AC motors[C]. Proceedings of the 1998 29th Annual IEEE Power Electronics Specialists Conference, Fukuoka, JPN,1998:1146 – 1151.

[96] Yun H K, Kim Y C, Won C Y. A study on inverter and motor winding for conducted EMI prediction[C]. Proceedings of the IEEE International Symposium on Industrial Electronics, Pusan, Korea, 2001: 752 – 758.

[97] Crebier J C, Ferrieux J P. PFC full bridge rectifiers EMI modeling and analysis common mode disturbance reduction[J]. IEEE Transactions on Power Electronics, 2004, 19(2):378 – 387.

[98] Lai J S, Huang X, Chen S. EMI characterization and simulation with parasitic models for a low – voltage high – current AC motor drive[C]. Proceedings of the 37th IAS Annual Meeting and World Conference on Industrial applications of Electrical Energy, Pittsburgh, United States,2002:2548 – 2554.

[99] Consoli A, Oriti C, Testa A. Induction motor modeling for common mode and differential mode emission evaluation[C]. Proceedings of the Conference Record of the 1996 IEEE Industry Applications 31th IAS Annual Meeting, San Diego, USA, 1996:595 – 599.

[100] Ran L, Clare J C, Bradley K J. Measurement of conducted electromagnetic emissions in PWM motor drive systems without the need for an LISN[J]. IEEE Transactions on Electromagnetic Compatibility, 1999, 41(1):50 – 55.

[101] Chen C C. Novel EMC debugging methodologies for high – power converters[C]. Proceedings of the 2000 IEEE International Symposium on Electromagnetic Compatibility, Washington, USA 2000:385 – 390.

[102] Mugur P R, Roudet J, Crebier J C. Power electronic converter EMC analysis through state variable approach techniques[J]. IEEE transactions on electromagnetic compatibility, 2001, 43(2):229 – 238.

[103] Brehaut S, El Bechir M O, Le Bunetel J C. Analysis EMI of a PFC on the band pass 150kHz – 30MHz for a reduction of the electromagnetic pollution[C]. Proceedings of the 19th Annual IEEE Applied Power Electronics Conference and Exposition, Anaheim, United States, 2004:695 – 700.

[104] Chen C C. Characterization of power electronics EMI emission[C]. Proceedings of the 2003 IEEE Symposium on Electromagnetic Compatibility,Boston, United States,2003:553 – 557.

[105] Revol B, Roudet J, Schanen J L. Fast EMI prediction method for three – phase inverter based on laplace transforms[C]. Proceedings of the 2003 34th Annual IEEE powr Electronics Specialits Conference, Mexico,2003, 3:1133 – 1138.

[106] Huang X, Pepa E, Lai J S. Three – phase inverter differential mode EMI modeling and prediction in frequency domain[C]. Proceedings of the 2003 IEEE Industry Applications Conference, Salt Lake City, United States,2003:2048 – 2055. .

[107] Pei X J, Zhang K, Kang Y. Prediction of common mode conducted EMI in single phase PWM inverter [C]. Proceedings of the2004 35th Annual IEEE Power Electronics Specialists Conference, Aachen, Germany,2004:4060 – 4065.

[108] Chen S, Nehl T W, Lai J S. Towards EMI prediction of a PM motor drive for automotive applications[C]. Proceedings of the 18th Annual IEEE Applied Power Electronics Conference and Exposition, Miami Beach, United States,2003:14 – 22.

[109] Gonzalez D, Gago J, Balcells J. New simplified method for the simulation of conducted EMI generated by

220

switched power converters[J]. IEEE Transactions on Industrial Electronics, 2003, 50(6):1078 – 1084.

[110] Zhang D B, Chen D Y, Nave M J. Measurement of noise source impedance of off – line converters[J]. IEEE Transactions on Power Electronics, 2000, 15(5):820 – 825.

[111] Shen W, Wang F, Boroyevich D. Optimizing EMI filter design for motor drives considering filter component high – frequency characteristics and noise source impedance[C]. Proceedings of the 19th Annual IEEE Applied Power Electronics Conference and Exposition, Anaheim, United States,2004:669 – 674.

[112] Chen G, Rentzch M, Wang F. Analysis and design optimization of front – end passive components for voltage source inverters[C]. Proceedings of the 18th Annual IEEE Applied Power Electronics Conference and Exposition, Miami Beach, United States,2003:1170 – 1176.

[113] Busquets – Mong E S, Soremekun G, Hertz E. Design optimization of a boost power factor correction converter using genetic algorithms[C]. Proceedings of the 17th Annual IEEE Applied Power Electronics Conference and Expositions, Dallas, United States. 2002:1177 – 1182.

[114] 孟进,马伟明,张磊. 带整流器输入级的开关电源差模干扰特性[J]. 电工技术学报,2006,21(8): 14 – 18.

[115] Takahashi I, Ogata A. Active EMI filter for switching noise of high frequency inverters[C]. Proceedings of the 1997 Power Conversion Conference, Nagaoka, Japan,2003:331 – 334.

[116] Ogasawara S, Hideki A. An active circuit for cancellation of common – mode voltage generated by a PWM inverter[J]. IEEE Transactions on Power Electronics, 1998, 5(13):835 – 841.

[117] Ogasawara S, Akagi H. Circuit configurations and performance of the active common – noise canceller for reduction of Common – Mode Voltage Generated by voltage – source PWM inverter[C]. Proceedings of the 35th IAS Annual Meeting and World Conference on Industrial Applications of Electrical Energy, Rome, Italy, 2000:1482 – 1488.

[118] Ogasawara S, Fujikawa M. A PWM rectifier/inverter system capable of suppressing both harmonics and EMI[J]. Electrical Engineering in Japan, 2006, 141(4):59 – 68.

[119] Jouanne A V, Zhang H R. An evaluation of mitigation techniques for bearing currents, EMI, and overvoltages in ASD applications[J]. IEEE Transactions on Industry Applications, 2004, 5(34):1113 – 1122.

[120] Rendusara A D. An improved inverter output filter configuration reduces common and differential modes dv/dt at the motor terminals in PWM drive systems[J]. IEEE Transactions on Power Electronics, 1998, 6(13):1135 – 1143.

[121] Basavaraja B, Sarma S S. Modeling and simulation of dv/dt filters for AC drives with fast switching transients[J]. IEEE Transactions on Industry Applications, 2006:10 – 14.

[122] Van Wyk J D, Lee F C, Boroyevich D. Power electronics technology:present trends and future developments[J]. IEEE Transactions on Industry Applications, 2001, 89(6):799 – 802.

[123] Lee F C, Van Wyk J D, Boroyevich D. Technology trends toward a system – in a module in power electronics[J]. IEEE Circuits and Systems Magazine, 2002, 2(4):4 – 22.

[124] Bose B K. Energy, environment, and advances in power electronics[J]. IEEE Transactions on Power Electronics, 2000, 15(4):688 – 701.

[125] 孟进,马伟明,张磊,等. 基于 IGBT 开关暂态过程建模的功率变流器电磁干扰频谱估计[J]. 中国电机工程学报,2005,25(20):16 – 20.

[126] Bardakjian B, Sablatash M. Spectral analysis of periodically time – varying linear networks[J]. IEEE Transactions on Circuits and Systems, 1972, 19(3):297 – 299.

[127] Ran L, Gokani S, Clare J. Conducted electromagnetic emissions in induction motor drive systems part Ⅱ: frequency domain models[J]. IEEE Transactions on Power Electronics, 1998, 13(6):768 – 776.

[128] Zhang D B, Chen D Y, Nave M J. Measurement of noise source impedance of off – line converters[J]. IEEE Transactions on Power Electronics, 2000, 15(5):820 – 825.

[129] Santolaria A, Balcells J, Gonzalez D. Evaluation of switching frequency modulation in EMI emissions reduction applied to power converters[C]. Proceedings of the 29th Annual Conference of the IEEE Industrial Electronics Society, Roanoke, United States, 2003:2306 – 2311.

[130] Santolaria A, Balcells J, Gonzalez D. Theoretical and experimental results of power converter frequency modulation[C]. Proceedings of the 2002 28th Annual Conference of the IEEE Industrial Electronics Society, Sevilla, Spain, 2002:193 – 197.

[131] Santolaria A, Balcells J, Gonzalez D. EMI reduction in switched power converters by means of spread spectrum modulation techniques[C]. Proceedings of the IEEE Annual Power Electronics Specialists Conference, Aachen, Germany, 2004:292 – 296.

[132] Rahkala M, Suntio T, Kalliomaki K. Effects of switching frequency modulation on EMI performance of a converter using spread spectrum approach[C]. Proceedings of the IEEE Applied Power Electronics Conference and Exposition, Dalas, United States, 2002:93 – 99.

[133] Shuo W, Lee F C, Van Wyk J D. Integration of parasitic cancellation techniques for EMI filter design [C]. Proceedings of the IEEE Applied Power Electronics Conference and Exposition, Austin, United States, 2008:736 – 742.

[134] Moreir A F, Alessandro F. High – frequency modeling for cable and induction motor Over – voltage studies in long cable drives[J]. IEEE Transactions on Industry Applications, 2002, 38(5):1297 – 1306.

[135] 朱子述. 电力系统过电压[M]. 上海:上海交通大学出版社,1995:21 – 30.

[136] Chen S T, Thomas A L, Dennis F. Modeling of motor bearing currents in PWM inverter drives[J]. IEEE Transactions on Industry Applications,1996, 32(6):1365 – 1370.

[137] 姜艳姝. PWM 变频器输出共模电压抑制技术的研究[D]. 哈尔滨:哈尔滨工业大学电气工程及自动化学院,2003.

[138] 聂剑红. 一体化电机系统传导骚扰机理及抑制技术的研究[D]. 哈尔滨:哈尔滨工业大学电气工程及自动化学院, 2005.

[139] 姜保军. PWM 电机驱动系统传导共模 EMI 抑制方法的研究[D]. 哈尔滨:哈尔滨工业大学电气工程及自动化学院, 2007.

[140] 严冬. 功率变换器的瞬态电磁干扰特性研究[D]. 哈尔滨:哈尔滨工业大学电气工程及自动化学院,2007.

[141] 孙亚秀. PWM 驱动电机系统传导干扰问题的研究[D]. 哈尔滨:哈尔滨工业大学电气工程及自动化学院,2008.

[142] 肖芳. PWM 驱动电机系统传导电磁干扰预测的研究[D]. 哈尔滨:哈尔滨工业大学电气工程及自动化学院,2012.

[143] Jih S L, Huang X D, Elton P. Inverter EMI modeling and simulation methodologies[J]. IEEE Transactions on Industrial Electronics, 2006, 53(3):736 – 744.

[144] Fang Xiao, Dong Yan, Li Sun. Optimization design of ground plane PBG structure of t – shape microstrip line by improved FGA[C]. International Conference on Microwave and Millimeter Wave Technology, Nanjing, 2008:1561 – 1564.

［145］Xiao Fang, Sun Li, Duan Jiandong. Prediction model of conducted common – mode EMI in PWM motor drive system［C］. 1st International Conference on Pervasive Computing, Signal Processing and Applications, Harbin, 2010:1298 – 1301.

［146］肖芳,孙力,孙亚秀. PWM 电机驱动系统中共模电压和轴电压的抑制［J］. 电机与控制学报,2009, 13（3）:402 – 407.

［147］肖芳,孙力. 功率变换器 IGBT 开关模块的传导电磁干扰预测［J］. 中国电机工程学报,2012, 32（33）:157 – 164.

［148］肖芳,孙力. 功率变换器多开关状态下的传导电磁干扰预测［J］. 中国电机工程学报,2013, 33（3）:176 – 183.

内 容 简 介

本书共 12 章:首先,阐述电磁兼容的基本理论,包括电磁兼容的历史、电磁兼容的定义、电磁干扰的形成、国内外的电磁兼容标准、电磁干扰特性及其传播理论以及屏蔽、接地等电磁干扰抑制的基本原理和措施;其次,以无源器件的高频特性为基础,分析 PWM 驱动电机系统中电磁干扰产生的机理和建立系统电磁干扰模型存在的主要问题,介绍一体化电机系统传导干扰源数学模型和等效电路,预测系统干扰源;最后,针对一体化电机系统电磁干扰防护中干扰源和传播途径的特点,介绍干扰源的抑制措施和 EMI 滤波器的设计。

本书可供电气、电子等相关专业的工程技术人员、科研人员阅读、参考,也可作为电气工程及自动化等专业学生的教学参考书。

The book is divided into 12 Chapters. At first, itintroduces the basis theory of e-lectromagnetic compatibility, including: the history and concept of electromagnetic compatibility, formation of electromagnetic interference, the electromagnetic compatible standards at home and abroad, characteristics of electromagnetic interference and its communication theory, the basic principles and measures of shielding and ground-ing for electromagnetic interference suppression, and so on. Next, based on the high – frequency characteristics of passive devices, problems which focus on conduc-ted electromagnetic interference in PWM motor drive system are analysed, including the following contents, the mechanism of electromagnetic interference and the estab-lishment of electromagnetic interference system model. The mathematical model and equivalent circuit of interference source are established in integrated motor system for predicting interference source. And finally the main measures to suppress electromag-netic interference are introduced in two sides, the one is interference source suppres-sion, the other is to cut off the transmission route of interference, which is the design of EMI filter.

This book is as a reference book for electrical, electronic engineering and other related engineering and technical personnel. At the same time, it can be used as a teaching reference book for students in college of electrical engineering and automa-tion.